21 世纪高等学校计算机类
课程创新系列教材·微课版

"十二五"普通高等教育
本科国家级规划教材

U0181382

数据结构

（C语言描述）（第3版）慕课·微课视频版

王梦菊 齐景嘉 / 主编

清华大学出版社

北京

内 容 简 介

本书共 10 章,书中详细介绍了各种数据结构以及查找、排序的各种方法,对每种类型的数据结构以实例为切入点,详细叙述其基本概念、逻辑结构、存储结构和常用算法。本书知识组织清晰、算法完整,便于读者上手。本书配套完整的视频课程,并以目录树形式展示,方便读者查阅学习。部分章节增加"知识拓展"部分,帮助读者训练计算思维。本书配套出版《数据结构习题与实验教程(C语言描述)(第 3 版)微课视频版》,方便课后复习或备考研究生入学考试及各类技能考试。

本书为计算机类专业"数据结构"课程而编写,依据"理论—应用—思维"递进学习的原则,选材精练,对基本理论的叙述深入浅出、通俗易懂。书中实例丰富,对主要算法均给出了C语言函数实现。为了便于教学,各章后配有丰富例题及解答。

本书适合作为高等学校计算机相关专业的教材,也可供对计算机程序设计感兴趣的读者自学参考。

图书在版编目(CIP)数据

数据结构:C语言描述:慕课·微课视频版/王梦菊,齐景嘉主编.—3 版.—北京:清华大学出版社,2023.8
21 世纪高等学校计算机类课程创新系列教材:微课版
ISBN 978-7-302-64233-6

Ⅰ.①数…　Ⅱ.①王…②齐…　Ⅲ.①数据结构－高等学校－教材②C语言－程序设计－高等学校－教材　Ⅳ.①TP311.12②TP312.8

中国国家版本馆 CIP 数据核字(2023)第 136006 号

责任编辑:付弘宇　张爱华
封面设计:刘　键
责任校对:韩天竹
责任印制:宋　林

出版发行:清华大学出版社
　　　　网　　　址:http://www.tup.com.cn,http://www.wqbook.com
　　　　地　　　址:北京清华大学学研大厦 A 座　　邮　　编:100084
　　　　社 总 机:010-83470000　　邮　　购:010-62786544
　　　　投稿与读者服务:010-62776969,c-service@tup.tsinghua.edu.cn
　　　　质量反馈:010-62772015,zhiliang@tup.tsinghua.edu.cn
　　　　课件下载:http://www.tup.com.cn,010-83470236
印 装 者:三河市龙大印装有限公司
经　　销:全国新华书店
开　　本:185mm×260mm　　印　张:14.5　　　　字　　数:356 千字
版　　次:2011 年 10 月 1 版　2023 年 8 月第 3 版　　印　　次:2023 年 8 月第 1 次印刷
印　　数:1～1500
定　　价:49.00 元

产品编号:100417-01

前　言

新一轮科技革命和产业变革带动了传统产业的升级改造。党的二十大报告强调"必须坚持科技是第一生产力、人才是第一资源、创新是第一动力,深入实施科教兴国战略、人才强国战略、创新驱动发展战略,开辟发展新领域新赛道,不断塑造发展新动能新优势"。建设高质量高等教育体系是摆在高等教育面前的重大历史使命和政治责任。高等教育要坚持国家战略引领,聚焦重大需求布局,推进新工科、新医科、新农科、新文科建设,加快培养紧缺型人才。

本书为高等学校计算机类专业的"数据结构"课程而编写,依据"理论—应用—思维"递进训练的原则,选材精练,对基本理论的叙述深入浅出、通俗易懂。书中实例丰富,主要算法均给出了 C 语言函数实现,加上主函数后即可运行。

本书是 2022 年度黑龙江省高等教育教学改革研究重点委托项目"'四新'背景下应用型本科教育教学'新基建'实践路径研究"(No. SJGZ20220164)的部分成果。

本书从第 1 版出版至今已经有十余年时间。根据前两个版次读者的使用效果和反馈意见,及计算机学科的新发展,并结合当前教学中使用的新媒体、新技术和编者在教学中的新认识,制订了本书的编写方案,本书旨在成为帮助读者更便利地学习数据结构的教材或参考书。本次改版在沿承第 2 版的描述方法和讲解风格的基础上,主要进行了以下修订和增补。

(1)编者团队录制的"数据结构"在线开放课程于 2021 年 11 月在智慧树平台上运行,课程体系框架的设计、算法描述风格和本书基本一致,课程视频以章节为模块进行录制。本书附有该课程的全部教学视频,并以章节树的形式给出,方便读者查阅学习。

(2)各章最后增加"知识拓展"部分,并特别增加附录 A,或对数据结构在实际应用中的案例进行讲解,或对涉及的名人轶事进行介绍,或是讨论数据结构中的某些原理在其他领域的使用,或是依据某个案例对本章知识点进行分析,为读者训练计算思维提供了帮助。

(3)参照近年的研究生联考题目和学科发展,对部分例题进行了替换。

(4)进一步统一了全书算法描述风格、数据类型名和专业术语的使用,方便读者把握全书的知识脉络。

以上修订使本书更便于教学组织和实践操作;配套的视频课程既便于教学,又便于自学。本书可作为高等学校计算机相关专业的本科教材,也可作为非计算机专业的选修课教材和计算机应用技术人员的自学教材或参考书。

本书共 10 章,总课时为 80 学时左右,其中算法实验为 30 学时。

第 1 章介绍数据结构的一般概念和算法分析的初步知识;第 2 章～第 5 章分别讨论了线性表、栈与队列、串、数组等逻辑结构及其在不同存储结构上各种操作的实现算法;

第 6 章和第 7 章论述了树和图的两种重要的非线性逻辑结构、存储方法及重要的应用；第 8 章和第 9 章讨论了各种查找表及查找方法、各种排序算法及其应用。第 10 章讨论了文件的基本概念和相关算法。

本书由王梦菊、齐景嘉任主编，李俭、郝春梅任副主编，侯菡苕任主审。各章编写分工如下：第 1、2、3、9 章由哈尔滨金融学院的齐景嘉编写；第 6、7 章由哈尔滨金融学院的王梦菊编写；第 5、8 章和附录由哈尔滨金融学院的李俭编写；第 4、10 章由哈尔滨金融学院的郝春梅编写。全书由王梦菊统一编排定稿。

本书编者都是多年从事本课程教学的教师，但由于编者水平有限，不妥与疏漏之处在所难免，敬请广大读者批评指正。

编　者

2023 年 5 月

目 录

第1章 概述 ⋯⋯⋯⋯⋯⋯⋯⋯⋯⋯⋯⋯⋯⋯⋯⋯⋯⋯⋯⋯⋯⋯⋯⋯⋯⋯⋯⋯⋯⋯⋯ 1

  1.1 引言 ⋯⋯⋯⋯⋯⋯⋯⋯⋯⋯⋯⋯⋯⋯⋯⋯⋯⋯⋯⋯⋯⋯⋯⋯⋯⋯⋯⋯⋯ 1

  1.2 基本概念与术语 ⋯⋯⋯⋯⋯⋯⋯⋯⋯⋯⋯⋯⋯⋯⋯⋯⋯⋯⋯⋯⋯⋯⋯⋯ 3

  1.3 抽象数据类型 ⋯⋯⋯⋯⋯⋯⋯⋯⋯⋯⋯⋯⋯⋯⋯⋯⋯⋯⋯⋯⋯⋯⋯⋯⋯ 6

  1.4 算法和算法的分析 ⋯⋯⋯⋯⋯⋯⋯⋯⋯⋯⋯⋯⋯⋯⋯⋯⋯⋯⋯⋯⋯⋯ 7

    1.4.1 算法的基本概念 ⋯⋯⋯⋯⋯⋯⋯⋯⋯⋯⋯⋯⋯⋯⋯⋯⋯⋯⋯⋯ 7

    1.4.2 算法的时间复杂度 ⋯⋯⋯⋯⋯⋯⋯⋯⋯⋯⋯⋯⋯⋯⋯⋯⋯⋯ 9

    1.4.3 算法的空间复杂度 ⋯⋯⋯⋯⋯⋯⋯⋯⋯⋯⋯⋯⋯⋯⋯⋯⋯ 10

  本章小结 ⋯⋯⋯⋯⋯⋯⋯⋯⋯⋯⋯⋯⋯⋯⋯⋯⋯⋯⋯⋯⋯⋯⋯⋯⋯⋯⋯⋯ 11

  知识拓展 ⋯⋯⋯⋯⋯⋯⋯⋯⋯⋯⋯⋯⋯⋯⋯⋯⋯⋯⋯⋯⋯⋯⋯⋯⋯⋯⋯⋯ 11

第2章 线性表 ⋯⋯⋯⋯⋯⋯⋯⋯⋯⋯⋯⋯⋯⋯⋯⋯⋯⋯⋯⋯⋯⋯⋯⋯⋯⋯⋯⋯ 12

  2.1 线性表的逻辑结构 ⋯⋯⋯⋯⋯⋯⋯⋯⋯⋯⋯⋯⋯⋯⋯⋯⋯⋯⋯⋯⋯ 12

    2.1.1 线性表的引例 ⋯⋯⋯⋯⋯⋯⋯⋯⋯⋯⋯⋯⋯⋯⋯⋯⋯⋯⋯⋯ 12

    2.1.2 线性表的定义 ⋯⋯⋯⋯⋯⋯⋯⋯⋯⋯⋯⋯⋯⋯⋯⋯⋯⋯⋯⋯ 12

    2.1.3 线性表的基本操作 ⋯⋯⋯⋯⋯⋯⋯⋯⋯⋯⋯⋯⋯⋯⋯⋯⋯ 13

  2.2 线性表的顺序存储结构 ⋯⋯⋯⋯⋯⋯⋯⋯⋯⋯⋯⋯⋯⋯⋯⋯⋯⋯ 13

    2.2.1 顺序表结构 ⋯⋯⋯⋯⋯⋯⋯⋯⋯⋯⋯⋯⋯⋯⋯⋯⋯⋯⋯⋯⋯ 13

    2.2.2 顺序表的基本操作 ⋯⋯⋯⋯⋯⋯⋯⋯⋯⋯⋯⋯⋯⋯⋯⋯⋯ 14

  2.3 线性表的链式存储结构 ⋯⋯⋯⋯⋯⋯⋯⋯⋯⋯⋯⋯⋯⋯⋯⋯⋯⋯ 17

    2.3.1 链式存储结构 ⋯⋯⋯⋯⋯⋯⋯⋯⋯⋯⋯⋯⋯⋯⋯⋯⋯⋯⋯⋯ 17

    2.3.2 单链表上的基本运算 ⋯⋯⋯⋯⋯⋯⋯⋯⋯⋯⋯⋯⋯⋯⋯⋯ 18

    2.3.3 循环链表和双向链表 ⋯⋯⋯⋯⋯⋯⋯⋯⋯⋯⋯⋯⋯⋯⋯⋯ 22

  2.4 顺序表与链表的比较 ⋯⋯⋯⋯⋯⋯⋯⋯⋯⋯⋯⋯⋯⋯⋯⋯⋯⋯⋯⋯ 25

  2.5 线性表的应用 ⋯⋯⋯⋯⋯⋯⋯⋯⋯⋯⋯⋯⋯⋯⋯⋯⋯⋯⋯⋯⋯⋯⋯ 25

  本章小结 ⋯⋯⋯⋯⋯⋯⋯⋯⋯⋯⋯⋯⋯⋯⋯⋯⋯⋯⋯⋯⋯⋯⋯⋯⋯⋯⋯⋯ 27

  知识拓展 ⋯⋯⋯⋯⋯⋯⋯⋯⋯⋯⋯⋯⋯⋯⋯⋯⋯⋯⋯⋯⋯⋯⋯⋯⋯⋯⋯⋯ 28

第3章 栈和队列 ⋯⋯⋯⋯⋯⋯⋯⋯⋯⋯⋯⋯⋯⋯⋯⋯⋯⋯⋯⋯⋯⋯⋯⋯⋯⋯ 29

  3.1 栈 ⋯⋯⋯⋯⋯⋯⋯⋯⋯⋯⋯⋯⋯⋯⋯⋯⋯⋯⋯⋯⋯⋯⋯⋯⋯⋯⋯⋯⋯ 29

3.1.1　栈的引例 ……………………………………………………………… 29

3.1.2　栈的类型定义 ………………………………………………………… 29

3.1.3　栈的顺序存储表示和操作的实现 …………………………………… 30

3.1.4　栈的链式存储表示和操作的实现 …………………………………… 32

3.2　栈的应用 …………………………………………………………………………… 33

3.3　队列 ………………………………………………………………………………… 34

3.3.1　队列的引例 …………………………………………………………… 34

3.3.2　队列的定义及其基本操作 …………………………………………… 34

3.3.3　队列的顺序存储表示和操作的实现 ………………………………… 35

3.3.4　队列的链式存储表示和操作的实现 ………………………………… 38

3.4　队列的应用 ………………………………………………………………………… 40

本章小结 ………………………………………………………………………………… 40

知识拓展 ………………………………………………………………………………… 41

第 4 章　串 ……………………………………………………………………………… 42

4.1　串的定义及基本操作 ……………………………………………………………… 42

4.1.1　串的引例 ……………………………………………………………… 42

4.1.2　串的基本概念 ………………………………………………………… 42

4.1.3　串的基本操作 ………………………………………………………… 43

4.2　串的存储结构 ……………………………………………………………………… 43

4.2.1　串的定长顺序存储结构 ……………………………………………… 44

4.2.2　串的堆式存储 ………………………………………………………… 46

4.2.3　串的块链式存储结构 ………………………………………………… 48

4.3　串的模式匹配 ……………………………………………………………………… 49

4.3.1　朴素的模式匹配算法 ………………………………………………… 49

4.3.2　KMP 算法 …………………………………………………………… 51

4.4　串的应用 …………………………………………………………………………… 56

本章小结 ………………………………………………………………………………… 58

知识拓展 ………………………………………………………………………………… 58

第 5 章　数组与广义表 ………………………………………………………………… 59

5.1　数组的定义和运算 ………………………………………………………………… 59

5.1.1　数组的定义 …………………………………………………………… 60

5.1.2　数组的基本运算 ……………………………………………………… 60

5.2　数组的顺序存储结构 ……………………………………………………………… 60

5.2.1　行优先存储 …………………………………………………………… 61

5.2.2　列优先存储 …………………………………………………………… 61

5.3　矩阵的压缩存储 …………………………………………………………………… 62

5.3.1　特殊矩阵——对称矩阵和三角矩阵 ………………………………… 62

      5.3.2　稀疏矩阵 ·· 63

  5.4　广义表的定义与性质 ·· 70

      5.4.1　广义表的定义 ·· 70

      5.4.2　广义表的性质 ·· 71

  5.5　广义表的存储结构 ·· 71

      5.5.1　头尾表示法 ··· 71

      5.5.2　孩子兄弟表示法 ·· 73

  5.6　广义表的基本操作 ·· 74

  5.7　数组的应用 ·· 76

  本章小结 ··· 83

  知识拓展 ··· 83

第 6 章　树和二叉树 ·· 84

  6.1　树的概念和基本操作 ·· 84

      6.1.1　树的引例 ··· 84

      6.1.2　树的定义和基本术语 ·· 85

      6.1.3　树的表示方法 ·· 86

      6.1.4　树的基本操作 ·· 87

  6.2　二叉树 ·· 87

      6.2.1　二叉树的定义 ·· 87

      6.2.2　二叉树的性质 ·· 88

      6.2.3　二叉树的基本操作 ·· 89

  6.3　二叉树的存储结构 ·· 90

      6.3.1　顺序存储结构 ·· 90

      6.3.2　链式存储结构 ·· 90

  6.4　二叉树的遍历 ·· 92

      6.4.1　前序遍历 ··· 93

      6.4.2　中序遍历 ··· 93

      6.4.3　后序遍历 ··· 94

      6.4.4　层次遍历 ··· 94

  6.5　线索二叉树 ·· 95

      6.5.1　线索二叉树的概念 ·· 95

      6.5.2　中序线索二叉树的构造算法 ··· 97

      6.5.3　查找线索二叉树上结点的前驱和后继 ···································· 98

      6.5.4　线索二叉树的遍历 ·· 100

  6.6　哈夫曼树及其应用 ·· 101

      6.6.1　哈夫曼树的定义 ··· 101

      6.6.2　构造哈夫曼树 ·· 102

      6.6.3　哈夫曼树的应用 ··· 102

6.7 树与森林 ·· 104
　　6.7.1 树的存储结构 ························· 104
　　6.7.2 树、森林与二叉树的转换 ············· 106
　　6.7.3 树和森林的遍历 ····················· 107
6.8 二叉树的应用 ······························· 110
本章小结 ·· 113
知识拓展 ·· 113

第7章　图 ··· 115

7.1 图的定义和基本术语 ······················· 115
　　7.1.1 图的引例 ····························· 115
　　7.1.2 图的定义 ····························· 116
　　7.1.3 图的基本术语 ······················· 117
7.2 图的存储结构 ······························· 118
　　7.2.1 数组表示法 ························· 118
　　7.2.2 邻接表 ······························· 119
　　7.2.3 十字链表 ··························· 121
　　7.2.4 邻接多重表 ························· 122
7.3 图的遍历 ··································· 123
　　7.3.1 深度优先搜索 ····················· 124
　　7.3.2 广度优先搜索遍历 ················· 125
7.4 图的连通性问题 ··························· 126
　　7.4.1 无向图的连通分量和生成树 ········· 126
　　7.4.2 有向图的强连通分量 ··············· 127
　　7.4.3 最小生成树 ······················· 127
　　7.4.4 关结点和重连通分量 ··············· 131
7.5 有向无环图及其应用 ······················· 131
　　7.5.1 拓扑排序 ··························· 132
　　7.5.2 关键路径 ··························· 135
7.6 最短路径 ··································· 136
　　7.6.1 求某一源点到其余各顶点的最短路径 ······· 136
　　7.6.2 每一对顶点之间的最短路径 ········· 138
7.7 图的应用 ··································· 140
本章小结 ·· 146
知识拓展 ·· 146

第8章　查找 ··· 149

8.1 基本概念 ··································· 149
8.2 静态查找表 ································· 150

Ⅵ

        8.2.1 顺序表的查找 ··············· 150

        8.2.2 有序表的查找 ··············· 151

        8.2.3 静态树表的查找 ············· 153

        8.2.4 索引顺序表的查找 ··········· 154

    8.3 动态查找表 ······················· 155

        8.3.1 二叉排序树和平衡二叉树 ····· 155

        8.3.2 B 树和 B+ 树 ·············· 161

    8.4 哈希表 ··························· 166

        8.4.1 哈希表的概念 ··············· 166

        8.4.2 哈希函数的构造方法 ········· 167

        8.4.3 处理冲突的方法 ············· 167

        8.4.4 哈希表的查找及其分析 ······· 171

    8.5 查找的应用 ······················· 172

    本章小结 ····························· 174

    知识拓展 ····························· 174

第 9 章 排序 ····························· 176

    9.1 排序的基本概念 ··················· 176

    9.2 插入排序 ························· 177

        9.2.1 直接插入排序 ··············· 177

        9.2.2 折半插入排序 ··············· 179

        9.2.3 希尔排序 ··················· 180

    9.3 交换排序 ························· 181

        9.3.1 冒泡排序 ··················· 181

        9.3.2 快速排序 ··················· 182

    9.4 选择排序 ························· 185

        9.4.1 直接选择排序 ··············· 185

        9.4.2 树状选择排序 ··············· 186

        9.4.3 堆排序 ····················· 186

    9.5 归并排序 ························· 190

    9.6 各种内部排序方法的比较 ··········· 191

    9.7 排序的应用 ······················· 193

    本章小结 ····························· 194

    知识拓展 ····························· 194

第 10 章 文件 ··························· 196

    10.1 文件的基本概念 ················· 196

        10.1.1 文件引例 ················· 196

        10.1.2 文件的定义 ··············· 196

VII

10.1.3　文件的逻辑结构及操作 ……………………………………… 197
　　10.1.4　文件的物理结构 …………………………………………… 197
10.2　顺序文件 ……………………………………………………………… 198
　　10.2.1　什么是顺序文件 …………………………………………… 198
　　10.2.2　磁带存储的顺序文件的操作 ……………………………… 198
　　10.2.3　磁盘存储的顺序文件的操作 ……………………………… 198
10.3　索引文件 ……………………………………………………………… 199
　　10.3.1　什么是索引文件 …………………………………………… 199
　　10.3.2　索引文件的操作 …………………………………………… 200
　　10.3.3　多级索引文件 ……………………………………………… 200
10.4　ISAM 文件和 VSAM 文件 …………………………………………… 201
　　10.4.1　ISAM 文件 ………………………………………………… 201
　　10.4.2　VSAM 文件 ………………………………………………… 204
10.5　哈希文件 ……………………………………………………………… 205
10.6　多关键字文件 ………………………………………………………… 206
　　10.6.1　多重表文件 ………………………………………………… 206
　　10.6.2　倒排文件 …………………………………………………… 207
本章小结 ……………………………………………………………………… 208
知识拓展 ……………………………………………………………………… 208

附录 A　相关知识拓展 ……………………………………………………… 210

参考文献 ……………………………………………………………………… 222

第1章　　概　　述

【本章学习目标】

数据结构主要研究非数值应用问题中数据之间的逻辑关系和对数据的操作,同时还研究如何将具有逻辑关系的数据按一定的存储方式存放在计算机内并进行相应处理的方法;重点介绍数据结构的有关概念和术语以及算法的重要概念。通过本章的学习,要求:

- 了解数据、数据元素、数据项、数据对象、数据类型及抽象数据类型等基本概念;
- 掌握数据结构和算法的概念;
- 掌握线性结构、树状结构和图状结构等的逻辑特点;
- 掌握算法的评价标准,学会分析算法的时间复杂度。

1.1　引　　言

目前,计算机技术的发展日新月异,其应用已不再局限于科学计算,而是更多地用于控制、管理及事务处理等非数值计算问题的处理。与此同时,计算机操作的对象由纯粹的数值数据发展到字符、表格、图像、声音等各种具有一定结构的数据,这些数据内容存在着某种联系,只有分清楚数据的内在联系,合理地组织数据,才能对它们进行有效的处理,设计出高效的算法。如何合理地组织数据与高效地处理数据,是数据结构主要研究的问题。

20世纪60年代初期,与数据结构有关的内容散见于"操作系统""编译原理"等课程。1968年,"数据结构"作为一门独立的课程被列入美国一些大学计算机科学系的教学计划。现今,"数据结构"是计算机科学与技术、软件开发与应用、网络安全、信息管理、电子商务等相关专业的一门专业基础课程。打好"数据结构"这门课程的扎实基础,将会对程序设计有进一步的认识,使编程能力上一个台阶,从而使学习和开发应用软件的能力有一个明显的提高。学习数据结构的原因如下:

(1) 计算机处理的数据量越来越大。

(2) 数据的类型越来越多。

(3) 数据的结构越来越复杂。

用计算机解决一个具体问题时,一般需要经过下列几个步骤:首先要从该具体问题抽象出一个适当的数学模型,然后设计或选择一个解决此类数学模型的算法,最后编写程序进行调试、测试,直至解决实际问题。这个过程如图1.1所示。

寻求数学模型的实质是分析问题,从中提取操作的对象,并找出这些操作对象之间的关系,然后用数学语言加以描述。描述非数值计算问题的数学模型不再是数学方程,而是诸如表、树、图之类的数据结构。

图 1.1　计算机解决具体问题的过程

　　为了使读者对数据结构有一个感性的认识,下面给出了几个数据结构的示例,读者可以通过这些示例去理解数据结构的概念。

【示例 1.1】　学生基本情况表。

　　表 1.1 是一张学生基本情况表。该表中的每一行是一个数据元素(或称记录、结点),它表示一个学生的基本信息。每个学生的学号都不相同,所以可以用学号来唯一地标识每个数据元素。因为每个学生的学号排列位置有先后次序,所以在表中可以按学号形成一种一对一的次序关系,即整个二维表就是学生数据的一个线性序列,这种关系称为线性数据结构。

表 1.1　学生基本情况表

学　　号	姓　　名	性　　别	年　　龄	专　　业
20190101	任帅	男	18	电子商务
20190102	郭昕	男	17	计算机科学与技术
20190127	陈恩童	女	18	财务会计
20200601	孙宇然	男	18	市场营销

【示例 1.2】　某学校教师的名册。

　　图 1.2 像一棵根在上而倒挂的树,清晰地描述了教师所在的系和教研室,这样一来可以从树根沿着某系某教研室很快找到某个教师,查找的过程就是从树根沿分支到某个叶子的过程。类似于树这样的数据结构可以描述家族的家谱、企事业单位中的人事关系、磁盘目录结构图等。在这种结构中,结点之间呈现一对多的非线性关系,这种关系称为树状数据结构。

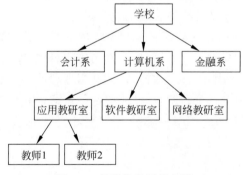

图 1.2　某学校教师的名册

【示例 1.3】　教学计划编排表。

　　图 1.3 是表 1.2 所对应的修课图。通常在一个教学计划中包含有多门课程,在这些课程之间,有些课程必须按规定的先后次序排课,例如,学习 C6 课程必须先学习 C2 和 C3 课程,而学习 C3 课程又必须先学习 C1 和 C2 课程。这些课程之间存在着先修和后续的关系,而且每一门课程的先修课程和后续课程都可能有若干门,即各课程之间呈现出多对多的非线性关系,这种关系称为图状数据结构。

表 1.2 计算机专业的课程编排表		
课 程 编 号	课 程 名 称	先 修 课 程
C1	计算机导论	无
C2	C 程序设计	C1
C3	数据结构	C1,C2
C4	数据库原理	C3,C5
C5	操作系统	C3
C6	编译原理	C2,C3

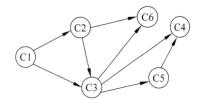

图 1.3 课程编排表对应的修课图

由以上示例可以看出,描述这类非数值计算问题的数学模型和方法不再是数学方程,而是诸如线性表、树和图之类的数据结构。因此,可以说"数据结构"课程主要是研究非数值计算的程序设计中数据之间的逻辑关系和对数据的操作,以及如何将具有一定逻辑关系的数据存储在计算机中,然后再对这些数据设计出相应的运算算法。

学习数据结构的目的就是在程序设计过程中,能够将实际问题涉及的各种数据(包括非数值数据)存储在计算机中,并能编写出解决实际问题的各种运算算法。对于程序设计者或大型软件开发人员来说,学好数据结构是必不可少的前提条件。

1.2 基本概念与术语

在深入学习"数据结构"这门课程之前,先介绍一些与数据结构相关的概念和术语,下面介绍一些基本概念和常用术语。

(1) 数据(Data)。数据是对客观事物的一种符号表示,是指所有能输入计算机中并被计算机程序加工处理的符号的总称。这些符号包括数字、字母、文字、表格、图像、声音等。例如,34 这个整数是一个数据,学生基本情况表(见表 1.1)也是数据,它可以被学生管理程序加工处理。

(2) 数据元素(Data Element)。数据元素是组成数据的基本单位,在计算机程序中通常作为一个整体进行考虑和处理。一个数据元素可由一个或多个数据项构成,数据项是构成数据的最小单位。例如,在学生基本情况表(见表 1.1)中,为了便于处理,通常把其中的每一行(代表一个学生)作为一个基本单位(即数据元素)来考虑,在该表中共有 4 个数据元素,而每一个数据元素又是由"学号""姓名""性别""年龄""专业"5 个数据项构成。数据元素也可以称为记录、结点等。

(3) 数据项(Data Item)。数据项是数据不可分割的、具有独立意义的最小数据单位,是对数据元素属性的描述。数据项也称为域或字段。数据项一般有名称、类型、长度等属性。

数据、数据元素、数据项反映了数据组织的三个层次,即数据可以由若干数据元素组成,数据元素又由若干数据项组成。

(4) 数据对象(Data Object)。数据对象是性质相同的数据元素的集合。例如,在如表 1.1 所示的学生基本情况表中,所包含的 4 个类型相同的数据元素可以看成一个数据对象。数据对象由性质相同的数据元素组成,它是数据的一个子集。

(5) 数据类型(Data Type)。数据类型是一组结构相同的值构成的值集(类型)和定义在这个值集(类型)上的操作集。例如,在C语言程序设计中,有整型、字符型、浮点型、双精度型等基本的数据类型,它们都是一组结构相同的值构成的值集,以及在这个值集上允许进行的操作的总称。

(6) 数据结构(Data Structure)。数据结构是数据元素之间的逻辑关系和这种关系在计算机中的存储表示,以及在这种结构上定义的运算。数据结构包括数据的逻辑结构、数据的存储结构和数据的运算。

① 数据的逻辑结构。

数据元素之间的相互关系称为逻辑结构。数据的逻辑结构主要分为两大类,即线性结构和非线性结构。其中非线性结构又包括集合结构、树状结构、图状结构。

a. 集合结构。该结构中的数据元素除了类型相同外,没有其他关系。

b. 线性结构。该结构中的数据元素除了类型相同外,元素之间还存在一对一的关系。

c. 树状结构。该结构中的数据元素除了类型相同外,元素之间还存在一对多的关系。

d. 图状结构。该结构中的数据元素除了类型相同外,元素之间还存在多对多的关系。

例如,在如表1.1所示的基本情况表中,有4个数据元素(记录),各数据元素在逻辑上有一定的关系,这种关系指出了这4个数据元素在表中的排列顺序。对于表中的任一个结点(记录),最多只有一个直接前驱结点,最多只有一个直接后继结点,整张表只有一个开始结点(第一个)和一个终端结点(最后一个),显然,这是一对一的线性关系。该表的逻辑结构就是表中数据元素之间的关系,即该表的逻辑结构是线性结构。同理,在图1.2和图1.3中,各数据元素之间分别存在着一对多和多对多的关系,即它们的逻辑结构分别为树状结构和图状结构。

数据的4种基本逻辑结构如图1.4所示。

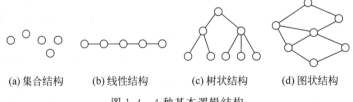

(a)集合结构　　　(b)线性结构　　　(c)树状结构　　　(d)图状结构

图1.4　4种基本逻辑结构

数据结构不同于数据类型,也不同于数据对象,它不仅要描述同一数据类型的数据对象,而且要描述数据对象中各数据元素之间的相互关系。

从上面所介绍的数据结构的概念中可以知道,一个数据结构有两个要素:一个是数据元素的集合;另一个是关系的集合。在形式上,数据结构通常可以采用一个二元组来表示。

数据的逻辑结构可以形式化定义为:DataStructure=(D,R),其中D是数据元素的有限集,R是D上各数据元素之间的关系的有限集。

例如,假设有数据结构:Line=(D,R),其中D={1,2,3,4,5,6},R={<1,2>,<2,3>,<3,4>,<4,5>,<5,6>},则该数据结构的图形表示如图1.5所示。

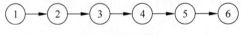

图1.5　线性结构

显然,这是一种线性数据结构。

请读者思考一个问题:如果在上例中,将关系的集合 R 改为 R={<1,2>,<1,3>,<2,4>,<2,5>,<5,6>},则该数据结构的图形表示方式是怎样的,并指出该数据结构的逻辑结构是哪一种。

② 数据的存储结构。

数据的逻辑结构在计算机中的存储表示称为数据的存储结构,也称为数据的物理结构。它包括数据元素本身的存储表示及其逻辑关系的存储表示。数据有 4 种不同的存储结构(也称方式),即顺序存储结构、链式存储结构、索引存储结构和哈希存储结构。

a. 顺序存储结构。把逻辑上相邻的结点存储在物理上相邻的存储单元中,结点之间的逻辑关系由存储单元位置的邻接关系体现。这种存储方式的优点是占用较少的存储空间,不浪费空间;缺点是只能使用相邻的一整块存储单元,可能产生较多的碎片,进行插入和删除结点的操作时,需移动大量元素,花费较多的时间。顺序存储结构通常借助程序设计语言中的数组来描述。

b. 链式存储结构。把逻辑上相邻的结点存储在物理上任意的存储单元中,结点之间的逻辑关系由附加的指针域体现。每个结点所占的存储单元包括两部分:一部分存放结点本身的信息,即数据域;另一部分存放后继结点的地址,即指针域,结点间的逻辑关系由附加的指针域表示。这种存储结构的优点是不会出现碎片现象,利用所有的存储单元,进行插入和删除结点操作时只需修改指针,不需移动大量元素;缺点是每个结点在存储时都要附加指针域,占用较多的存储空间。链式存储结构常借助程序设计语言中的指针类型描述。

c. 索引存储结构。用结点的索引号来确定结点的存储地址。在存储结点信息的同时,要建立附加的索引表。这种结构的优点是检索速度快;缺点是增加了附加的索引表,占用较多的存储空间,在进行插入和删除结点的操作时需要修改索引表而花费较多时间。

d. 哈希存储结构。根据结点的关键字值直接计算出该结点的存储地址。通过哈希函数把结点间的逻辑关系对应到不同的物理空间。这种结构的优点是检索、插入和删除结点的操作都很快;缺点是当采用不好的哈希函数时可能出现结点存储单元的冲突,为解决冲突需要附加时间和空间的开销。

例如,表 1.1 所示的表格数据在计算机中可以有多种存储表示,如图 1.6 所示,可以采用顺序存储结构(如图 1.6(a)所示),也可以采用链式存储结构(如图 1.6(b)所示),其中 a~d 代表学生基本情况表中的 4 个元素。

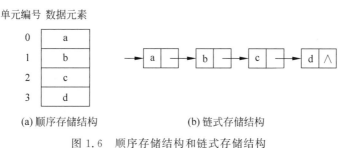

(a)顺序存储结构　　　　　　　　(b)链式存储结构

图 1.6　顺序存储结构和链式存储结构

数据的存储结构是数据结构研究的重要方面,熟练掌握各种存储结构,尤其是顺序存储结构和链式存储结构,是编写出高效的计算机程序和大型的应用软件的前提条件。

③ 数据的运算。

要解决实际问题,不仅要研究实际问题中涉及的数据的逻辑结构和存储结构,而且还要对数据进行各种加工处理操作。对数据的运算也就是对数据进行的加工处理操作。例如,对一张表的记录进行查找、增加、删除、修改,这就是对数据的运算。数据的运算是定义在数据的逻辑结构上的,但运算的具体实现要在存储结构上进行。

数据的逻辑结构、数据的存储结构及数据的运算三方面构成一个数据结构的整体。存储结构是数据及其关系在计算机内的存储表示。同一逻辑结构采用不同的存储结构,即可对应不同的数据结构。例如,线性表若采用顺序存储结构,则可以称为顺序表;若采用链式存储结构,则可以称为链表;若采用哈希存储结构,则可以称为散列表。在实际应用中,根据需要,通常采用相比之下较为合适的存储结构。

1.3 抽象数据类型

在程序设计过程中,有一个很重要很基本的原则,那就是抽象。所谓抽象是指对一个事物的简化描述,它强调了事物的某些特性,而把其他性质隐藏起来。程序设计中的抽象原则是:对用户来说,他们所关心的是程序能做什么,而对系统的具体实现细节可以不必了解。那么什么是抽象数据类型呢? 我们先来了解以下几个概念。

类型(Type)是一组结构相同的值的集合。例如,整数类型就是具体计算机所能表示的整数数值的集合,通常整数类型的范围是 $-32\,768 \sim +32\,767$。又例如,布尔类型就是数值 true 和 false 组成的集合。

数据类型(Data Type)是指一个类型和定义在这个类型上的操作的集合。例如,当我们说计算机中的整型数据类型时,就不仅指计算机所能表示的整数数值的集合,而且指能对这个整数类型进行的加(+)、减(−)、乘(*)、除(/)和求模(%)等操作。简单地说,数据的类型决定了数据的取值范围和所能进行的运算操作。

在"数据结构"这门课程中,通常把在已有数据类型的基础上设计出新的数据类型的过程称为数据结构设计,即从简单的数据类型设计出较接近现实需要的较复杂的数据类型。在这里,数据结构和数据类型具有相同的含义,设计一种数据结构也就是设计一种新的数据类型。

抽象数据类型(Abstract Data Type,ADT)是指一个数学模型以及在此数学模型上定义的一组操作。其中操作的具体实现对用户来说是隐藏的,用户只需了解该模型所能实现的功能。例如,要定义一个自然数的抽象数据类型,首先应该定义自然数构成的值集,然后定义对自然数可以进行的加、减、乘、除、模等运算,这些运算的实现细节可以分别通过一个函数隐藏起来,用户所见到的是这些操作所能实现的功能。自然数的抽象数据类型的定义形式如下:

```
ADT   自然数
      正整数构成值集
      加法运算
      减法运算
      乘法运算
      除法运算
      求模运算
ADT   定义结束
```

其中,第一行表示抽象数据类型的名字,第二行表示抽象数据类型的值集,第 3～7 行表示抽象数据类型所能进行的操作,最后一行表示定义结束。

一个 ADT 的定义并不涉及它的实现细节,这些 ADT 的实现细节对于 ADT 的使用者是隐藏的。隐藏实现细节的过程称为封装。ADT 的实现包括首先给出数据的物理存储方式,然后通过子程序实现 ADT 的每一个操作。ADT 的定义和实现是不同的过程,先进行 ADT 的定义,再进行实现,通常用 C 语言或 C++ 语言来描述。

从定义看,数据类型和抽象数据类型的定义基本相同,它们的不同之处仅仅在于:数据类型指的是高级程序设计语言支持的基本数据类型,而抽象数据类型指的是在基本数据类型支持下设计出来的新的数据类型。"数据结构"课程主要讨论线性表、栈、队列、串、数组、树、图等典型的常用数据结构,这些典型数据结构就是一个个不同的抽象数据类型。抽象数据类型是开发大型软件的基本模块。

1.4   算法和算法的分析

在计算机科学中,一个算法实质上是针对所处理问题的需要,在数据的逻辑结构和存储结构的基础上实施的一种运算。因为数据的逻辑结构和存储结构不是唯一的,所以处理同一个问题的算法也不是唯一的;即使对于具有相同逻辑结构和存储结构的问题而言,由于设计思想和设计技巧不同,编写出来的算法也不尽相同。学习数据结构这门课程的目的,就是要学会根据实际问题的需要,为数据选择合适的逻辑结构和存储结构,进而设计出合理和实用的算法。

1.4.1 算法的基本概念

既然算法在程序设计中如此重要,那么,什么是算法呢? 假设要计算两个整型数据的和,可以采用某种语言将这个求和运算的过程描述出来,那么这个运算过程的描述就可以看成一个小小的算法;另外,将一组给定的数据由小到大进行排序,解决的方法有若干种,而每一种排序方法就是一种算法。从上面的描述中,读者应该对算法有了一个大概的了解,简单地说,算法类似于程序设计中的函数。

1. 算法

算法(Algorithm)是指用于解决特定问题的方法,是对问题求解过程的一种描述。它是指令的有限序列,其中每一条指令表示计算机的一个或多个操作。

2. 算法的特征

算法是解决问题的特定方法,但它不同于计算方法,原因是算法有它自己的一些特征。

(1) 有穷性:一个算法总是在执行有穷步之后结束。

(2) 确定性：算法中的每个步骤都必须有确切含义,不能有二义性。

(3) 可行性：算法中的每个操作都必须相当基本,都可以付诸实施,而且人们用笔和纸经过有穷次的计算也可以完成。

(4) 输入：一个算法应该有 0 个或多个由外界提供的量(输入)。没有输入的算法是缺乏灵活性的算法。算法开始时,一般要给出初始数据,这里 0 个输入是指算法的初始数据在算法内部给出,不需要从外部输入数据。

(5) 输出：一个算法应该产生 1 个或多个结果(输出)。没有输出的算法是没有实用意义的算法。输出与输入有着特定的关系,输出可以看成算法对输入进行加工处理的结果,因而,算法可以看成一个函数：输出＝f(输入)。

3. 算法与程序的区别

算法与程序的区别有以下几点。

(1) 一个算法必须在有穷步之后结束,一个程序不一定满足有穷性。例如,操作系统是一个程序,可以执行任务,在没有任务运行时,它并不终止,而是处于等待状态,直到有新的任务进入。因为在没有任务执行期间,操作系统本身并不停止运行,即不满足有穷性,因而它不是一个算法。

(2) 程序中的指令必须是机器可执行的,而算法中的指令则无此限制。

(3) 算法代表了对问题的求解过程,而程序则是算法在计算机上的实现。

4. 算法的评价标准

在实际应用中,解决同一个问题的算法通常并不唯一,对于不同的算法,怎样评判它们的好坏呢？采用哪个算法效率更高呢？这就要从以下几方面来评价一个算法的优劣了。算法的评价标准主要有正确性、简明性、健壮性、时间复杂度、空间复杂度。

(1) 正确性：这是评价算法优劣的前提。一个算法是正确的,是指当输入合法数据时,能在有限的运行时间内得到预先期望的正确结果。

(2) 简明性：算法应当思路清晰、层次分明、简单明了、易读易懂,以有利于阅读者对程序的理解。

(3) 健壮性：算法应有容错处理功能。当输入非法数据时,算法应对其做出反应,并进行适当处理,以免引起严重的后果。

(4) 时间复杂度：计算机执行完一个算法需一定的时间,好的算法应尽量使执行完整个算法所用的时间较少。

(5) 空间复杂度：计算机的内存有限,算法运行时需占用一定的内存空间,好的算法应尽量使运行时占用的内存空间较少。

5. 算法的描述

一个算法可以用自然语言、流程图、高级程序设计语言(如 C、C++、Java)、类语言(如类 C)等来描述,在本书中选用 C 语言作为描述算法的工具。

【例 1.1】 输入一个整数,将它逆序输出。

(1) 自然语言：使用日常的自然语言(可以是中文、英文,或中英文结合)来描述算法,特点是简单易懂,便于人们对算法的阅读和理解,但不能直接在计算机上执行。

用自然语言描述该算法如下。

第一步,输入一个整数值 x。

第二步,当 x 不等于 0 时,求出 x 除以 10 的余数 d,并输出 d。

第三步,求出 x 除以 10 的整数商,结果送给 x。

第四步,重复第二步和第三步,直到 x 变为 0 时终止。

(2)流程图:使用程序流程图、N-S 图等描述算法,特点是描述过程简明直观,但不能直接在计算机上执行。目前,在一些高级语言程序设计中仍然采用这种方法来描述算法,但必须通过编程语言将它转换为高级语言源程序才可以被计算机执行。

【例 1.2】 用流程图描述例 1.1 中的算法。

流程图如图 1.7 所示。

(3)高级程序设计语言:使用程序设计语言(如 C 或 C++)描述算法,可以直接在计算机上执行,但设计算法的过程不太容易且不直观,需要借助注释才能看明白。

【例 1.3】 用 C 语言描述例 1.1 中的算法。

```
void function()
{
int x;
scanf(" %d",&x);
while (x!= 0)
{d = x % 10;
printf(" %d",d);
x = x/10;
}
}
```

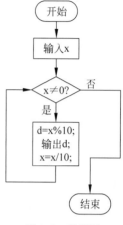

图 1.7　流程图

(4)类语言:为解决理解与执行的矛盾,常使用一种称为伪代码(即类语言)的语言来描述算法。类语言介于高级程序设计语言和自然语言之间,它忽略高级程序设计语言中一些严格的语法规则与描述细节,因此它比高级程序设计语言更容易描述和被人理解,而且比自然语言更接近高级程序设计语言。它虽然不能直接执行,但很容易被转换为高级语言。

【例 1.4】 用类 C 语言描述例 1.1 中的算法。

```
输入一个整数 x;
while(x≠0)
{
d = x % 10;
输出 d;
x = x/10;
}
```

1.4.2　算法的时间复杂度

一般来说,一个程序在计算机上运行的时间主要与程序的输入量(即问题规模)和内含于程序中执行的程序步程数(即基本操作的次数)有关。

算法的时间复杂度(Time Complexity)是指算法从开始运行到运行结束所需要的时间。在实际的算法分析中,计算时间复杂度并不是计算确切的运行时间,而是计算算法中的基本操作的次数。通常是所处理问题规模 n 的一个函数 $T(n)$,常采用数量级的形式来表示,记

作 $T(n)=O(f(n))$,称 $T(n)$ 为算法的渐近时间复杂度。

【例1.5】 计算 $f=1!+2!+3!+\cdots+n!$,其算法用C语言描述如下。

```
long fsum(int n)
{
int i;
long int f,w;
f = 0;
for(i = 1;i < = n;i++)
{
  w = 1;
  for(j = 1;j < = i;j++)
    w = w * j;
  f = f + w;
}
return(f);
}
```

上述算法所用到的基本操作有赋值、比较、乘法、加法、调用 return 库函数,但执行最多的操作是乘法运算 w=w*j。算法在执行过程中,对外循环变量 i 的每一次取值,内循环变量 j 要循环 i 次,而内循环每执行一次,内循环体 w=w*j 只执行一次乘法运算,即当循环变量 j 循环 i 次时,内循环体 w=w*j 做 i 次乘法运算。所以整个算法所做的乘法操作次数为 $f(n)=1+2+3+\cdots+n=n(n+1)/2$,渐近时间复杂度为 $T(n)=O(f(n))=O(n^2)$。

【例1.6】 分析下列程序段的时间复杂度。

```
i = 1; k = 0;
while(i < n)
{
k = k + 10 * i;
i++;
}
```

在上述算法中,执行最多的操作是 k=k+10*i,当 i=1 时,执行一次;当 i=2 时,又执行一次;当 i=3 时,又执行一次……直到当 i=n 时,退出 while 循环体,不再执行 k=k+10*i,整个算法中,操作 k=k+10*i 被执行的次数为 $f(n)=n-1$,因此,该算法的时间复杂度为 $T(n)=O(f(n))=O(n)$。

一般地,当输入规模为 n 时,数量级的形式可分为常量级 $O(1)$、对数级 $O(\mathrm{lb}n)$、线性级 $O(n)$、线性对数级 $O(n\mathrm{lb}n)$、平方级 $O(n^2)$ 和立方级 $O(n^3)$ 等多个级别。当输入规模 n 较大时,处于前面级别的算法比处于后面级别的算法更有效。

1.4.3 算法的空间复杂度

一般来说,一个程序在计算机上运行时所需的存储空间主要包括以下几个部分:程序本身所占空间、输入数据所占空间、辅助变量所占空间。

算法的空间复杂度(Space Complexity)是指算法从开始运行到运行结束所需的存储空间,即算法执行过程中所需的最大存储空间。

类似于算法的时间复杂度,算法的空间复杂度通常也采用一个数量级来度量,记作 $S(n) \doteq O(g(n))$,称 $S(n)$ 为算法的渐近空间复杂度。

在实际的算法分析中,算法的空间复杂度主要是分析算法执行期间输入数据和辅助变量所占空间,这主要应用在后面章节中各种数据结构的顺序存储和链式存储所占空间的比较。

对于一个算法,其时间复杂度和空间复杂度往往是相互影响的,当追求一个较好的时间复杂度时,可能会使空间复杂度的性能变差,即可能导致占用较多的存储空间;反之,当追求一个较好的空间复杂度时,可能会使时间复杂度的性能变差,即可能导致占用较长的运行时间。另外,算法的所有性能之间都存在着或多或少的相互影响。因此,当设计一个算法(特别是大型算法)时,要综合考虑算法的各项性能、算法的使用频率、算法处理的数据量的大小、算法描述语言的特性、算法运行的机器系统环境等诸多因素,通过权衡利弊才能够设计出比较满意的算法。

本 章 小 结

(1)数据结构研究的三方面内容是数据的逻辑结构、数据的存储结构和数据的运算。数据的逻辑结构可分为集合、线性、树和图4种基本结构。数据的存储结构有顺序、链式、索引和散列4种。

(2)算法是对特定问题求解步骤的一种描述,是指令的有限序列。算法具有有穷性、确定性、可行性和输入、输出特性。

(3)算法的评价标准主要有正确性、简明性、健壮性和有效性4方面。其中,有效性包括时间复杂度和空间复杂度两方面。

(4)算法的时间复杂度和空间复杂度通常采用数量级的形式表示。数量级的形式可分为常量级、对数级、线性级、线性对数级、平方级和立方级等多个级别。当处理数据量较大时,处于前面级别的算法比处于后面级别的算法更有效。

知 识 拓 展

为什么某个算法的时间复杂度是常量级的,却未必是最快的算法?

$O(\log_2 n)$时间复杂度的算法是极其高效的一类算法,有时甚至比时间复杂度是常量级$O(1)$的算法更高效。为什么这么说呢?

因为$\mathrm{lb}\,n$是一个非常"恐怖"的数量级,即便n非常大,对应的$\mathrm{lb}\,n$也很小。例如,$n=2^{32}$这个数非常大,大约是42亿。对这样大的数据取对数,得到的结果很小,是32。也就是说,在大约42亿个数据中二分查找一个数据,最多只需要比较32次,查找速度快得近乎不可思议。

用大写的O表示时间复杂度时,会省略常数、系数和低阶。对于常量级时间复杂度的算法,$O(1)$有可能表示的是一个非常大的常量值,如$O(1000)$、$O(10\,000)$。因此,有时$O(1)$时间复杂度的算法未必比$O(\mathrm{lb}\,n)$时间复杂度的算法执行效率更高。

对数运算的逆运算是指数运算。有一个非常著名的故事"阿基米德与国王下棋",读者可以自行搜索,感受一下指数的"恐怖"。这也是我们认为时间复杂度为指数级的算法非常低效的原因。

第2章 线 性 表

【本章学习目标】

本章通过实例引出线性表的逻辑定义,介绍关于线性表的基本操作,以及使用顺序结构和链式结构实现线性表的存储,并在两种存储结构上使用 C 语言实现其基本的操作算法,同时进行时间复杂度的分析;另外还介绍了使用循环链表以及双向链表来描述线性表及其若干基本操作的实现。通过本章的学习,要求:

- 掌握线性表的逻辑结构与存储结构;
- 熟练掌握线性表的顺序存储和链式存储基本操作的算法实现;
- 了解线性表两种存储结构的不同特点,以时间复杂度和空间复杂度比较不同存储结构的算法;
- 掌握循环链表和双向链表两种存储结构;
- 了解顺序表和单链表各自适用的场合。

2.1 线性表的逻辑结构

2.1.1 线性表的引例

某学校大学一年级学生的成绩表如表 2.1 所示,表中每个学生的情况称为一个数据元素或称为记录,它由学号、姓名、会计、英语、计算机 5 个数据项组成。

表 2.1 学生成绩表

学 号	姓 名	会 计	英 语	计 算 机
20220301	李明	85	92	90
20220302	张亮	88	86	84
20220303	王月	82	94	91
⋮	⋮	⋮	⋮	⋮

又例如一年有 12 个月,可以用数字的集合{1,2,3,4,5,6,7,8,9,10,11,12}来表示。以上都是线性表的具体实例。可以看到以上两个例子都具有共同的特点:无论是单一的数值还是具有结构的记录,同一表中的数据元素的类型都是相同的。

2.1.2 线性表的定义

线性表是由 0 个或多个具有相同类型的数据元素组成的一个有限序列。通常把线性表记作:

$$L:(a_1,a_2,a_3,\cdots,a_i,\cdots,a_n)$$

元素的个数 n 称为线性表的长度,$n=0$ 时,线性表为空表。线性表中每个元素的位置都是确定的,a_1 是第一个数据元素,a_n 是最后一个数据元素。每个元素 a_i 都有一个直接前驱 a_{i-1},一个直接后继 a_{i+1}。线性表的特征为数据元素之间具有一对一的线性关系。

2.1.3　线性表的基本操作

上面给出了线性表的数学模型,下面给出定义在该数学模型上的基本操作。

(1) INITIATE(L):初始化操作,生成一个空的线性表 L。

(2) LENGTH(L):求表长度的操作。函数的返回值为线性表 L 中数据元素的个数。

(3) GET(L,i):取表中位置 i 处的元素。当 $1 \leqslant i \leqslant$ LENGTH(L) 时,函数值为线性表 L 中位置 i 处的数据元素,否则返回一个空值。

(4) LOCATE(L,x):定位操作。给定值 x,在线性表 L 中若存在和 x 相等的数据元素,则函数返回该数据元素的位置值,否则返回 0。若线性表中存在一个以上和 x 相等的数据元素,则函数返回第一个和 x 相等的数据元素的位置值。

(5) INSERT(L,i,b):插入操作。在给定的线性表 L 中的位置 i($1 \leqslant i \leqslant$ LENGTH(L)+1)处插入数据元素 b。

(6) DELETE(L,i):删除操作。在线性表 L 中删除位置 i($1 \leqslant i \leqslant$ LENGTH(L))处的数据元素。

(7) EMPTY(L):判断线性表 L 是否为空。若 L 为空,则函数返回 1,否则函数返回 0。

(8) CLEAR(L):置空操作。将线性表 L 置成空表。

除了以上 8 个基本操作外,对于线性表还可以做一些较为复杂的运算,如将两个线性表合并成一个线性表的操作等,这些运算都可以利用上述的基本操作来实现。

2.2　线性表的顺序存储结构

2.2.1　顺序表结构

线性表的实现包括以下两部分:

(1) 选择适当的形式来存储线性表;

(2) 用相应的函数实现线性表的基本操作。

在计算机中可以用不同的方式来存储线性表,主要的存储结构有两种,即顺序存储结构和链式存储结构。本节介绍线性表的顺序存储结构,用顺序存储结构存储的线性表又称为顺序表。

线性表的顺序存储指的是用一组地址连续的存储单元依次存储线性表的数据元素。假设线性表中的元素为(a_1,a_2,$\cdots$,a_n),在内存中开辟一段长度为 maxsize 大小的存储空间,线性表中第一个数据元素 a_1 在内存中的起始地址 LOC(a_1)=b,线性表中每个数据元素在计算机中占据 d 个存储单元,那么,第 i 个数据元素 a_i 在内存中的地址可以通过下面的公式计算得出。

$$LOC(a_i)=LOC(a_1)+(i-1)\times d$$

图 2.1 为线性表在计算机内的顺序存储结构示意图。

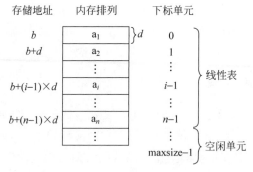

图 2.1 顺序存储结构示意图

顺序表的特点是以元素在计算机内"物理位置相邻"来表示线性表中数据元素之间的逻辑关系。在顺序表中,只要知道第一个数据元素的存储位置,就可以找到其他所有数据元素的位置,因此,顺序表具有随机存取的特点。

由于高级程序设计语言中的数组类型也有随机存取的特性,因此,通常用数组来描述数据结构中的顺序存储结构。顺序表使用 C 语言的一维数组描述如下:

```
#define    DATATYPE1    int
#define    MAXSIZE      100
typedef    struct
{
    DATATYPE1  data[MAXSIZE];
    int  len;
}SEQUENLIST;
```

在上述描述中,定义一个结构体类型 SEQUENLIST 来表示顺序表,其中数组 data 的最大长度为 MAXSIZE,用来存储线性表中的数据元素;整数类型的数据 len 用来指明线性表的长度。

2.2.2 顺序表的基本操作

1. 初始化操作

算法描述如下:

```
void  INITIATE(SEQUENLIST  * L)
{
L -> len = 0;
}
```

初始化操作就是生成一个空的顺序表 L,因此只要将顺序表的长度 len 赋值为 0 即可,数组 data 中不输入任何数据。函数中的参数传递的是地址值。算法的时间复杂度为 $O(1)$。

2. 求表长度的操作

算法描述如下:

```
int  LENGTH(SEQUENLIST  * L)
{
  return(L -> len);
}
```

算法的时间复杂度为 $O(1)$。

3. 取元素的操作

算法描述如下：

```
DATATYPE1  GET(SEQUENLIST  * L, int  i)
{
    if(i<1||i>L->len)
      return( NULL);
    else
      return(L->data[i-1]);
}
```

算法的时间复杂度为 $O(1)$。

4. 定位操作

算法描述如下：

```
int  LOCATE(SEQUENLIST  * L, DATATYPE1  x)
{
    int  k;
    k = 1;
    while(k<=L->len&&L->data[k-1]!= x)
        k++;
    if(k<=L->len)
        return(k);
    else
        return(0);
}
```

算法的时间复杂度为 $O(n)$。

5. 插入操作

插入操作完成的是在顺序表 L 中的位置 $i(1 \leqslant i \leqslant \text{LENGTH}(L)+1)$ 处插入数据元素 b。在进行插入操作之前，首先必须判断位置 i 是否存在，若位置 i 不存在，则给出错误信息；若位置 i 存在，则进行插入操作。在插入数据元素时，要判断数组中是否有空的位置，若有空的存储单元，则将位置 n 到位置 i 的数据元素分别向后移动一个位置，将位置 i 空出之后，才能将数据元素 b 插入。算法描述如下：

```
void  INSERT(SEQUENLIST  * L, int  i, DATATYPE1  b)
{
int  k;
if (i<1||i>L->len+1||L->len>= MAXSIZE)    /* 判断位置 i 是否存在以及是否有空的
                                              存储单元 */
 printf( "error");
else
{for(k=L->len;k>= i;k-- )                  /* 将位置 i 之后的数据元素向后移动一个位置 */
    L->data[k] = L->data[k-1];
 L->data[i-1] = b;
 L->len++;
}
}
```

图 2.2 所示为在具有 7 个数据元素的顺序表中位置 4 处插入数据 10 前后的情况。这里值得注意的是，由于 C 语言中数组的存储是从 0 单元开始的，而在顺序表中所进行的操作都是

指的位置值,如插入操作是在线性表的位置 i 处插入数据元素 b,位置 i 在一维数组中对应的是 $i-1$ 单元,所以是将数据元素 b 插入数组的 $i-1$ 单元中,因此,用数组来表示线性表时,位置值总是比单元号大 1。图 2.2 中,左边表示数组的单元号,右边表示顺序表的位置值。

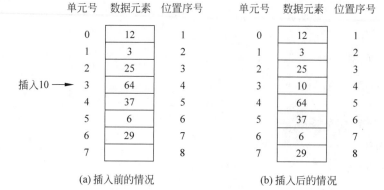

图 2.2   顺序表中插入数据元素前后的情况

从上面的插入算法中可以看出,当在顺序表中进行插入操作时,其时间主要耗费在移动数据元素上。移动元素的次数不仅和表长有关,还与插入位置 i 有关,这里假设表长为 n,执行插入操作元素后移的次数是 $n-i+1$。当 $i=1$ 时,元素后移的次数为 n 次,当 $i=n+1$ 时,元素后移的次数是 0 次,则该算法在最好情况下的时间复杂度为 $O(1)$,最坏情况下的时间复杂度为 $O(n)$。下面进一步分析算法的平均时间复杂度。设 P_i 为在顺序表中第 i 个位置插入一个元素的概率,假设在表中任意位置插入数据元素的机会是均等的,则

$$P_i = \frac{1}{n+1}$$

设 E_{is} 为移动元素的平均次数,在表中位置 i 处插入一个数据元素需要移动元素的次数为 $n-i+1$,因此

$$E_{is} = \sum_{i=1}^{n+1} P_i(n-i+1) = \sum_{i=1}^{n+1} \frac{n-i+1}{n+1} = \frac{n}{2}$$

也就是说在顺序表上做插入操作,平均要移动一半的元素。就数量级而言,它是线性阶的,算法的平均时间复杂度为 $O(n)$。

6. 删除操作

删除操作是将位置 i 处的数据元素从顺序表中删除。首先必须判断位置 i 是否存在,若不存在,则给出错误信息;若存在,则将位置 $i+1$ 之后的所有数据元素分别向前移动一个位置。具体操作见图 2.3。删除操作的算法描述如下:

```
void  DELETE(SEQUENLIST  * L,int  i)
{
    int  k;
    if(i<1||i>L->len||L->len==0)          /* 判断位置 i 是否存在以及表是否为空 */
        printf("error");
    else
    {   for(k=i+1;k<=L->len;k++)          /* 从位置 i+1 处的数据元素到表的最后一
                                             个数据元素各自向前移动一个位置 */
        L->data[k-2]=L->data[k-1];
        L->len--;
    }
}
```

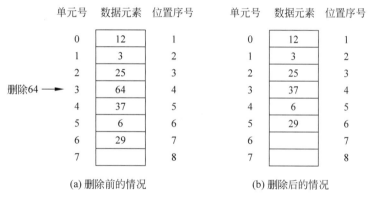

(a) 删除前的情况　　　　　　　(b) 删除后的情况

图 2.3　顺序表中删除数据元素前后的情况

这里值得注意的是,在移动数据元素的过程中,先从位置 $i+1$ 的数据开始,将位置 $i+1$ 的数据移到位置 i 处,然后再移动位置 $i+2$ 的数据,将位置 $i+2$ 的数据移动到位置 $i+1$ 处,以此类推,直到最后一个数据。如果反过来,从最后一个数据元素开始移动,则会覆盖掉前一个位置的数据,从而发生错误。算法的时间复杂度为 $O(n)$。

7. 判断表空的操作

算法描述如下:

```
int   EMPTY(SEQUENLIST   * L)
{
    if(L-> len == 0)
        return(1);
    else
        return(0);
}
```

算法的时间复杂度为 $O(1)$。

2.3　线性表的链式存储结构

2.3.1　链式存储结构

线性表的链式存储结构的特点是用一组任意的存储单元存储线性表的数据元素,这组存储单元可以是连续的,也可以是不连续的。因此,为了能正确表示数据元素之间的线性关系,引入结点的概念。一个结点表示线性表中的一个数据元素,结点中除了存储数据元素的信息,还必须存放指向下一个结点的指针(即下一个结点的地址值)。那么,一个线性表就是由若干结点组成的,每个结点含有两个域:一个域 data 用来存储数据元素的信息;另一个域 next 用来存储指向下一结点的指针。一个结点的结构如图 2.4 所示。

图 2.4　一个结点的结构

如果线性表为 $(a_1, a_2, \cdots, a_n)$,则存放 a_i 的结点的 data 域中存储 a_i,next 域中存储指向 a_{i+1} 的指针,其中 $i=1,2,\cdots,n-1$,存放 a_n 的结点的 data 域中存储元素 a_n,next 域中存储

一个空的指针 NULL。为了处理空表方便,引入一个头结点,它的 data 域中不存储任何信息,next 域中存储指向线性表第一个元素的指针。本章中如无特殊说明,以后建立的单链表都为带头结点的链表。则线性表$(a_1, a_2, \cdots, a_n)$如图 2.5 所示。

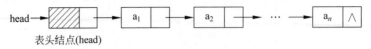

图 2.5　单链表表示的线性表

单链表可以由指向头结点的指针 head 唯一确定,假设单链表中存储的是字符型数据,使用 C 语言来描述单链表的结点的类型如下:

```
#define  DATATYPE2  char
typedef  struct  node
{
    DATATYPE2  data;
    struct  node  * next;
}LINKLIST;
```

2.3.2　单链表上的基本运算

1. 初始化操作

初始化操作是将线性表初始化为一个空的线性表,算法描述如下:

```
LINKLIST  * INITIATE( )
{
    LINKLIST  * head;
    head = (LINKLIST * )malloc(sizeof(LINKLIST));
    head -> next = NULL;
    return(head);
}
```

算法的时间复杂度为$O(1)$。

2. 建立单链表

建立单链表的过程就是生成结点并链接结点的过程。设单链表中的数据类型为字符型,依次从键盘上输入这些字符,以'\$'作为结束标志。建立单链表有如下两种方法。

1) 尾插入法建立单链表

尾插入法建立单链表是指首先建立头结点,构成一个空的单链表,然后按照输入字符数据的次序,将字符数据依次链接到已经建好的单链表的末尾。图 2.6 所示为尾插入法建立单链表输入第 2 个结点的过程。

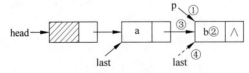

图 2.6　尾插入法建立单链表插入第 2 个结点的过程

```
LINKLIST * rcreat()
{
    LINKLIST * head, * last, * p;
    char ch;
```

```
        head = (LINKLIST * )malloc(sizeof(LINKLIST));
        head - > next = NULL;
        last = head;
        while( (ch = getchar())!= ' $ ')
        {   p = (LINKLIST * )malloc(sizeof(LINKLIST));        /* 对应图 2.6 中的① */
            p - > data = ch;                                 /* 对应图 2.6 中的② */
            last - > next = p;                               /* 对应图 2.6 中的③ */
            last = p;                                        /* 对应图 2.6 中的④ */
            p - > next = NULL;
        }
        return(head);
    }
```

算法的时间复杂度为 $O(n)$。

2) 头插入法建立单链表

头插入法建立单链表是指首先建立头结点,然后输入第 1 个字符数据,将其链接到头结点后,之后依次输入字符数据,将输入的字符数据插入已经建立好的单链表的头结点与第 1 个结点之间。图 2.7 所示为采用头插入法建立单链表输入第 2 个结点的过程。

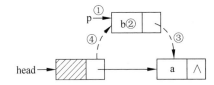

图 2.7　头插入法建立单链表插入第 2 个结点的过程

```
LINKLIST * hcreat()
{
    LINKLIST * head, * p;
    char ch;
    head = (LINKLIST * )malloc(sizeof(LINKLIST));
    head - > next = NULL;
    while( (ch = getchar() )!= ' $ ')
    {   p = (LINKLIST * )malloc(sizeof(LINKLIST));         /* 对应图 2.7 中的① */
        p - > data = ch;                                   /* 对应图 2.7 中的② */
        p - > next = head - > next;                        /* 对应图 2.7 中的③ */
        head - > next = p;                                 /* 对应图 2.7 中的④ */
    }
    return(head);
}
```

算法的时间复杂度为 $O(n)$。

3. 求表长度的操作

算法描述如下:

```
int   LENGTH(LINKLIST * head)
{
    int i;                                                 /* 变量 i 记录结点个数 */
    LINKLIST * p;
    p = head;
    i = 0;
    while(p - > next!= NULL)
    {   p = p - > next;
```

```
        i++;
    }
    return(i);
}
```

由于单链表表示的线性表没有直接给出表的长度,因此必须通过一个循环语句来求结点的个数。算法中使用指针 p 跟踪每一个结点,p 的初始值指向头结点 head,此时记录结点个数的变量 i 赋初始值 0,接下来指针 p 每向下移动一个位置,变量 i 就做加 1 的操作,直到单链表结束,最终 i 的值就是单链表长度。算法的时间复杂度为 $O(n)$。

4. 按序号查找操作

按序号查找操作是指查找单链表中第 i(1$\leq i \leq$LENGTH(L))个结点,若找到,则返回该结点的存储位置,否则返回一个空值。要实现该操作,首先要找到处于位置 i 的结点,确定了该结点的地址 p 后,直接返回 p 就可以了。具体算法实现如下:

```
LINKLIST * GET(LINKLIST * head, int i)
{
    int j;
    LINKLIST * p;
    j = 0;                              / * j为计数器 * /
    p = head;
    while(j < i&&p)                     / * 寻找位置 i * /
    {   p = p->next;
        j++;
    }
    return p;
}
```

算法的时间复杂度为 $O(n)$。

5. 按元素值查找操作

按元素值查找操作是在单链表中查找给定的数据值,如果查找成功,则返回该值的位置,否则返回一个空值。在单链表上查找某一数据元素,只能从头开始,设置指针 p,p 最初指向单链表的第 1 个数据元素,即 p=head->next,然后比较给定的数据和 p 所指结点 data 域的值,如果相等,则返回该结点的地址 p,如果不相等,则指针 p 向后移动一个位置,指向下一个数据元素,接下来重复上面比较的过程,直至单链表结束都没有找到,则返回一个空指针值 NULL。具体算法实现如下:

```
LINKLIST * LOCATE(LINKLIST * head, DATATYPE2 x)
{
    LINKLIST * p;
    p = head->next;
    while(p&& p->data!= x)
        p = p->next;
    return p;
}
```

算法的时间复杂度为 $O(n)$。

6. 插入操作

插入操作是指在线性表的位置 i 处插入一个数据元素。在单链表中实现插入操作,首先建立一个新的结点,用来存储要插入数据的信息,然后必须找到位置 $i-1$,如果找到,则

在位置 $i-1$ 后插入数据元素；否则，给出相应的出错信息。图 2.8 所示为找到位置 $i-1$ 后插入数据元素的过程。具体算法实现如下：

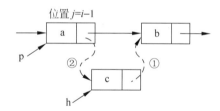

图 2.8　在位置 i 处插入数据元素 c

```
void   INSERT(LINKLIST * head,int i,DATATYPE2 x)
{
    int j;
    LINKLIST * h, * p;
    h = (LINKLIST * )malloc(sizeof(LINKLIST));        /*建立新结点 */
    h->data = x;                    /*将要插入的数据元素 x 放在新结点的 data 域 */
    h->next = NULL;
    p = GET(head,i-1);              /*调用按序号查找函数寻找位置 i-1 */
    if(p!= NULL)                    /*找到位置 i-1 */
    {   h->next = p->next;          /*对应图 2.8 中的① */
        p->next = h;                /*对应图 2.8 中的② */
    }                               /*将结点 h 插入单链表的位置 i-1 后,即位置 i 处 */
    else
        printf( "insert fail");
}
```

在找到位置 $i-1$ 后，插入新结点时，要注意结点之间的链接次序，在图 2.8 中，必须先链接①，再链接②，否则会出现错误。

在单链表上实现插入操作时不需要移动大量的数据元素，但需要确定插入位置。这是单链表与顺序表在实现插入操作时的不同之处。该算法所花费的时间主要在查找上，所以算法的时间复杂度为 $O(n)$。

7. 删除操作

删除操作是删除位置 i 处的元素。删除操作首先要查找位置 i 处的元素，如果找到，则删除该数据，删除的过程与插入操作一样，先要找到位置 $i-1$ 处的结点 p，然后将结点 p 与位置 i 后的结点相连接，其过程同样是对链的正确连接；若没有找到位置 i 处的元素，则给出相应错误信息。图 2.9 给出了在单链表中找到位置 i 处的元素后，删除该元素的过程。具体算法实现如下：

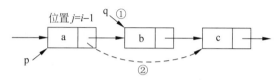

图 2.9　删除位置 i 处的元素 b

```
void   DELETE(LINKLIST   * head,int i)
{
    int j;
    LINKLIST * p, * q;
```

```
    p = GET(head,i - 1);              /* 调用按序号查找函数寻找位置 i - 1 * /
    if( (p!= NULL)&&(p -> next!= NULL))  /* 找到位置 i * /
    {    q = p -> next;               /* q指向位置 i 的结点,对应图 2.9 中的① * /
        p -> next = q -> next;        /* 对应图 2.9 中的② * /
        free(q);                      /* 释放指针 q 所指的存储空间 * /
    }                                 /* 删除位置 i 的元素 * /
    else
        printf("delete fail");
}
```

算法的时间复杂度为 $O(n)$。

8. 判断表空的操作

算法描述如下:

```
int  EMPTY(LINKLIST * head)
{
    if(head -> next == NULL)
        return(1);
    else
        return(0);
}
```

算法的时间复杂度为 $O(1)$。

9. 单链表的输出操作

单链表的输出操作是将单链表中存储的所有数据元素打印输出的过程。算法实现如下:

```
void  print(LINKLIST * head)
{
    LINKLIST * p;
    p = head -> next;
    while(p!= NULL)
    {  printf( "% c ",p -> data);
        p = p -> next;
    }
}
```

算法的时间复杂度为 $O(n)$。

2.3.3 循环链表和双向链表

线性表的链式存储结构除了可以使用单链表表示外,还可以表示成循环链表和双向链表的形式。

1. 循环链表结构

让单链表的最后一个结点的指针域指向头结点,则整个链表形成一个环状,构成单循环链表,在不引起混淆时称为循环链表(后面还要提到双向循环链表)。循环链表的好处是从表中任一结点出发均可找到表中其他结点。图 2.10 所示为带头结点的循环链表示意图。

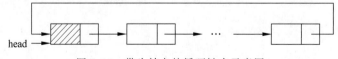

图 2.10 带头结点的循环链表示意图

循环链表的很多操作都是在表的首尾位置进行的,因此使用指向循环链表末尾结点的指针来标识一个线性表,则实现某些操作会更加容易。图 2.11 所示为循环链表使用指针 rear 来标识。例如将两个线性表合并成一个表时,使用设立尾指针的循环链表表示时,设一个表用 rear1 表示,另一个表用 rear2 表示,合并的过程只需下面 5 条语句即可:p=rear1->next;q=rear2->next;real->next=q->next;rear2->next=p;free(q);。

使用循环链表表示线性表,同样可以实现线性表上的各种基本操作。

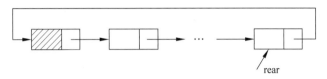

图 2.11　使用尾指针 rear 标识的循环链表示意图

使用图 2.11 所示的循环链表结构,实现在循环链表的最左端插入一个数据元素的算法如下:

```
void  LINSERT(LINKLIST * rear,DATATYPE2 x)
{
    LINKLIST * p;
    p = (LINKLIST * )malloc(sizeof(LINKLIST));
    p -> data = x;
    p -> next = NULL;
    if(rear -> next == rear)                    /* 考虑空循环链表情况 */
    {rear -> next = p;
    p -> next = rear;
    rear = p;
    }
    else
    {    p -> next = rear -> next -> next;
         rear -> next -> next = p;
    }
}
```

2. 双向链表结构

单链表可以很有效地查找某一元素的后继元素,但若想查找其前驱元素,则需从头开始顺序向后查找,为了方便查找某个元素的前驱结点,可以建立双向链表。双向链表的每个结点都包含三个域:数据域 data 用来存储数据信息;两个指针域 prior、next 分别指向结点的前驱结点和后继结点。双向链表使用 C 语言描述如下:

```
typedef struct node
{
    DATATYPE2 data;
    struct node * next, * prior;
}DLINKLIST;
```

双向链表的形式见图 2.12。将双向链表的头结点和尾结点连接起来也能构成循环链表,称为双向循环链表,如图 2.13 所示。

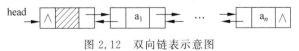

图 2.12　双向链表示意图

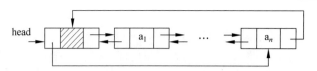

图 2.13　双向循环链表示意图

双向链表是一种对称结构,在双向链表中,有些操作,如 LENGTH、LOCATE、GET 等仅需涉及一个方向的指针,则它们的算法描述和单链表的操作相同,但是对于插入和删除操作却有很大的不同,在双向链表中需同时修改两个方向上的指针。图 2.14 所示为在双向链表中结点 p 之前插入一个结点指针的变化情况,图 2.15 所示为在双向链表中删除结点 p 时指针的变化情况。

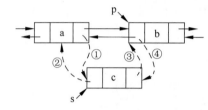

图 2.14　在双向链表中插入一个结点指针的变化情况

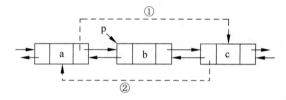

图 2.15　在双向链表中删除一个结点指针的变化情况

在双向链表中结点 p 之前插入一个结点的操作运算如下:

```
void  DINSERT(DLINKLIST * p,DATATYPE2 x)
{
    DLINKLIST * s;
    s = (DLINKLIST * )malloc(sizeof(DLINKLIST));
    s->data = x;
    p->prior->next = s;            //对应图 2.14 中的①
    s->prior = p->prior;           //对应图 2.14 中的②
    s->next = p;                   //对应图 2.14 中的③
    p->prior = s;                  //对应图 2.14 中的④
}
```

在双向链表中删除结点 p 的算法如下:

```
void  DDELETE(DLINKLIST * p)
{
    p->prior->next = p->next;      //对应图 2.15 中的①
    p->next->prior = p->prior;     //对应图 2.15 中的②
    free(p);
}
```

2.4 顺序表与链表的比较

至此已经介绍了线性表的两种存储结构,即顺序存储结构和链式存储结构。在实际应用中,应该选择哪种存储结构要根据具体的要求来确定,一般可从以下两方面来考虑。

1. 基于存储空间的考虑

顺序表的存储空间是静态分配的,在程序运行前必须明确规定它的存储规模,如果线性表的长度 n 变化较大,存储空间难以事先确定。如果估计过大,将造成大量存储单元的浪费;估计过小,又不能临时扩充存储单元,将使空间溢出机会增多。链表的存储空间是动态分配的,只要内存空间尚有空闲,就不会发生溢出,但是链表结构除了要存储必要的数据信息外,还要存储指针值,因此存储空间的利用率不如顺序表。综上所述,在线性表的长度变化不大、存储空间可以事先估计时,可以采用顺序表来存储线性表;否则,应当选用链表来存储线性表。

2. 基于时间性能的考虑

顺序表是一种随机访问的表,对顺序表中的每个数据都可快速存取,而链表是一种顺序访问的表,存取数据元素时,需从头开始向后逐一扫描,因此若线性表的操作需频繁进行查找,很少做插入和删除操作时,宜采用顺序表结构。

在链表中进行插入和删除操作时,仅需修改指针,而在顺序表中进行插入和删除操作时,平均要移动表中近一半的元素,尤其当每个结点的信息量较大时,移动元素的时间开销就相当大。因此,对于频繁进行插入和删除操作的线性表,宜采用链式存储结构。

2.5 线性表的应用

【例 2.1】 在一个无序的线性表中,删除元素值相同的多余元素,用顺序表编写算法。

例如:q=(7,6,8,6,3,2,6)

则删除多余元素后:q=(7,6,8,3,2)

算法实现的思路:依次将顺序表 q 中的每一个元素和其后的所有元素进行比较,在比较过程中若发现有值相同的多余元素,则只保留第一个元素,删除值相同的其他元素。

算法实现如下:

```
void deleseq(SEQUENLIST  * q)
{
    int   i,j,k;
    for(i = 0;i < q - > len - 1;i++)
    for(j = i + 1;j < q - > len;j++)
    if(q - > data[i] == q - > data[j])
{   for(k = j + 1;k < q - > len;k++)
      q - > data[k - 1] = q - > data[k];
    q - > len -- ;
    j -- ;
    }
}
```

【例 2.2】 在一个非递减有序的线性表中,插入一个值为 x 的元素,使插入后的线性表仍为非递减有序表,用带头结点的单链表编写算法。

算法实现的思路:在有序单链表中插入一个数据元素 x,首先要找到该元素应该插入到什么位置,才能保证插入后的单链表仍为有序表。因此,算法的第一步是寻找 x 的位置。首先设置指针 p、q,最初 p 指向头结点,q 指向头结点的下一个结点,比较 q 所指数据域的值与 x 的大小,如果小于 x,则 p、q 分别向后移动一个位置,使 p 始终作为 q 的前驱结点,然后重复上面的比较过程;如果比较结果大于 x 或是比较到最后单链表结束了,则找到了插入位置,在 p 与 q 之间插入结点 x 即可。

```c
void   insert_order(LINKLIST * head,DATATYPE2 x)
{
    LINKLIST * p, * q, * h;
    h = (LINKLIST * )malloc(sizeof(LINKLIST));
    h -> data = x;
    h -> next = NULL;
    p = head;
    q = head -> next;
    while(q!= NULL&&q -> data < x)
    {   p = q;
        q = q -> next;
    }
    h -> next = q;
    p -> next = h;
}
```

【例 2.3】 设 L 为带头结点的单链表,且其数据元素值均递增有序,写一个算法,删除表中值相同的多余元素。

```c
void delelink(LINKLIST * L)
{LINKLIST * p, * q;
p = L -> next;
while(p&&p -> next)
{if(p -> data == p -> next -> data)
{q = p -> next;
p -> next = q -> next;
free(q);
}
else
p = p -> next;
}
}
```

【例 2.4】 在一个头指针所指示的循环链表中,写一个算法,从表中任意一个结点 p 出发找到它的直接前驱结点。

```c
LINKLIST * prior(LINKLIST * p)
{LINKLIST * q;
q = p -> next;
while(q -> next!= p)
q = q -> next;
return q;
}
```

【例 2.5】 用单链表解决约瑟夫问题。约瑟夫问题为: n 个人围成一圈,从某个人开始报数 $1,2,\cdots,m$,数到 m 的人出圈,然后从出圈的下一个人 $(m+1)$ 开始重复此过程,直到全部人出圈,于是得到一个新的序列,如当 $n=8$、$m=4$ 时,若从第一个位置数起,则所得到的新的序列为 $4,8,5,2,1,3,7,6$。

算法实现的思路: n 个人用 $1,2,\cdots,n$ 进行编号,使用不带头结点的单链表来存储,报数是从 1 号开始的,若某个人出圈,则将其打印输出,将该结点删除,再对剩余的 $n-1$ 个人重复同样的过程,直到链表中只剩下一个结点,将其输出即可。算法的具体实现如下:

```
void  josepho(LINKLIST * head,int n,int m)
{
    LINKLIST * p, * q;
    int i,j;
    p = head;
    i = 1;                            /* 计数标志,开始报数 */
    for(j = 1;j < n;j++)
    {   while(i!= m)                  /* 查找出圈的号码 */
        {   if(p－> next!= NULL)
            {   q = p;                /* 记录 p 的前一位置,为后面的删除操作做准备 */
                p = p－> next;
                i = i + 1;
            }
            else
            {   p = head;
                i = i + 1;
            }
        }
        printf( "％4d,",p－> data);   /* 删除出圈结点 */
        if(p == head)                 /* 出圈结点是第一个结点时 */
        {   head = p－> next;
            p = p－> next;
        }
        else if(p－> next == NULL)     /* 出圈结点是最后一个结点时 */
        {   q－> next = NULL;
            p = head;
        }
        else
        {   q－> next = p－> next;
            p = p－> next;
        }
        i = 1;                        /* 计数标志重新赋值为 1,重新开始报数 */
    }
    printf( "％4d",p－> data);
}
```

本 章 小 结

(1) 线性表的主要特征是数据之间具有一对一的线性关系,因此可以采用顺序存储和链式存储结构进行存储。

(2) 线性表的顺序存储结构是采用一组连续的存储单元来存储线性表中的数据元素。

（3）链式存储结构是用一组任意的存储单元来存储线性表中的数据元素,这组存储单元可以是连续的,也可以是不连续的,包括单链表、循环链表和双向链表存储结构。

（4）除了线性表的存储结构外,建立在各种存储结构上的操作也是本章学习的重点内容。在顺序存储结构中,顺序表的插入和删除是本章的难点内容,在学习时,一定要注意数据移动的次序;在顺序表的各种基本操作中,要注意顺序表的位置和数组下标之间的关系。在学习单链表时,一定要具备扎实的指针操作和内存动态分配的编程技术;在进行链表的插入和删除运算时,要注意各条链的链接顺序;充分理解链表的结构并不是固定不变的,在实际应用中,根据题目要求的不同,可以自己设计合理的链表结构,不要过分拘泥于形式。

知 识 拓 展

想要写好链表相关的代码并不是一件容易的事。尤其是对于那些复杂的链表操作,如链表反转、有序链表合并等,在编写代码时非常容易出错。但是在算法设计时是有技巧的,下面介绍几个代表性的技巧。

（1）理解指针或引用的含义。大部分链表中的操作会涉及指针的操作,因此,要想写出链表相关的正确代码,首先要对指针有透彻的理解。我们知道,有些程序设计语言中有“指针”这种语法概念,如 C;而有些语言中没有“指针”,取而代之的是“引用”这种语法概念,如 Java、Python。无论是“指针”还是“引用”,实际上它们要表达的意思是相同的,存储的都是所指向或所引用对象的内存地址。

（2）警惕指针丢失和内存泄漏。读者可能有这样的体会:在编写实现链表的代码时,指针一会儿指向这个结点,一会儿指向那个结点,再过一会儿就不知道指针指向哪里了。指针是怎么“丢失”的呢? 在本章中,插入结点时讲了要注意操作的顺序,才不会丢失指针。也就是说,任意结点在任一时刻都应该有指针指示。即使对于要删除的结点,也要有指针指示。例如 C 语言中,内存管理是由程序员负责的,对于要删除的结点,应通过指向结点的指针,调用 free()函数手动释放结点对应的内存空间;否则,内存就无法被操作系统回收,无法被其他程序使用,就会产生内存泄漏。

（3）通过画图辅助思考。在单链表中插入结点时,指针移动的顺序不同可能导致算法正确或错误的不同结果。最好的方法是画出指针移动时的链表变化情况。看图写代码会更加清晰简单。

第3章   栈 和 队 列

栈和队列是在程序设计中被广泛使用的两种线性数据结构。栈只允许在表的一端进行插入或删除操作，而队列只允许在表的一端进行插入操作在另一端进行删除操作。因而，栈和队列也可以被称作操作受限的线性表。通过本章的学习，要求：

- 理解栈和队列的特点；
- 熟练掌握顺序栈和链栈基本操作的算法实现；
- 熟练掌握循环队列和链队列基本操作的算法实现；
- 掌握栈和队列的应用。

3.1   栈

3.1.1   栈的引例

为了说明栈的概念，举一个简单的例子。把餐馆中洗净的一叠盘子看作一个栈。通常情况下，最先洗净的盘子总是放在最下面，后洗净的盘子放在先洗净的盘子上面，最后洗净的盘子总是放在最上面；使用时，总是先从顶上取走，也就是说，后洗净的盘子先取走，先洗净的盘子后取走，即所谓的"先进后出"。栈的应用非常广泛，对高级语言中表达式的处理就是通过栈来实现的。在程序设计中，如果需要以与保存数据时相反的顺序来使用数据，就可以用栈来实现。

3.1.2   栈的类型定义

栈（Stack）是限定在表的一端进行插入和删除操作的线性表。允许插入和删除的一端称作栈顶（Top），固定的另一端称作栈底（Bottom）。当栈中没有元素时称为空栈。

如图3.1所示，栈中有 n 个元素，进栈的顺序是 $a_0, a_1, \cdots, a_{n-1}$，当需要出栈时，其顺序为 $a_{n-1}, \cdots, a_1, a_0$，所以栈又称为后进先出（Last In First Out）的线性表，简称 LIFO 表。

对于栈，有以下几种基本运算。

（1）栈的初始化 Init_Stack(s)：构造一个空栈。

（2）判栈空 Empty_Stack(s)：若栈 s 为空栈，则函数返回值为1，否则返回值为0。

（3）入栈 Push_Stack(s,x)：在栈 s 的顶部插入一个新元素 x，x 成为新的栈顶元素，栈

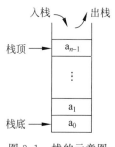

图3.1   栈的示意图

发生变化。

(4) 出栈 Pop_Stack(s)：将栈 s 的顶部元素从栈中删除,栈中少了一个元素,栈发生变化。

(5) 读栈顶元素 Top_Stack(s)：返回栈顶元素,栈不变化。

(6) 求栈的长度 StackLength(s)：返回栈 s 中的元素个数。

3.1.3　栈的顺序存储表示和操作的实现

与第 2 章讨论的一般顺序存储结构的线性表一样,利用一组地址连续的存储单元依次存放从栈底到栈顶的数据元素,这种形式的栈称为顺序栈。因此,可以使用预设的足够长度的一维数组 datatype data[MAXSIZE]来实现,将栈底设在数组小下标的一端,由于栈顶位置是随着元素的进栈和出栈操作而变化的,因此用一个指针 int top 指向栈顶元素的当前位置。用 C 语言描述顺序栈的数据类型如下：

```
#define datatype   char
#define MAXSIZE   100
typedef   struct
{datatype   data[MAXSIZE];
 int   top;
}SEQSTACK;
```

定义一个指向顺序栈的指针：

```
SEQSTACK   * s;
```

MAXSIZE 是栈 s 的最大容量。鉴于 C 语言中数组的下标约定是从 0 开始的,因而使用一维数组作为栈的存储空间时,应设栈顶指针 s->top=-1 时为空栈。元素入栈时,栈顶指针加 1,即 s->top++；元素出栈时,栈顶指针减 1,即 s->top--。当 top 等于数组的最大下标值时则栈满,即 s->top=MAXSIZE-1。图 3.2 说明了顺序栈中数据元素与栈顶指针的变化。这里设 MAXSIZE=5,图 3.2(a)是空栈状态,图 3.2(b)是元素 A 入栈后的状态,图 3.2(c)是栈满状态,图 3.2(d)是在图 3.2(c)之后 E、D 相继出栈,此时栈中还有 3 个元素,或许最近出栈的元素 D、E 仍然在原先的单元存储着,但 top 指针已经指向了新的栈顶,则元素 E、D 已不在栈中了。

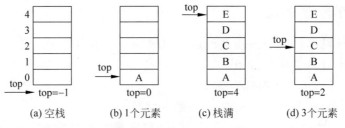

图 3.2　栈顶指针 top 与栈中数据元素的关系

在上述存储结构上基本操作的算法实现如下：

1. 初始化空栈操作

```
void   Init_Stack(SEQSTACK * s)          /* 创建一个空栈由指针 s 指出 */
{ s-> top = -1;
}
```

2. 判栈空操作

```
int Empty_Stack (SEQSTACK * s)            /* 栈 s 空时,返回 1; 非空时,返回 0 */
{
  if(s -> top == - 1)
    return 1;
  else
    return 0;
}
```

3. 入栈操作

```
void  Push_Stack(SEQSTACK * s,datatype x)    /* 将元素 x 插入栈 s 中,作为 s 的新栈顶 */
{
  if(s -> top == MAXSIZE - 1)            /* 栈满 */
    printf("Stack full\n");
  else
    { s -> top++;
    s -> data[s -> top] = x;
    }
}
```

4. 出栈操作

```
datatype   Pop_Stack(SEQSTACK * s )       /* 若栈 s 不为空,则删除栈顶元素 */
{
  datatype   x;
  if(Stack_Empty(s))                     /* 栈空 */
  { printf(" Stack empty\n");
    return NULL;}
else
  {x = s -> data[s -> top];
  s -> top -- ;
  return x;}
}
```

5. 读栈顶元素操作

```
datatype Top_Stack(SEQSTACK * s)          /* 若栈 s 不为空,则返回栈顶元素 */
{
  datatype x;
  if(Stack_Empty(s))                     /* 栈空 */
  { printf("Stack empty. \n");
    return NULL;}
  else
    {x = s -> data[s -> top];
    return x;}
}
```

6. 求栈的长度操作

```
int StackLength(SEQSTACK * s)
{
  return s -> top + 1;
}
```

对于其他类型栈的基本操作的实现,只需改变结构体 SEQSTACK 中的数组

32

data[MAXSIZE]的基本类型,即对 datatype 重新进行宏定义。

对于栈的顺序存储结构的两点说明如下。

(1) 对于顺序栈,入栈时,首先判断栈是否满,栈满的条件为 s—>top==MAXSIZE−1,栈满时不能入栈,否则会出现空间溢出,引起错误,这种现象称为上溢。

(2) 出栈和读栈顶元素时,要先判断栈是否为空,为空时不能操作,否则产生错误(或称为下溢)。通常栈空常作为一种控制转移的条件。

3.1.4 栈的链式存储表示和操作的实现

栈也可以采用链式存储结构表示,这种链式存储结构的栈称为链栈。用 C 语言描述链栈的数据类型如下:

```
typedef struct Stacknode
{
datatype data;
struct Stacknode * next;
}LINKSTACK;
```

定义一个栈顶指针:

```
LINKSTACK * top;
```

在一个链栈中,栈底就是链表的最后一个结点,而栈顶总是链表的第一个结点。栈顶指针 top 唯一确定一个链栈,当 top=NULL 时,该链栈是一个空栈。新入栈的元素成为链表的第一个结点,只要系统还有存储空间,就不会有栈满的情况发生。图 3.3 给出了链栈中数据元素与栈顶指针 top 的关系。

链栈基本操作的算法实现如下。

1. 初始化空栈

```
void Init_Stack(LINKSTACK * top)
{
top = NULL;
}
```

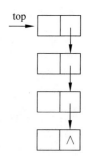

图 3.3 链栈示意图

2. 判栈空操作

```
int Empty_Stack(LINKSTACK   * top)                /* 栈 s 为空时,返回 1; 非空时,返回 0 */
{
 if(top == NULL)
    return 1;
 else
    return 0;
}
```

3. 入栈操作

```
void  Push_Stack(LINKSTACK   * top, datatype x)    /* 将元素 x 压入链栈 top 中 */
{
LINKSTACK * p;
p = (LINKSTACK * )malloc(sizeof(LINKSTACK));     /* 申请一个结点 */
p—> data = x;
```

```
p - > next = top;
top = p;
}
```

4. 出栈操作

```
datatype  Pop_Stack(LINKSTACK   * top)              /* 从链栈 top 中删除栈顶元素 */
{
 datatype x;
 LINKSTACK * p;
 if (top == NULL)                                    /* 空栈 */
 {printf(" Stack empty\n");
  return NULL;}
 else
 { p = top;
  top = top - > next;
  x = p - > data;
  free(p);
  return x;
 }
}
```

5. 读栈顶元素操作

```
datatype Top_Stack(LINKSTACK  * top)               /* 若栈 s 不为空,则返回栈顶元素 */
{
 datatype x;
if (top == NULL)                                    /* 空栈 */
{printf(" Stack empty\n");
 return NULL;}
else
{ x = top - > data;
 return x;}
}
```

3.2 栈 的 应 用

【例 3.1】 编写算法,将十进制正整数 m 转换为 n 进制数。

算法分析:利用"辗转相除法",即不断地用 m 除以 n,直到 $m=0$ 为止,将各项除得的余数倒排。这里将十进制数 m 除以 n 所得的各位余数入栈,然后依次出栈并输出即可。

```
void zhuan( int m, int n)
{int i;
 SEQSTACK * S;
 S - > top = - 1;
 While(m!= 0)
 {Push(s, m % n);
  m = m/n;}
For( i = S - > top; i > = 0; i - - )
  Printf(" % d", s - > data[i]);
}
```

【例 3.2】 编写算法,利用栈将带头结点的单链表逆置。

算法分析:把单链表 S1 看成一个链栈,将从 S1 出栈的元素依次入栈 S2,直到 S1 为空为止,此时 S2 就是 S1 的逆置。

```
Void nizhi(LinkStack * S1,LinkStack * S2)
{int x;
 While(S1 -> next!= NULL)
 {x = Pop(S1);
  Push(S2,x);}}
```

3.3 队　　列

3.3.1 队列的引例

和栈一样,队列也是一种特殊的线性表。对于队列我们并不陌生,商场、银行的柜台前需要排队,餐厅的收款机旁需要排队。这里我们来看一个简单的事件排队问题,用户可以输入和保存一系列事件,每个新事件只能在队尾插入;每次先处理队头事件,即先输入和保存的事件,当队头事件处理完毕后,它就会从事件队列中被删除;还可以查询事件队列中剩余的事件。

3.3.2 队列的定义及其基本操作

队列(Queue)也是一种运算受限的线性表。它只允许在表的一端进行插入,在另一端进行删除。允许插入的一端称为队尾(Rear),允许删除的一端称为队头(Front)。在队列中,先进入队列的成员总是先离开队列。因此,队列也称作先进先出(First In First Out)的线性表,简称 FIFO 表。图 3.4 显示了队列的这种特点。

当队列中没有元素时,称为空队列。在空队列中依次加入元素 $a_1, a_2, \cdots, a_n$ 之后,a_1 称为队头元素,a_n 称为队尾元素。图 3.4 所示是一个有 n 个元素的队列,入队的顺序依次为素 $a_1, a_2, \cdots, a_n$,出队时的顺序将依然是 $a_1, a_2, \cdots, a_n$。

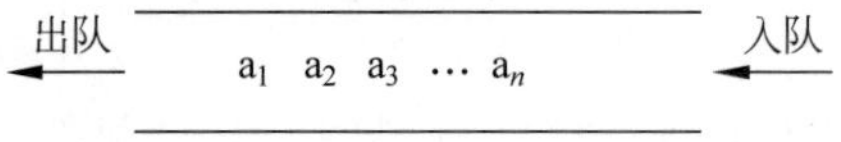

出队 ← | a_1 a_2 a_3 $\cdots$ a_n | ← 入队

图 3.4 队列示意图

对于队列,有以下几种基本运算。

(1) 队列初始化 Init_Queue(q):构造了一个空队列。

(2) 判队列空 Empty_Queue(q):若队列 q 为空队列,则函数返回值为 1,否则返回值为 0。

(3) 入队列 Add_Queue(q,x):在队列 q 的尾部插入一个新元素 x,x 成为新的队尾。

(4) 出队列 Del_Queue(q):删除队头元素,并返回该队头元素,队列发生变化;若队列空,则函数返回值为 0。

(5) 读队头元素 Front_Queue(q):返回队头元素,队列不变;若队列空,则函数返回值为 0。

(6) 求队列的长度 Length_Queue(q):返回队列 q 中的元素个数。

3.3.3　队列的顺序存储表示和操作的实现

队列是一种特殊的线性表,因此队列可采用顺序存储结构存储,也可以使用链式存储结构存储。利用一组地址连续的存储单元依次存放队列中的数据元素,这种形式的队列称为顺序队列。一般情况下,使用一维数组作为队列的顺序存储空间,另外再设立两个指针:一个为指向队头元素位置的指针 front;另一个为指向队尾元素位置的指针 rear。随着元素的入队和出队操作,front 和 rear 是不断变化的。用 C 语言描述顺序队列的数据类型如下:

```
#define  datatype  char
#define  MAXSIZE  100                          /* 队列的最大容量 */
typedef  struct
{ datatype  data[MAXSIZE];                     /* 队列的存储空间 */
   int  front,rear;                            /* 队头队尾指针 */
}SEQUEUE;
```

定义一个指向顺序队列的指针变量:

```
SEQUEUE  * q;
```

下面分析队列的基本操作的实现。设 MAXSIZE＝5,C 语言中,数组的下标是从 0 开始的,因此为了算法设计的方便,我们约定:初始化队列时,q－>front＝q－>rear＝－1。图 3.5(a)所示为初始化空队列的情况。在队列中插入一个元素 x 时,即在队尾插入,则有操作 q－>rear＋＋;q－>data[q－>rear]＝x。图 3.5(b)所示为在队列中依次插入 2 个元素 A、B 后的情况,此时尾指针 rear 始终指向队尾元素所在位置,头指针 front 指向队列中第一个元素的前面一个位置。出队操作,即从队头删除一个数据元素,则有 q－>front＋＋,如图 3.5(c)所示,在图 3.5(b)之后元素 A、B 依次出队列,队列空,此时队头指针发生变化,队尾指针不变。由此可见,当 front 和 rear 等于数组的同一个下标值时队列空,即 q－>front＝q－>rear。图 3.5(d)是在图 3.5(c)之后,C、D、E 相继插入队列,队列满,此时队尾指针 q－>rear＝MAXSIZE－1,队头指针不变。由此可见,当 rear 等于数组的最大下标值时,则队列满,即 q－>rear＝MAXSIZE－1。

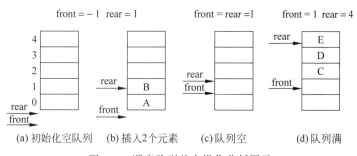

图 3.5　顺序队列基本操作分析图示

随着入队出队操作的进行,整个队列整体向后移动,这样就出现了图 3.5(d)所示的现象:q－>rear＝4,给出了队列满信号,再有元素入队就会出现溢出,而事实上此时队列中并未真的"满员",这种现象为"假溢出",这是由于"队尾入,队头出"这种受限操作造成的。解决这一问题的常用方法是采用循环队列,将队列存储空间的最后一个位置绕到第一个位置,

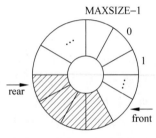

图 3.6　循环队列示意图

即将 q—>data[0]接在 q—>data[MAXSIZE−1]之后，形成逻辑上的环状空间，如图 3.6 所示。

在循环队列中，每插入一个新元素时，就把队尾指针 rear 沿顺时针方向移动一个位置。即

```
q->rear = q->rear + 1;
if(q->rear == MAXSIZE) q->rear = 0;
```

或改成一种更简洁的描述方式：

```
q->rear = (q->rear + 1) % MAXSIZE;
```

在循环队列中，每删除一个元素时，就把队头指针 front 沿顺时针方向移动一个位置。即

```
q->front = q->front + 1;
if(q->front == MAXSIZE) q->front = 0;
```

或改成一种更简洁的描述方式：

```
q->front = (q->front + 1) % MAXSIZE;
```

从图 3.7 所示的循环队列中可以看出，图 3.7(a)中有 A、B、C 三个元素，此时 front＝2、rear＝0；随着元素 D、E 相继入队，队中有 5 个元素，队列满情况出现，此时 front＝2、rear＝2，有 q—>front＝q—>rear，如图 3.7(b)所示。若在图 3.7(a)情况下，元素 A、B、C 相继出队，队列空情况出现，此时 front＝0、rear＝0，也有 q—>front＝q—>rear，如图 3.7(c)所示。上述队列满和队列空情况出现的过程不同，但队列满和队列空情况的结果相同。这显然是必须要解决的一个问题。

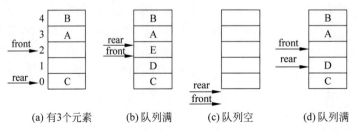

(a)有3个元素　　(b)队列满　　(c)队列空　　(d)队列满

图 3.7　循环队列队列空、队列满条件分析

解决这个问题的方法有很多种。一种简单的方法是：损失一个元素空间不用，即当循环队列中元素的个数是 MAXSIZE−1 时就认为队列满了，图 3.7(d)所示的情况就是队列满，这样队列满的条件变为(q—>rear+1) ％ MAXSIZE＝q—>front，也能和队列空区别开。

现将循环队列的基本操作的准则总结如下。

循环队列的初始化条件：q—>front＝q—>rear＝0。

循环队列的队列满条件：(q—>rear+1) ％ MAXSIZE＝q—>front。

循环队列的队列空条件：q—>front＝q—>rear。

下面给出循环队列基本操作的算法实现。

1. 初始化队列

```
void   Init_Queue(SEQUEUE * q)              /* 创建一个空队列由指针 q 指出 */
{
```

```
q -> front = 0;
q -> rear = 0;
}
```

2. 判队列空操作

```
int   Empty_Queue(SEQUEUE  * q)                      / * 队列 q 为空时,返回 1; 非空时,返回 0 * /
{
if (q -> front == q -> rear)
 return 1;
else
 return 0;
}
```

3. 入队列操作

```
void   Add_Queue(SEQUEUE * q, datatype   x)          / * 将元素 x 插入队列 q 中,作为 q 的新队尾 * /
{
if ((q -> rear + 1)  % MAXSIZE == q -> front)    / * 队列满 * /
  printf(" Queue full\n");
else
 {q -> rear = (q -> rear + 1)  % MAXSIZE;
   q -> data[q -> rear] = x;
 }
}
```

4. 出队列操作

```
datatype   Del_Queue(SEQUEUE  * q)          / * 若队列 q 不为空,则删除队头元素,并返回队头元素 * /
{
datatype   x;
if (Empty_Queue(q))                         / * 队列为空 * /
{ printf(" Queue empty\n");
  return NULL; }
else
{q -> front = (q -> front + 1)  % MAXSIZE;
 x =  q -> data[q -> front];
 return x; }
}
```

5. 读队头元素操作

```
datatype   Front_Queue(SEQUEUE  * q)        / * 若队列 q 不为空,则返回队头元素 * /
{
datatype   x;
if (Empty_Queue(q))                         / * 队列为空 * /
  { printf(" Queue empty\n");
    return NULL; }
else
  {x =  q -> data[(q -> front + 1)  % MAXSIZE];
   return x; }
}
```

6. 求队列长度操作

```
int Length_Queue(SEQUEUE  * q)              / * 返回队列 q 的元素个数 * /
{
  int len;
```

```
    len = (MAXSIZE + q - > rear - q - > front) % MAXSIZE;
return len;
}
```

3.3.4　队列的链式存储表示和操作的实现

队列也可以采用链式存储结构表示，这种链式存储结构的队列称为链队列。用 C 语言
描述链队列的数据类型如下：

```
typedef struct Queuenode
 { datatype   data;
   struct   Queuenode * next;
 } Linknode;                        /* 链队结点的类型 */
typedef struct
 { Linknode    * front, * rear;
 }LINKQUEUE;                        /* 将头尾指针封装在一起的链队列 */
```

定义一个指向链队列的指针：

```
LINKQUEUE    * q;
```

为了操作方便，和线性链表一样，也给链队列添加一个头结点，并设定头指针指向头结
点。因此，空队列的判定条件就变为头指针和尾指针都指向头结点。图 3.8 给出了链队列
头尾指针与数据元素的关系。图 3.8(a)是具有一个头结点的空队列；元素 a、b 相继入队，
将链队列中最后一个结点的指针域指向新元素，还要将队列中的尾指针指向新元素，如
图 3.8(b)和图 3.8(c)所示；在图 3.8(c)的情况下，删除队首元素 a，只需修改头结点的指针
域，将其指向队首元素的下一个结点，如图 3.8(d)所示；若链队列中只有一个元素时，除了
修改头结点的指针域，还要修改链队列的尾指针，将其指向头结点，如图 3.8(e)所示。

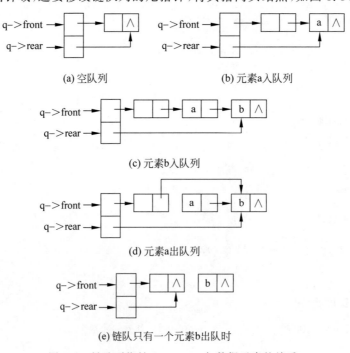

图 3.8　链队列指针 front、rear 与数据元素的关系

链队列的基本运算如下。

1. 初始化队列

```
void Init_Queue(LINKQUEUE * q)
{/* 创建一个带头结点的空链队列 q */
 Linknode * p;
 p = (Linknode * )malloc(sizeof(Linknode));   /* 申请链队列头结点 */
 p -> next = NULL;
 q -> front = q -> rear = p;
}
```

2. 判队列空操作

```
int   Empty_Queue(LINKQUEUE * q)
{ /* 队列 q 为空时,返回 1; 非空时,返回 0 */
if (q -> front == q -> rear)    return 1;
else   return 0;
}
```

3. 入队列操作

```
void Add_Queue(LINKQUEUE  * q, datatype x)
{/* 将元素 x 插入到链队列 q 中,作为 q 的新队尾 */
Linknode * p;
p = (Linknode * )malloc(sizeof(Linknode));
p -> data = x;
p -> next = NULL;                          /* 置新结点的指针为空 */
q -> rear -> next = p;                      /* 将链队列中最后一个结点的指针指向新结点 */
q -> rear = p;                              /* 将队尾指向新结点 */
}
```

4. 出队列操作

```
datatype Del_Queue(LINKQUEUE  * q)
{ /* 若链队列 q 不为空,则删除队头元素,并由 x 返回其元素值 */
Linknode * p;
datatype x;
if (Empty_Queue(q))                    /* 队列为空 */
{ printf(" Queue empty\n");
return NULL;}
else
{p = q -> front -> next;                 /* 取队头 */
x = p -> data;
q -> front -> next = p -> next;          /* 删除队头结点 */
if(p -> next == NULL)
    q -> rear = q -> front;
free(p);
return x;
}
}
```

5. 读队头元素操作

```
datatype Front_Queue(LINKQUEUE * q)
{ /* 若队列 q 不为空,则返回队头元素 */
Linknode * p;
datatype x;
```

```
if (Empty_Queue(q))                    /* 队列为空 */
{ printf(" Queue empty\n");
return NULL;}
else { p = q->front->next;             /* 取队头 */
x = p->data;
return x;}
}
```

3.4　队列的应用

【例 3.3】　编写程序,从键盘输入一个整数序列 $a_1, a_2, \cdots, a_n$,若 $a_i > 0$,则 a_i 入队列;若 $a_i < 0$,则队头元素出队列;若 $a_i = 0$,则算法结束。要求利用循环队列完成,并在出现异常(如队空)时打印错误信息。

算法思路:先建立一个空的循环队列 Q,然后通过循环接收用户输入的整数。若输入的值大于 0,则将该数入队列;若输入的值小于 0,则将一个元素出队列并输出;若输入的值等于 0,则退出循环。

```
void Fun(SEQUEUE * q)
{
int x;
Init_Queue(q);
scanf(" % d",&x);
while(x!= 0)
  if(x > 0)
  {
   if(!Add_Queue(q,x))
    {printf("队列满!\n");break;}
   elseif (!Del_Queue(q))
    {printf("队列空!\n");break;}
   scanf(" % d:,&x);
  }
}
```

本 章 小 结

(1) 栈是一种限定其插入、删除操作只能在线性表的一端进行的特殊结构。由于在栈中的数据元素具有后进先出的特点,因此,人们又将它称为 LIFO 线性表。栈可以用顺序存储结构和链式存储结构表示。

(2) 队列是一种限定其插入在线性表的一端进行,删除则在线性表的另一端进行的特殊结构。由于在队列中的数据元素具有先进先出的特点,因此,人们又将它称为 FIFO 线性表。同栈一样,队列也可以利用顺序存储结构或链式存储结构表示。在利用顺序存储结构表示时,为了避免"假溢出"现象的发生,需要将队列构成循环状,这就形成了循环队列。

(3) 分别介绍了栈和队列的各种运算的算法实现及简单应用。

知 识 拓 展

　　栈这种处理事情的先后机制在生活中并不多见,因为它"不合情理"。人们通常认为凡事先来后到、先来先处理是公平的,先来反而等待很长时间是不公平的,因此很多人刚进入计算机专业时,会奇怪为什么实行这样一种机制。但是在计算机处理问题时,常常要把一个大问题自上而下分解成很多小问题,一个个拆解开、分别解决之后,再回过头来得到整个问题的答案。栈能够记录这中间一步步分解的复杂过程,而且由于最后合并的过程与开始时拆解的过程正好相反,因此它后进先出的特点可以很自然地将已分解的问题合并。为了体会这一点,不妨思考一下通过堆栈实现二叉树深度优先遍历的过程。从事计算机软件开发的人,要想"站得高,看得远",就要对自己提出更高的要求,对于自己所经手的任何程序,必须了解它内部各种函数和过程调用的关系,而这些调用都是在栈的帮助下实现的。因此,对栈的理解可以帮助开发者自上而下深入理解一个程序。

　　计算机科学中所说的队列和日常生活中相应的概念是一致的。例如,要对一段视频进行处理,需要把它变成一帧帧图像,然后按照时间顺序送入程序中,按照先来后到的顺序逐一处理,处理后再合并、拼接成完整的视频。由于在视频文件中后一帧的内容和前一帧有相关性,因此先后顺序必须保持原样,不能随意变动,这就需要有一种先来先服务、先进先出的机制,也就是队列机制。

第4章 串

【本章学习目标】

串是每个数据仅由一个字符组成的一种特殊的线性表,本章主要介绍串的基本概念、串在计算机中的存储方法、串的基本运算及其在不同存储结构上的实现,以及串的模式匹配算法。通过本章的学习,要求:

(1) 了解串的基本概念和基本运算。

(2) 熟练掌握串的定长顺序存储结构,掌握串的堆式存储结构、链式存储结构及其基本操作的实现。

(3) 掌握串的两个模式匹配算法——朴素的模式匹配算法和 KMP 算法;熟练掌握 KMP 算法中 next 数组的计算,掌握改进的 nextval 数组的计算。

4.1 串的定义及基本操作

4.1.1 串的引例

C 语言源程序的编辑过程就是对于串的处理,假设使用文本编辑器编写 C 语言源程序,在这个过程中可以进行字符串的输入、插入、删除、查找、替换等操作,处理的数据是字符型数据,字符之间实际存在着一种线性关系。

4.1.2 串的基本概念

串(String)是由零个或多个字符组成的有限序列。一般记为

$$S="a_1 a_2 \cdots a_n" \quad (n \geqslant 0)$$

其中 S 是串的名字,用双引号引起来的字符序列是串的值,$a_i(1 \leqslant i \leqslant n)$可以是字母、数字或其他字符。$n$ 是串中字符的个数,称为串的长度,$n=0$ 时串称为空串(Null String)。由一个或多个称为空格的特殊字符组成的串,称为空格串(Blank String)。使用符号 Φ 表示空格,如 s="Φ",其长度为串中空格字符的个数,即长度为 1。请注意空串和空格串的区别。

例如,串 s="IΦamΦaΦstudent." 的长度为 15。

串中任意个连续的字符组成的子序列称为该串的子串,包含子串的串相应地称为主串。通常将字符在串中的序号称为该字符在串中的位置,子串在主串中的位置则以子串的第一个字符在主串中的位置来表示。

当且仅当两个串的值相等时,称这两个串是相等的。即只有当两个串的长度相等,并且每个对应位置的字符都相同时,这两个串才相等。

例如，A、B、C、D 为 4 个字符串，A＝"china"，B＝"chi"，C＝"na"，D＝"chiΦna"。其中，A 的长度为 5，B 的长度为 3，C 的长度为 2，D 的长度为 6，且 B 和 C 都是 A 和 D 的子串，B 在 A 和 D 中的位置都是 1，而 C 在 A 中的位置是 4，在 D 中的位置是 5。

又如，S1、S2、S3 三个字符串的值如下：S1＝"IΦamΦaΦstudent"，S2＝"student"，S3＝"teacher"。它们的长度分别为 14、7、7。S2 是 S1 的子串，子串 S2 在 S1 中的位置为 8，也可以说 S1 是 S2 的主串；S3 不是 S1 的子串；S2 和 S3 不相等。

双引号是界限符，它不属于串，其作用是避免与变量名或常量混淆。

串也是线性表的一种，因此串的逻辑结构和线性表极其相似，区别仅在于串的数据对象限定为字符集。

4.1.3 串的基本操作

上面给出了串的定义，下面介绍串的基本操作。

（1）StrAssign(S,chars)：串赋值操作。将字符串 chars 的值赋值给串 S。

（2）StrLength(S)：求串长度操作。返回串 S 的长度，即串 S 中的元素个数。

（3）StrInsert(S,T,pos)：串插入操作。如果 $1 \leqslant pos \leqslant StrLength(S)+1$，则在串 S 的第 pos 个字符之前插入串 T。

（4）StrDelete(S,pos,len)：串删除操作。如果 $1 \leqslant pos \leqslant StrLength(S)-len+1$，则从串 S 中删除从第 pos 个字符开始、长度为 len 的子串。

（5）StrCopy(S,T)：串复制操作。将串 T 复制到串 S 中。

（6）StrEmpty(S)：串判空操作。若串 S 为空则返回 1，否则返回 0。

（7）StrEqual(S,T)：判断串相等操作。若串 S 与串 T 相等则返回 1，否则返回 0。

（8）StrClear(S)：串清空操作。将 S 设置为空串。

（9）StrConcat(S,T)：串连接操作。将串 T 连接在串 S 的后面。

（10）SubString(Sub,S,pos,len)：取子串操作。若存在位置 pos 满足 $1 \leqslant pos \leqslant StrLength(S)$ 和 $1 \leqslant len \leqslant StrLength(S)-pos+1$，则返回串 S 中从第 pos 个字符开始、长度为 len 的子串。

（11）Index(S,T)：串定位操作。若串 S 中存在和串 T 相同的子串，则返回子串在串 S 中第一次出现的位置；否则返回 0。

（12）StrReplace(S,T,pos,len)：串替换操作。当 pos 满足 $1 \leqslant pos \leqslant StrLength(S)$ 和 $0 \leqslant len \leqslant StrLength(S)-pos+1$ 时，用串 T 替换串 S 中从第 pos 个字符开始的 len 个字符。

（13）StrDestroy(S)：串销毁操作。销毁串 S。

4.2 串的存储结构

线性表有顺序存储结构和链式存储结构，对于串都是适用的。但任何一种存储结构对于串的不同运算并不都是有效的。对于串的插入和删除操作，顺序存储结构是不方便的，而链式存储结构则显得更方便。如果要访问串中的单个字符，则对链式存储结构来说是比较方便的；如果要访问一组连续的字符，则用链式存储结构要比用顺序存储结构麻烦。所以，应针对不同的应用需求来选择串的存储结构。

4.2.1 串的定长顺序存储结构

串的定长顺序存储就是把串所包含的字符序列依次存入连续的存储单元中去,也就是用向量来存储串,如图4.1所示。

图4.1 串的定长顺序存储结构

一些计算机是以字节作为存取单元的,一个字符恰好占用1字节,自然形成了每个存储单元存放一个字符的分配方式,这种方式就是一种单字节存储方式。

定长顺序串是将串设计成一种结构类型,串的存储分配是在编译时完成的。和前面所讲的线性表的顺序存储结构类似,用一组地址连续的存储单元存储串的字符序列。

使用C语言描述定长顺序串的存储结构,如下:

```
#define MAXLEN 100
typedef struct
{   char ch[MAXLEN];
    int len;
}SqString;
```

其中,MAXLEN表示串的最大长度,ch是存储字符串的一维数组,每个分量存储一个字符,len是字符串的长度。

下面讲解定长顺序串部分基本操作的实现。

1. 串连接操作

串连接就是把两个串连接在一起,将其中一个串接在另一个串的末尾,生成一个新串。如给出两个串s和t,把t连接到s之后,生成一个新串s1。

其算法描述如下:

```
SqString StrConcat(SqString s,SqString t)
{   SqString s1;
    int i;
    if(s.len+t.len<=MAXLEN)          /*当s和t的长度之和小于或等于MAXLEN时*/
    {   for(i=0;i<s.len;i++)         /*将s存放到s1中*/
            s1.ch[i]=s.ch[i];
        for(i=0;i<t.len;i++)         /*将t存放到s1中*/
            s1.ch[s.len+i]=t.ch[i];
        s1.ch[s.len+i]='\0';         /*设置串结尾标志*/
        s1.len=s.len+t.len;
    }
    else                             /*当s和t的长度之和大于MAXLEN时*/
        s1.len=0;                    /*不能连接,置s1串长度为0*/
    return(s1);                      /*连接成功,返回s1,不成功时返回空串*/
}
```

2. 判断串相等操作

只有当两个串的长度相等,且各对应位置上的字符都相同时,两个串才相等。如给定两个串s和t,当s与t相等时,返回函数值1,否则返回函数值0。算法实现如下:

```
int StrEqual(SqString s,SqString t)
{   int i;
    if(s.len!= t.len)                              /*如果 s 与 t 长度不等*/
        return (0);                                /*则返回函数值 0*/
    else                                           /*如果 s 与 t 长度相等*/
    {   for(i = 0;i < s.len;i++)                    /*则判断 s 和 t 中各对应位置上字符是否相同*/
            if(s.ch[i]!= t.ch[i])
                return (0);
    }
    return (1);
}
```

3. 取子串操作

取子串就是在给定的串中从某一位置开始连续取出若干字符,作为子串的值。例如,给定串 s,从 s 中的第 pos 个字符开始(注意,C 语言中的数组下标是从 0 开始的,pos＝1 对应数组中下标为 0 的字符,以此类推)连续取出 len 个字符,放在 sub 串中。其算法描述如下:

```
int SubString(SqString * sub,SqString s,int pos,int len)
{   int i;
    if (pos < 0 || pos > s.len || len < 1 || len > s.len - pos)
    {   sub - > len = 0;
        return(0);
    }
    else
    {   for (i = 0;i < len;i++)
            sub - > ch[ i ] = s.ch[ i + pos - 1];
        sub - > len = len;
        return(1);
    }
}
```

4. 串插入操作

串插入操作就是在给定串的指定位置插入另一个串。若要将串 t 插入串 s 的第 pos 个位置,则串 s 中从第 pos 个位置开始,直到最后一个字符,都要向后移动,移动的位数为串 t 的长度。其算法描述如下:

```
void StrInsert(SqString * s,SqString t,int pos)         /*插入子串运算*/
{   int j;
    if(s - > len + t.len > = MAXLEN||(pos > s - > len + 1)||(pos < 1))
    /*如果长度不够或起始位置不合理,则输出溢出信息*/
        printf("overflow\n");
    else
    {   for(j = s - > len;j > = pos;j -- )
            s - > ch[j + t.len - 1] = s - > ch[j - 1];
        /*串 s 中从最后一个到第 pos 个位置的元素后移*/
        for(j = 0;j < t.len;j++)
            s - > ch[j + pos - 1] = t.ch[j];              /*插入串 s1 到串 s 中指定位置*/
        s - > len = s - > len + t.len;                     /*串 s 长度增加*/
        s - > ch[s - > len] = '\0';                        /*设置字符串结尾标志*/
    }
}
```

5. 串删除操作

在串中删除从某个位置开始的连续字符。例如在串 s 中,从第 pos 个位置开始连续删除 len 个字符,可能出现以下三种情况。

(1) 如果 pos 值不在串 s 范围内,不能删除。

(2) 如果从第 pos 个位置开始到最后的字符数小于 len,则删除时不用移动元素,只需要修改串 s 的长度即可。

(3) 如果 pos 和 len 都满足要求,则删除后,要把后面其余的元素向前移动。

串删除操作的 C 语言算法描述如下:

```
void StrDelete(SString * s,int pos,int len)        /* 删除子串运算 */
{    int k;
     if((pos < 1)||(pos > s -> len))               /* pos 值不在 s 串范围之内,不能删除 */
         printf("error\n");
     else
         if(s -> len - pos + 1 < len)              /* 第 pos 个位置开始到最后的字符数小于 len */
             s -> len = pos - 1;                   /* 只修改串 s 的长度 */
         else
         {   for(k = pos + len - 1;k <= s -> len;k++)
                 s -> ch[k - len] = s -> ch[k];
             s -> len = s -> len - len;            /* 串 s 的长度减去 len */
         }
}
```

6. 串替换操作

串替换操作就是把主串中的某个子串用另一个子串来替换。字符串替换可以用串删除算法和串插入算法来实现。其算法描述如下:

```
SqString StrReplace(SqString * s,SqString t,int pos,int len)
{    StrDelete(s,pos,len);
     /* 调用串删除算法,在串 s 中从第 pos 个字符开始删除,共删除 len 个字符 */
     StrInsert(s,t,pos);
     /* 调用串插入算法,在串 s 中从第 pos 个字符开始插入子串 t */
}
```

4.2.2 串的堆式存储

这种存储方法仍然以一组地址连续的存储单元存放串的字符序列,但它们的存储空间是在程序执行过程中动态分配的。系统将一个地址连续、容量很大的存储空间作为字符串的可用空间,每当创建一个新串时,系统就从这个空间中分配一个大小和字符串长度相等的空间来存储新串的值。

在 C 语言中已经有一个称为"堆"的自由存储空间,并可用 malloc 和 free 函数实现动态存储管理。这里可以直接利用 C 语言中的"堆"实现堆串。此时,堆串可定义如下:

```
typedef struct
{    char * ch;
     int len;
}HString;
```

其中,len 表示串的长度,ch 表示串的起始地址。

下面以串的堆式存储方式实现关于串的部分基本操作。

1. 串赋值操作

算法描述如下:

```
int StrAssign(HString * s, char * chars)        /* 将字符常量 chars 的值赋给串 s */
{   int len, i = 0;
    if(s -> ch != NULL)
        free(s -> ch);
    while (chars[i] != '\0')
        i++;
    len = i;
    if(len)
    {   s -> ch = (char * )malloc(len);
        if(s -> ch == NULL)
            return(0);
        for(i = 0; i <= len; i++)
            s -> ch[i] = chars[i];
    }
    else
        s -> ch = NULL;
    s -> len = len;
    return(1);
}
```

2. 串插入操作

算法描述如下:

```
int StrInsert(HString * s, HString t, int pos)
/* 在串 s 中第 pos 个字符之前插入串 t */
{   int i;
    char * temp;
    if (pos < 0 || pos > s -> len + 1)
        return(0);
    temp = (char * )malloc(s -> len + t.len);
    if (temp == NULL)
        return(0);
    for(i = 0; i < pos - 1; i++)
        temp[i] = s -> ch[i];
    for(i = pos - 1; i < pos + t.len; i++)
        temp[i] = t.ch[i];
    for(i = pos + t.len - 1; i < s -> len; i++)
        temp[i] = s -> ch[i];
    s -> len += t.len;
    free(s -> ch);
    s -> ch = temp;
    return(1);
}
```

3. 删除子串操作

算法描述如下:

```
int StrDelete(HString * s, int pos, int len)
/* 在串 s 中删除从第 pos 个字符开始的 len 个字符 */
{   int i;
    char * temp;
    if (pos < 0 || len > (s -> len - pos + 1) || (pos > s -> len))
```

```
        return(0);
    temp = (char *)malloc(s->len-len);
    if(temp == NULL)
        return(0);
    for(i = 0;i<pos-1;i++)
        temp[i] = s->ch[i];
    for(i = pos-1;i<s->len-len;i++)
        temp[i] = s->ch[i+len];
    s->len = s->len-len;
    free(s->ch);
    s->ch = temp;
    return(1);
}
```

4. 串连接操作

算法描述如下：

```
int StrConcat(HString * s,HString t)          /* 将串 t 连接在串 s 的后面 */
{   int i;
    char * temp;
    temp = (char *)malloc(s->len+t.len);
    if (temp == NULL)
        return(0);
    for(i = 0;i<s->len;i++)
        temp[i] = s->ch[i];
    for(i = s->len;i<s->len+t.len;i++)
        temp[i] = t.ch[i-s->len];
    s->len += t.len;
    free(s->ch);
    s->ch = temp;
    return(1);
}
```

4.2.3 串的块链式存储结构

串也是一种线性表，因此串也可以采用链式存储。由于串的特殊性(每个元素只有一个字符)，在具体实现时，每个结点既可以存放一个字符，可以存放多个字符。每个结点称为块，整个链表称为块链结构。为了便于操作，每个结点再增加一个尾指针。结点大小为数据域中存放字符的个数。

例如，图 4.2(a)是结点大小为 4(即每个结点存放 4 个字符)的链表，图 4.2(b)是结点大小为 1 的链表。当结点大小大于 1 时，由于串长不一定是结点大小的整倍数，则链表的最后一个结点不一定全被串值占满，此时通常补上"♯"或其他非串值字符。

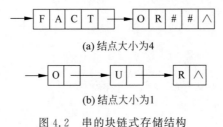

(a) 结点大小为4

(b) 结点大小为1

图 4.2　串的块链式存储结构

其数据类型为：

```
# define CHUNKSIZE <长度>                        / * 可由用户定义块的大小 * /
typedef struct Chunk
{    char ch[CHUNKSIZE];
     struct Chunk  * next;
}Chunk;
```

图 4.3 是串"He is a student. "的块链式存储结构,块的大小为 6 字节,整个串由指针 S 指示,S 的类型为指向 LString 的指针,定义为 LString * S。

```
typedef struct
{    Chunk  * head, * tail;                      /*串的头指针和尾指针 * /
     int curlen;                                 /*串的当前长度*/
}LString;
```

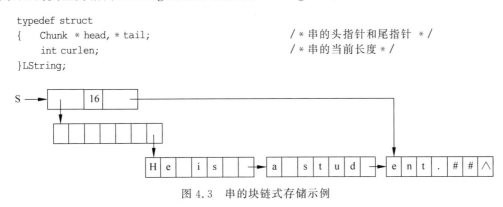

图 4.3　串的块链式存储示例

在串的块链式存储结构中,块越大,存储密度越大,但一些基本操作(如插入、删除、替换等)的处理方法比较复杂,需要考虑结点的分拆和合并,因此适合于串很少修改的情况;块越小(如结点大小为 1),相关基本操作的实现越方便,但存储密度小,浪费存储空间。因此如何选择块的大小要综合考虑以上因素。

当块的大小设置为 1 时,其基本操作的实现与线性表的链式存储结构的操作实现类似,在此不做详细讨论。

4.3　串的模式匹配

串的定位操作就是设有主串 s 和子串 t,在串 s 中查找一个与串 t 相等的子串,若成功则返回串 t 在串 s 中第一次出现的位置;否则返回 0。通常把主串 s 称为目标串,把子串 t 称为模式串,因此串的定位操作也称作模式匹配。

在文本编辑程序中,经常出现要在一段文本中找出某个模式串的全部出现位置这一问题。典型情况是这段文本是正在编辑的文件,所搜寻的模式串是用户提供的一个特定单词,解决这个问题的有效算法能极大地提高文本编辑程序的响应性能。串的模式匹配算法也常用于其他应用,例如在 DNA 序列中搜寻特定的模式。

4.3.1　朴素的模式匹配算法

Brute-Force 简称为 BF 算法,又称朴素的模式匹配算法,是带有回溯的匹配算法,分别利用计数指针 i、j 表示主串 s 和模式串 t 中当前待比较的字符位置。算法的基本思想是:从主串 s 的第一个字符开始和模式串 t 的第一个字符比较,若相同,则继续逐个比较后续字符;否则就回溯,从主串的下一个字符开始重新和模式串中的字符比较,以此类推,直至模式串 t 中的每个字符与主串 s 中一个连续的字符序列逐一相同,则称匹配成功,函数值为和模式 t 中第一个字符相同的字符在主串 s 中的位置;否则称匹配不成功,函数值为零。

【例 4.1】 设有主串 S="ababcabcacbab"和模式串 T="abcac",用 BF 算法实现模式匹配的过程,如图 4.4 所示。

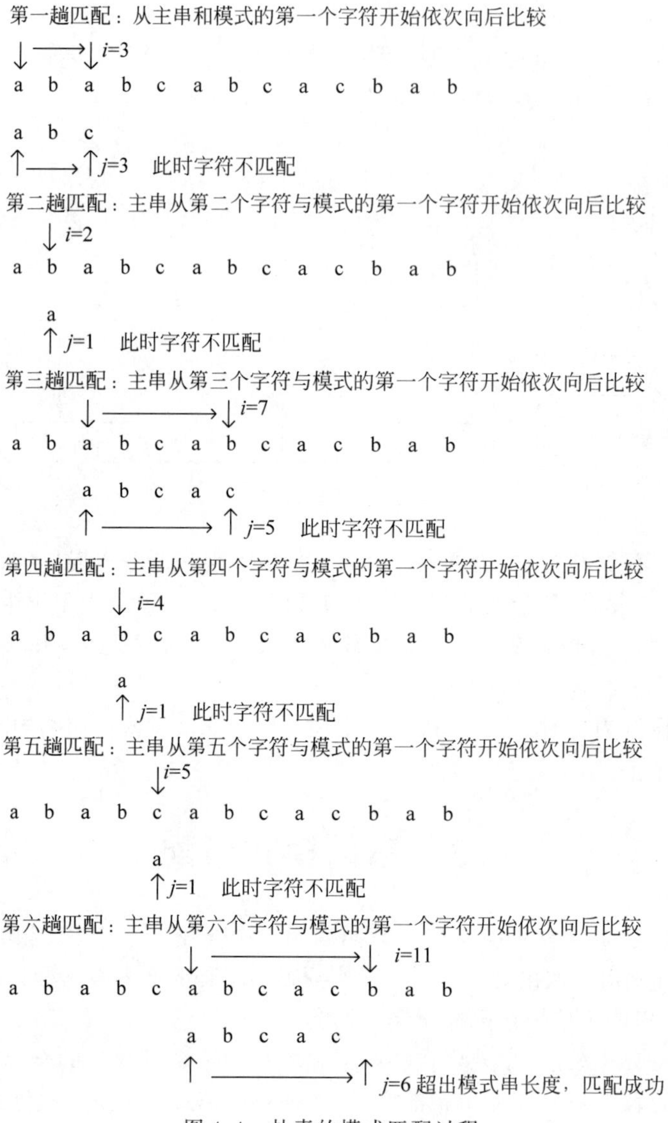

图 4.4 朴素的模式匹配过程

BF 算法的 C 语言描述如下:

```
int Index(SqString s,SqString t)
{   int i,j;
    i=1;                              /*指向串 s 的第 1 个字符*/
    j=1;                              /*指向串 t 的第 1 个字符*/
    while((i<=s.len)&&(j<=t.len))
        if(s.ch[i-1]==t.ch[j-1])      /*比较两个子串是否相等*/
        {   i++;                       /*继续比较后继字符*/
```

```
            j++;
        }
        else
        { i = i − j + 2;                    /*指针 i 回溯,j 重新开始下一次匹配*/
            j = 1;
        }
        if(j > t.len)
            return(i − t.len);            /*匹配成功,返回模式串 t 在主串 s 中的起始位置*/
        else
            return (0);                    /*匹配失败,返回 0*/
}
```

上述算法的匹配过程易于理解,但效率不高,主要原因是主串指针 i 在若干字符序列比较相等后,若有一个字符比较为不相同,就需要回溯。该算法在最好情况下的时间复杂度为 $O(m)$,即主串的前 m 个字符正好等于模式串的 m 个字符,m 为模式的长度。

然而,在某些情况下,该算法的效率很低。例如,如果模式串为"00000001",而主串为 "0000000000000000000000000000000000000000000000000000001"时,由于模式串中前 7 个字符均为"0",又因为主串中前 52 个字符均为"0",每趟比较都在模式的最后一个字符出现不相同,此时需要将指针 i 回溯到 $i−6$ 的位置上,并从模式串的第一个字符开始重新比较。整个匹配过程中指针 i 需回溯 45 次,则 while 循环的执行次数为 $46×8$。可见,该算法在最坏情况下的时间复杂度为 $O(n×m)$。下面介绍一种改进的模式匹配算法。

4.3.2　KMP 算法

这种改进的算法是 D. E. Knuth、V. R. Pratt 和 J. H. Morris 三人共同提出的,因此人们称它为克努特-莫里斯-普拉特操作(简称为 KMP 算法)。该算法仍然采用对应字符比较的方式进行模式匹配,与 BF 算法相比较,其主要优点是消除了主串指针的回溯,并且只需要 $O(n+m)$ 量级的时间即可完成匹配过程。

KMP 算法中主串的指针不需要回溯,则我们需要解决的问题是:主串中的指针 i 与模式串中的当前指针 j 比较出现不相同时,在指针 i 不回溯的情况下,指针 i 应该与模式串中哪个位置的字符进行比较?

在解决此问题之前,先介绍两个概念:字符串的真前缀和真后缀。字符串的真前缀就是除最后一个字符外,前面字符从第一个字符开始向后的组合;真后缀就是除第一个字符外,后面字符向前到最后一个字符的组合。例如,字符串"ababa"的真前缀构成的集合为 {a,ab,aba,abab},真后缀构成的集合为{baba,aba,ba,a}。

现在解决刚才提出的问题,具体方法是:求模式串中指针 j 前面的子串的真前缀和真后缀的全部集合,将两个集合交集中最长的真子串的长度加 1,设其为 k,然后将模式串向右滑动若干位,使位置 k 与主串中指针 i 位置的字符对齐,同时将 k 赋值给 j,之后继续进行 i,j 对应字符的比较。前面例子中字符串"ababa"真前缀和真后缀的交集为{a,aba},最长的真子串为"aba",其长度 3 再加 1,得到 k 值为 4,下一次比较的位置就是从模式串的第 4 个字符与主串位置 i 对应的字符开始依次向后比较。

写成更一般的形式为:模式串 t 中指针 j 前面的子串的最长真前缀也是该子串的一个真后缀,即"$t_1 \cdots t_{k−1}$"="$t_{j−k+1} t_{j−k+2} \cdots t_{j−1}$",则可以计算得到一个最大 $k(0 < k < j)$ 值,为这个最长真前缀长度加 1。之后进行相应字符的比较。这里注意下标的关系,对于本书讨论

的方法,真前缀下标从 1 开始,不是从 0 开始;真后缀最后一个字符的下标是 $j-1$,真前缀的长度为 $k-1$。例如,某子串 t= "aaaaa",其中 $t_1 t_2 t_3 t_4 = t_2 t_3 t_4 t_5$,则"aaaa"为 t 的最长真前缀,同时也是该子串的真后缀,其长度为 4,加 1 之后即求得下一次比较的位置 k 为 5。这种隐藏在模式串中的信息帮助我们解决了主串指针不回溯的问题,提高了模式匹配的效率。

可以通过公式证明上述分析对一般的情况都是正确的,即在模式匹配的过程中,主串的指针 i 可以不回溯,而将模式串向右滑动若干距离,继续比较 i 和 j 位置的值。

下面给出证明的过程。

假设主串 S 为"$s_1 s_2 s_3 \cdots s_n$",模式串 T 为"$t_1 t_2 \cdots t_m$",若 s_i 与 t_j 不匹配,则有

$$"s_{i-j+1} \cdots s_{i-1}" = "t_1 \cdots t_{j-1}" \tag{4.1}$$

若模式串中有上述讨论形式的最长真前缀存在,其长度为 $k-1$,则

$$"t_1 \cdots t_{k-1}" = "t_{j-k+1} \cdots t_{j-1}" \tag{4.2}$$

由式(4.1)和式(4.2)可得

$$"s_{i-k+1} \cdots s_{i-1}" = "t_{j-k+1} \cdots t_{j-1}" \tag{4.3}$$

由式(4.2)和式(4.3)可得

$$"s_{i-k+1} \cdots s_{i-1}" = "t_1 \cdots t_{k-1}" \tag{4.4}$$

上述证明过程见图 4.5,可见主串中指针 i 之前的 $k-1$ 个字符与模式串中从头开始的 $k-1$ 个字符相同,因此不必再比较这 $k-1$ 个字符,而只需比较主串中指针 i 和模式串中位置 k 开始往后的对应字符即可,从而保证了指针 i 的不回溯。因此,KMP 算法一个重要的工作就是寻找模式中位置 $j(j=1,2,\cdots,m,m$ 是模式的长度)之前的子串中关于最长真前缀同时也是真后缀的真子串的信息,再用 next 数组来存储这些信息。next 数组的定义如下:

$$next[j]=\begin{cases} 0, & \text{当 } j=1 \text{ 时} \\ \text{Max}\{k \mid 1<k<j \text{ 且 } "t_1 \cdots t_{k-1}" = "t_{j-k+1} \cdots t_{j-1}"\}, & \text{当此集合不空时} \\ 1, & \text{其他情况} \end{cases}$$

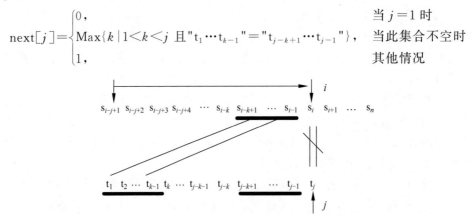

图 4.5　模式中的隐藏信息实现 KMP 算法示意图

对于第一种情况,next[j]的值是为了方便算法设计而定义的,当其值为 0 时,指针 i 向后移动一个位置,与模式串从第一个位置开始新一轮比较;对于第二种情况,如果子串能找到最长的真前缀同时也是其真后缀,则 next[j]的取值 k 即为这个真前缀的长度加 1,将模式向右滑动至位置 k,与指针 i 对齐后继续比较;对于第三种情况,如果模式串中找不到前述的真前缀,则将指针 i 与模式的第一个字符对齐后开始比较。

【例 4.2】 若模式串 t 为 "abaabc"，由上述定义可得串 t 的 next 数组值，如表 4.1 所示。

表 4.1 模式串 t 的 next 数组值

j	1	2	3	4	5	6
模式串	a	b	a	a	b	c
next[j]	0	1	1	2	2	3

next 数组的 C 语言算法实现如下：

```
void GetNext(SqString t,int next[])              //求模式串 t 的 next 数组值并存入 next 数组
{
    int j,k;
    j = 1; next[1] = 0; k = 0;
    while(j < t.len)
    {   if(k == 0 || t.ch[j - 1] == t.ch[k - 1])
        {
            ++j;
            next[j] = k + 1;
        }
        else k = next[k];
    }
}
```

求得 next 数组后，就可以使用 KMP 算法进行模式匹配了。

【例 4.3】 假设主串 S = "acabaabaabcacaabc"，模式串 T = "abaabc"。模式串的 next 数组值见表 4.1。具体匹配过程如图 4.6 所示。

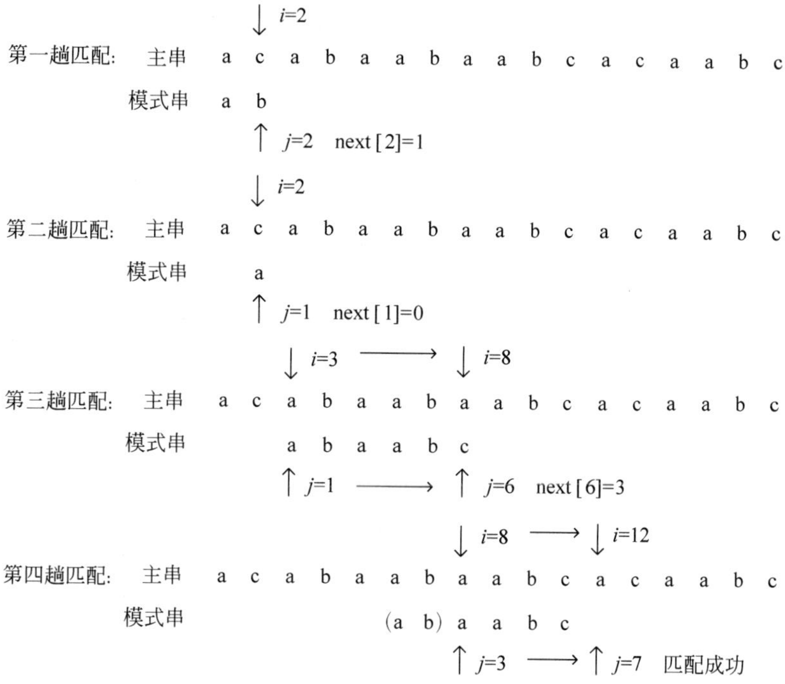

图 4.6 KMP 算法的模式匹配过程

第一趟匹配：设主串指针 $i=1$，模式串指针 $j=1$，比较位置 i 和 j 的对应字符，如相同则 i 和 j 各自向后移动一个位置，$i=2$ 且 $j=2$ 时出现不匹配，指针 i 不动，查看模式串 next[2] 的值为 1，将模式串的位置 1 和主串位置 i 处的字符对应，继续第二趟匹配。

第二趟匹配：主串指针 $i=2$，模式指针 $j=1$，开始进行对应位置字符的比较，出现不相同的情况，指针 i 不动，查看模式串 next[1] 的值为 0，此时，将 i 向后移动一个位置，即 i 变为 3，模式串从 $j=1$ 开始进行新一轮匹配。

第三趟匹配：此时主串指针 $i=3$，模式指针 $j=1$，依次比较对应位置字符，结果是相同，则指针 i 和 j 各自向后移动一个位置，直到 $i=8$、$j=6$ 时出现不匹配，指针 i 不动，查看模式串 next[6] 的值为 3，将模式串中位置 3 的字符和主串中位置 i 的字符对应，继续下一次匹配。

第四趟匹配：此时主串指针 $i=8$，模式串指针 $j=3$，比较对应位置 i 与位置 j 的字符，相同则 i 和 j 各自向后移动，继续比较，直到 $i=12$ 且 $j=7$，此时模式串的指针 j 超出模式串的长度，匹配成功。

上述 KMP 算法的 C 语言程序实现如下：

```
int IndexKMP(SqString S,SqString T)
{ //利用模式串 T 的 next 数组求 T 在主串 S 中的位置的 KMP 算法.其中 T 非空
    int next[MAXLEN],i = 1,j = 1;
    GetNext(T,next);
    while(i < = S. len&&j < = T. len)
    {    if(j == 0||S.ch[i-1] == T.ch[j-1])
        {    ++i; ++j; }                          //继续比较后继字符
        else
            j = next[j];                          //模式串向右移动
    }
    if(j > T. len)                                //匹配成功
        return (i - T. len);
    else
        return 0;
}
```

上述定义的 next 数组在某些情况下尚有缺陷。例如模式串 P = "aaaab"，其 next 数组值为 01234，若主串 S = "aaabaaabaaaab"，当 $i=4$ 且 $j=4$ 时 $s_i \neq p_j$，由 next[j] 的指示可知，还需要进行 $i=4$ 且 $j=3$、$i=4$ 且 $j=2$、$i=4$ 且 $j=1$ 三次比较。实际上，由于模式串中第 1、2、3 个字符都与第 4 个字符相同，因此这种比较是不必要的，可以将模式串一次性地向右移动 4 个字符，直接进行 $i=5$ 且 $j=1$ 的比较。

这就是说，若按上述定义得到 next[j]$=k$，而模式串中 $t_j = t_k$，则主串中字符 s_i 和 t_j 的值不同时，不需要再与 t_k 进行比较，而是直接与 $t_{next[k]}$ 进行比较。换句话说，此时的 next[j] 应与 next[k] 相同。为此将 next[j] 修正为 nextval[j]：比较 t.ch[j] 和 t.ch[k]，若不等，则 nextval[j]$=$next[j]；若相等，则 nextval[j]$=$nextval[k]。

【例 4.4】 设目标串为 S = "abcaabbabcabaacbacba"，模式串为 P = "abcabaa"。

（1）计算模式串 P 的 nextval 数组值；

（2）不写出算法，只画出利用 KMP 算法进行模式匹配时的一趟匹配过程。

解：(1)P 的 nextval 数组值见表 4.2。

表 4.2　模式 P 的 nextval 数组值

j	1	2	3	4	5	6	7
模式串	a	b	c	a	B	a	A
nextval[j]	0	1	1	0	1	3	2

（2）利用 KMP（改进的 nextval）算法，每一趟匹配过程如图 4.7 所示。

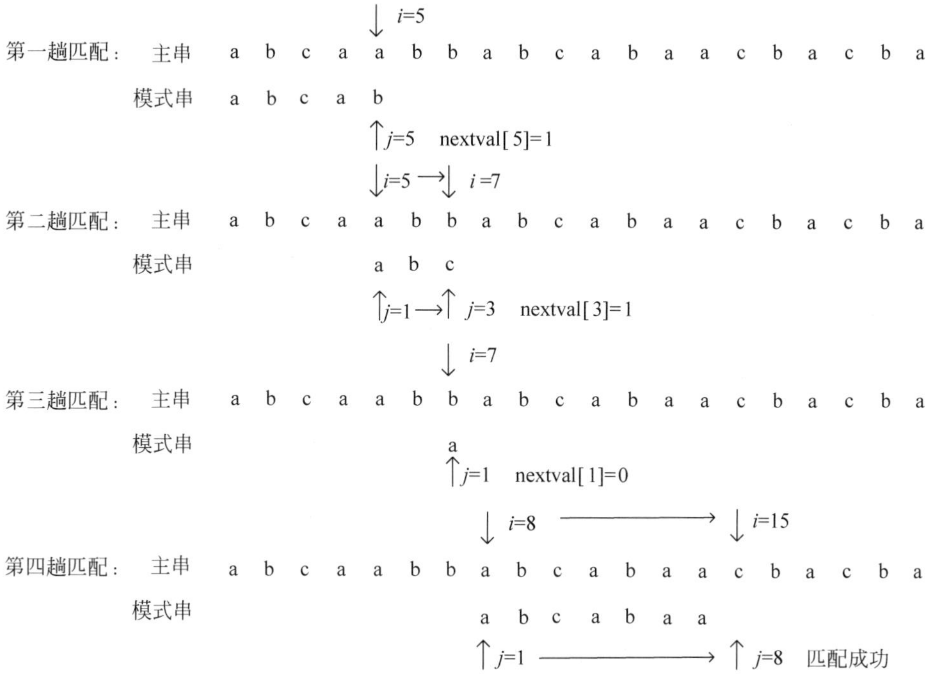

图 4.7　KMP 算法的模式匹配过程（使用 nextval 数组）

利用改进的 nextval 数组实现 KMP 算法的 C 语言程序实现如下：

```
void GetNextval(SqString t, int nextval[])
{    int j = 1, k = 0;
    nextval[1] = 0;
    while (j < t.len)
    {    if (k == 0 || t.ch[j - 1] == t.ch[k - 1])
        {    j++; k++;
            if (t.ch[j]!= t.ch[k])
                nextval[j] = k;
            else
                nextval[j] = nextval[k];
        }
        else
            k = nextval[k];
    }
}
int IndexKMPg(SqString s, SqString t)
{    int nextval[MAXLEN], i = 1, j = 1;
    GetNextval(t, nextval);
    while (i <= s.len && j <= t.len)
    {    if (j == 0 || s.ch[i - 1] == t.ch[j - 1])
```

```
        {    i++;
             j++;
        }
        else
             j = nextval[j];
    }
    if (j > t.len)
        return(i - t.len);
    else
        return(0);
}
```

4.4 串的应用

【例 4.5】 设有一篇英语短文,每个单词之间是用空格分隔的,编写一个算法,按照空格数统计短文中单词的个数。

算法分析:要统计单词的个数,先要解决如何判定一个单词,应该从输入行的开头一个字符一个字符地去辨别。假设把一个文本行放在数组 s 中,那么就相当于从 s[0]开始逐个检查数组元素,经过若干空格之后找到的第一个字母就是一个单词的开头,此时利用一个计数器 num 进行累加 1 运算,在此之后若连续读到的是非空格字符,则这些字符属于刚统计到的那个单词,因此不应将计数器 num 累加 1,下一次计数应该是在读到一个或几个空格后再遇到非空格字符时开始。因此,统计一个单词时不仅要满足当前所检查的这个字符不是空格,而且要满足所检查的前一个字符是空格。

使用定长顺序串作为存储结构,其 C 语言程序实现如下:

```
int countwords(SqString s)
{   char prec = '';                          /* 将前一个字符赋初值为空格 */
    char nowc;                               /* 当前字符 */
    int num = 0;
    int i;
    for(i = 0;i < s.len;i++)
    {   nowc = s.ch[i];
        if((nowc!= '')&&(prec == ''))        /* ''中间有一个空格 */
            num++;
        prec = nowc;
    }
    return num;
}
```

【例 4.6】 设计一个算法,把正整数 x 转换为字符串 str。

算法分析:算法设置一个数组 ch,ch[i]即数字 i 对应的字符,为防止对数字'0'的误判,算法首先处理 x=0 的情形。创建一个只有字符'0'的字符串,然后从整数的最低位开始,逐位转换为字符,存储于串空间的后部,转换完之后再移至串空间的前部,这样做是因为事先不知道整数的位数。其算法如下:

```
void int_to_str(int x,char str[],int &d)
{    //算法将正整数 x 转换为字符串 str,引用型参数 d 返回整数的位数
     //MAXLEN 是 str 默认的大小
```

```
    char ch[10] = { '0', '1', '2', '3', '4', '5', '6', '7', '8', '9'};
    if(x == 0)
    {    str[0] = ch[0];
         str[1] = '\0';
         d = 1;
         return;
    }
    int i,r,n;
    d = 0;
    i = x;
    n = MAXLEN - 1;
    while(i!= 0)
    {    r = i % 10;
         i = i/10;
         str[n -- ] = ch[r];
    }
    for(i = n + 1,d = 0;i < MAXLEN;i++,d++)
         str[d] = str[i];
    str[d] = '\0';
}
```

【例 4.7】 设串 T 采用顺序存储结构,设计一个算法,用统计串的形式给出串 T 中字符连续出现的次数。例如,"aaabbadddfffc"的统计串为"a_3_b_2_a_1_d_4_f_2_c_1"。

算法分析:算法逐位检测串 T,用 count 统计每个连续重复字符的重复次数,然后将 count 转换为字符串(使用例 4.6 实现的函数 int_to_str),连接于该字符之后。其算法如下:

```
void substrCount(SqString &T,SqString &S)
{    //统计串 T 中字符连续出现的次数,通过串 S 返回
    if(T.len == 0||T.ch[0] == '\0')
    {    S.len = 0;
         S.ch[0] = '\0';
         return;
    }
    int d,i,j,k,count;
    char a[10];
    S.ch[0] = T.ch[0];
    count = 1;
    j = 1;
    for(i = 1;i < T.len;i++)
    {    if(T.ch[i]!= T.ch[i - 1])
         {    int_to_str(count,a,d);
              S.ch[j++] = '_';
              for(k = 0;k < d;k++)
                   S.ch[j++] = a[k];
              S.ch[j++] = '_';
              S.ch[j++] = T.ch[i];
              count = 1;
         }
         else
              count++;
    }
    int_to_str(count,a,d);
    S.ch[j++] = '_';
    for(k = 0;k < d;k++)
```

```
        S.ch[j++] = a[k];
    S.ch[j] = '\0';
    S.len = j;
}
```

58

本 章 小 结

(1) 串是一种数据类型受到限制的特殊线性表,它的数据对象是字符集合,每个元素都是一个字符,一系列相连的字符组成一个串。

(2) 串虽然是线性表,但又有自己的特点:不是作为单个字符进行讨论,而是作为一个整体(即字符串)进行讨论。

(3) 串的存储方式有顺序存储结构和链式存储结构。其中,顺序存储可以是静态存储,也可以是动态存储,定长顺序存储结构是静态存储,堆式存储结构是动态存储。

(4) 串的基本运算有串连接、两串相等判断、取子串、插入子串、删除子串和串置换等。

(5) 串的模式匹配算法是非常重要且常用的算法。

知 识 拓 展

克努特(Donald Ervin Knuth)是经典著作《计算机程序设计的艺术》(*The Art of Computer Programming*)的年轻作者。洋洋数百万言的多卷本《计算机程序设计的艺术》堪称关于计算机科学理论与技术的巨著,被《美国科学家》杂志列为 20 世纪最重要的 12 本物理科学类专著之一,与爱因斯坦的《相对论》、狄拉克的《量子力学》、理查德·费曼的《量子电动力学》等著作比肩而立,有评论认为该书的作用和地位可与数学史上欧几里得的《几何原本》相媲美。该书作者克努特因而荣获 1974 年度的图灵奖。克努特还是排版软件 TeX 和字型设计系统 Metafont 的发明者。在算法方面,他和他的学生共同设计了 Knuth-Bendix 算法和 Knuth-Morris-Pratt 算法。前者是为了考察数学公理及其推论是否"完全"而构造标准的重写规则集(Rewriting Rule Set)的算法,曾被用来成功解决了群论中的等式证明问题,是定理机器证明的一个范例;后者是在文本中查找字符串的简单而高效的算法。此外,克努特还设计与实现了最早的随机数发生器(Random Number Generator)。

第5章 | 数组与广义表

【本章学习目标】

多维数组是一种最简单的非线性结构,它的存储结构也很简单,绝大多数高级语言采用顺序存储方式表示数组,存放顺序有的是行优先,有的是列优先。在多维数组中,使用最多的是二维数组,它和科学计算中广泛出现的矩阵相对应。对于某些特殊的矩阵,用二维数组表示会浪费空间,本章介绍了它的压缩存储方法。对元素分布有一定规律的特殊矩阵,通常将其压缩存储到一维数组中,还可以利用该矩阵和二维数组间元素下标的对应关系,容易、直接地算出元素的存储地址。对于稀疏矩阵,通常采用三元组表或十字链表来存放元素。

广义表是一种复杂的非线性结构,是线性表的推广。这里简要介绍了它的概念、基本运算和存储结构。

通过本章的学习,要求:

- 理解数组中元素逻辑存储结构;
- 理解数组元素寻址公式的含义;
- 掌握特殊矩阵压缩存储方法;
- 掌握稀疏矩阵压缩存储表示下转置和相乘运算的实现;
- 掌握广义表的概念和它的定义方式、表头和表尾的定义;
- 掌握广义表的性质;
- 掌握广义表的存储结构;
- 掌握广义表的基本操作。

5.1 数组的定义和运算

数组的特点是每个数据元素可以又是一个线性表结构。因此,数组结构可以简单地定义如下。若线性表中的数据元素为非结构的简单元素,则称为一维数组,即为向量;若一维数组中的数据元素又是一维数组结构,则称为二维数组;以此类推,若二维数组中的元素又是一个一维数组结构,则称为三维数组。

结论:线性表结构是数组结构的一个特例,而数组结构又是线性表结构的扩展(见图5.1)。

$$A_{m \times n} = \begin{bmatrix} a_{00} & a_{01} & \cdots & a_{0,n-1} \\ a_{10} & a_{11} & \cdots & a_{1,n-1} \\ \cdots & \cdots & \cdots & \cdots \\ a_{m-1,0} & a_{m-1,1} & \cdots & a_{m-1,n-1} \end{bmatrix}$$

图 5.1 二维数组的逻辑结构

其中,A 是数组结构的名称,整个数组元素可以看成是由 m 个行向量和 n 个列向量组成的,其元素总数为 $m \times n$。在 C 语言中,二维数组中的数据元素可以表示成 a[表达式 1][表达式 2],表达式 1 和表达式 2 分别被称行下标表达式和列下标表达式,例如 a[i][j]。

5.1.1 数组的定义

ADT Array {

数据对象:$j_i = 0, \cdots, b_i - 1, i = 1, 2, \cdots n$,

$\qquad D = \{a_{j_1 j_2 \cdots j_n} \mid n(>0)$ 称为数组的维度,b_i 是数组第 i 维的长度,

$\qquad j_i$ 是数组元素的第 i 维下标,$a_{j_1 j_2 \cdots j_n} \in \mathrm{ElemSet}\}$

数据关系:$R = \{R_1, R_2, \cdots, R_n\}$

$\qquad R_i = \{<a_{j_1 \cdots j_i \cdots j_n}, a_{j_1 \cdots j_i + 1 \cdots j_n}> \mid$

$\qquad\qquad 0 \leqslant j_k \leqslant b_k - 1, 1 \leqslant k \leqslant n$ 且 $k \neq i$,

$\qquad\qquad 0 \leqslant j_i \leqslant b_i - 2$,

$\qquad\qquad a_{j_1 \cdots j_i \cdots j_n}, a_{j_1 \cdots j_i + 1 \cdots j_n} \in D, i = 2, \cdots, n\}$

} ADT Array

5.1.2 数组的基本运算

ADT Array {
InitArray(&A, n, bound1, …, boundn)

操作结果:若维数 n 和各维长度合法,则构造相应的数组 A,并返回 OK。

DestroyArray(&A)

操作结果:销毁数组 A。

Value(A, &e, index1, …, indexn)

初始条件:A 是 n 维数组,e 为元素变量,随后是 n 个下标值。

操作结果:若各下标不超界,则 e 赋值为所指定的 A 的元素值,并返回 OK。

Assign(&A, e, index1, …, indexn)

初始条件:A 是 n 维数组,e 为元素变量,随后是 n 个下标值。

操作结果:若下标不超界,则将 e 的值赋给所指定的 A 的元素,并返回 OK。

} ADT Array

5.2 数组的顺序存储结构

直观上看,数组可看成一组数对,即下标和值。对每一个有定义的下标,都有一个与该下标相关联的值。一维数组的值对应一个下标,二维数组则对应两个,以此类推,n 维数组的值对应 n 个下标。

数组是一种"均匀"结构,即数组中每个元素必须具有同样的类型。数组又是一种随机存取结构,只要给定一组下标,就可以访问与这组下标相关联的值。就数组而言,我们所关

心的操作主要是值检索和值存储。

在内存中,数组元素是连续存储的。数组的第一个元素的地址称为基地址,也称为数组的起始地址。当用一组连续的存储单元存放多维数组的元素时会遇到次序问题。例如,对于二维数组 a[2][3],如果每个元素占用 1 字节,那么分配给数组 a 的内存空间就有 6 字节,那么数组 a 的 6 个元素 a[0][0]、a[0][1]、a[0][2]、a[1][0]、a[1][1] 和 a[1][2] 在内存中如何排列呢?

5.2.1　行优先存储

一种方法是先放第一行的三个元素,再放第二行的三个元素。这种方式称为以行为主序的存储方式,按这种方法得到的排列次序如图 5.2 所示

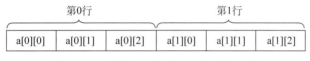

图 5.2　二维数组以行为主序的存储方式

5.2.2　列优先存储

另一种方法是先放第一列元素的两个元素,再放第二列的元素,最后放第三列的三个元素,这种方式称为以列为主序的存储方式,按这种方法得到的排列次序如图 5.3 所示。

图 5.3　二维数组以列为主序的存储方式

如果数组 a[2][3] 采用以行为主序的存储方式,并假定其基地址为 100,即元素 a[0][0] 存储于单元 100 中,则 a[0][1] 存储在单元 101 中,a[0][2] 存储在单元 102 中,a[1][2] 存储在单元 105 中。这个地址是很容易算出来的。其实,只要知道数组的维数,数组每个元素的地址可以很容易地通过数组的基地址得到。

对于一维数组 a[n],假定每个元素占 1 字节,α 是数组的基地址。则元素 a[0] 的地址是 α,元素 a[1] 的地址是 $\alpha+1$。由于在第 $i+1$ 个元素之前有 i 个元素,因此任一元素 a[i] 的地址是 $\alpha+i$,元素与其地址的关系如下:

数组元素　a[0]　a[1]　a[2]　$\cdots$　a[i]　$\cdots$　a[n-1]

地　　址　α　$\alpha+1$　$\alpha+2$　$\cdots$　$\alpha+i$　$\cdots$　$\alpha+n$

对于二维数组 a[m][n],我们可以理解为 a 是一维数组,它有 m 个元素,分别是行 0、行 1……行 $m-1$,而每一行又由 n 个元素组成,如图 5.4 所示。

图 5.4　二维数组元素排列方式

若 α 是数组 a 的基地址，也就是其元素 $a[0][0]$ 的地址，则第 1 行的第 1 个元素的地址为 $\alpha+1\times n$，第 2 行的第 1 个元素的地址为 $\alpha+2\times n$。因为在第 $i+1$ 行的第一个元素之前有 i 行，每行有 n 个元素，所以第 $i+1$ 行的第一个元素 $a[i][0]$ 的地址是 $\alpha+i\times n$，知道了 $a[i][0]$ 的地址，那么 $a[i][j]$ 的地址就是 $\alpha+i\times n+j$。因此二维数组中元素 $a[i][j]$ 的地址为：

$$\alpha+i\times n+j$$

对于三维数组 $a[m][n][p]$，可以看成 m 个大小为 $n\times p$ 的二维数组，如图 5.5 所示。

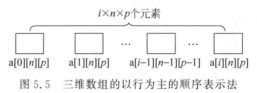

图 5.5　三维数组的以行为主的顺序表示法

因为在元素 $a[i][0][0]$ 之前有 i 个大小为 $n\times p$ 的二维数组，所以元素 $a[i][0][0]$ 的地址为 $\alpha+i\times n\times p$，这也是第 i 个二维数组的基地址，由 $a[i][0][0]$ 的地址及二维数组的寻址公式，可求得三维数组元素 $a[i][j][k]$ 的寻址公式为（以行优先为例）：

$$\alpha+i\times n\times p+j\times p+k$$

综上所述，可以看出数组的两个特点：第一，对同一数组的任何一个元素，由下标求存储地址的运算时间是一样的，也就是说对任何一个数组元素的访问过程是平等的，这是随机存取结构的一个优点；第二，为了在内存中给数组开辟足够的存储单元，数组的维数和大小必须事先给出。这对于数组大小不能预先确定的问题就很不方便，数组大小规定大了会浪费空间；规定小了，运行时会出现越界，使程序无法运行下去。这是数组这种数据结构的一个缺点。不过，对于许多应用程序来说，数组仍然是完成任务的最合适的工具。

5.3　矩阵的压缩存储

矩阵是许多科学与工程计算问题中经常出现的数学对象。这里，我们感兴趣的不是矩阵本身，我们所关心的是表示矩阵的方法，以使对矩阵的各种运算能有效地完成。数学上，一个矩阵一般由 m 行和 n 列元素组成，如图 5.6 所示。其中，矩阵元素都是数字。矩阵 $\boldsymbol{M}_1$ 有 3 行 4 列共 12 个元素，矩阵 $\boldsymbol{M}_2$ 有 5 行 5 列共 25 个元素。

3	2	7	8
7	0	2	0
8	1	0	6

(a) $\boldsymbol{M}_1$

7	6	5	9	0
6	0	3	0	7
5	3	2	1	0
9	0	1	5	2
0	7	0	2	8

(b) $\boldsymbol{M}_2$

图 5.6　两个矩阵 $\boldsymbol{M}_1$ 与 $\boldsymbol{M}_2$

5.3.1　特殊矩阵——对称矩阵和三角矩阵

一般地，我们把一个 m 行 n 列的矩阵表示成 $m\times n$，矩阵的元素个数总计为 $m\times n$ 个。如果 m 等于 n，则称该矩阵为方阵。对于一个 $m\times n$ 的矩阵，用二维数组，例如 matrix$[m][n]$

来表示最简单不过了,这种表示法需要的存储空间是 $m \times n$。在这种表示方法下,通过 matrix$[i][j]$ 可以快速找到矩阵中的任意元素。然而,这种存储表示也存在一些问题,如果观察图 5.7(b)所示的矩阵 M_2,就能够发现,该矩阵中的元素是对称的,即矩阵中第 i 行第 j 列与第 j 行第 i 列元素的值相等,这种矩阵称为对称矩阵。对于 $n \times n$ 的对称矩阵,我们只需要为每一对对称元素分配一个存储空间,这样就只需要存储其下三角或上三角(包括对角线)中的元素即可,如图 5.7 中的阴影部分所示。

7	6	5	9	0
6	0	3	0	7
5	3	2	1	0
9	0	1	5	2
0	7	0	2	8

(a) 下三角元素

7	6	5	9	0
6	0	3	0	7
5	3	2	1	0
9	0	1	5	2
0	7	0	2	8

(b) 上三角元素

图 5.7 矩阵 M_2 的下三角和上三角元素

因为 $n \times n$ 矩阵的下三角或上三角的元素有 $n(n+1)/2$ 个,所以可以将 n^2 个元素压缩存储到 $n(n+1)/2$ 个存储单元中。假设以一维数组 a$[n(n+1)/2]$ 来存储 $n \times n$ 对称矩阵的下三角元素,那么矩阵中第 i 行第 j 列元素应该放在数组 a 中的哪一个位置呢?注意,矩阵的第 0 行只存储一个元素,第 1 行存储 2 个元素,以此类推。这样,第 $i+1$ 行前面共有 i 行,因此总共要存储 $1+2+3+\cdots+i=i \times (1+i)/2$ 个,反之,对所有的 $k=0,1,2,\cdots,$ $n(n+1)/2-1$,都能确定 a$[k]$ 中的元素在矩阵中的位置(i,j)。图 5.8 给出了图 5.6(b)所示矩阵 M_2 的压缩存储形式。

7	6	0	5	3	2	9	0	1	5	0	7	0	2	8
0	1	2	3	4	5	6	7	8	9	10	11	12	13	14

图 5.8 对称矩阵 M_2 的压缩存储

当一个 $n \times n$ 矩阵的主对角线上方或下方的所有元素皆为 0 时,称该矩阵为三角矩阵。下三角矩阵中的右上角总是 0,如图 5.9(a)所示。而图 5.9(b)所示的是一个上三角矩阵。对于这样的三角矩阵,同样也可采用对称矩阵的压缩存储方式将其上三角或下三角的元素存储在一维数组中,以达到节约存储空间的目的。

a_{00}	0	0	0
a_{10}	a_{11}	0	0
a_{20}	a_{21}	a_{22}	0
a_{30}	a_{31}	a_{32}	a_{33}

(a) 下三角矩阵

a_{00}	a_{01}	a_{02}	a_{03}
0	a_{11}	a_{12}	a_{13}
0	0	a_{22}	a_{23}
0	0	0	a_{33}

(b) 上三角矩阵

图 5.9 三角矩阵

5.3.2 稀疏矩阵

除了上述介绍的对称矩阵和三角矩阵等特殊矩阵外,在实际应用中我们还经常遇到这样一种矩阵。观察如图 5.10(a)所示的矩阵,就可发现矩阵中的很多元素为 0,这样的矩阵称为稀疏矩阵。至于矩阵中 0 元素多少才能算作稀疏矩阵,并没有确切定义。这只是一个直观上的概念。在图 5.10(a)所示的矩阵的 42 个元素中,只有 8 个是非 0 元素,就可以认为这个矩阵是稀疏矩阵。

	0	1	2	3	4	5
0	5	0	0	2	0	8
1	0	6	9	0	0	0
2	0	0	0	3	0	0
3	0	0	0	0	0	0
4	9	0	0	0	0	0
5	0	0	2	0	0	0
6	0	0	0	0	0	0

	行	列	值
0	7	6	8
1	0	0	5
2	0	3	2
3	0	5	8
4	1	1	6
5	1	2	9
6	2	3	3
7	4	0	9
8	5	2	2

(a) 稀疏矩阵 **M**　　　　　　　　(b) 稀疏矩阵 **M** 的三元组表

图 5.10　稀疏矩阵示例

稀疏矩阵要求我们考虑一种新的表示方法。之所以如此,一方面是因为在实际应用中许多矩阵都是大型的,而同时又是稀疏的。例如 1000×1000 的矩阵,一百万个元素中只有 1000 个是非 0 元素。另一方面,矩阵中的 0 元素在矩阵运算中是没有意义的。例如在矩阵转置和矩阵相乘运算中,0 元素的运算可不必考虑。如果采用二维数组表示矩阵既浪费了大量的存储单元来存储 0 元素,又要花大量的时间进行 0 元素的运算。所以我们要为稀疏矩阵寻找一种新的存储其元素的方法,这种表示法将只存储矩阵中的非 0 元素。

由于稀疏矩阵中的非 0 元素的位置是没有规定的,因此为了表示一个矩阵的非 0 元素 M_{ij},我们必须存储该元素所在的行、列和其值。这样可将一个稀疏矩阵中的非零元素按三元组(行,列,值)存储。为操作方便起见,按照行号递增、任意行按照列号递增的方式组织三元组,最终形成三元组表结构。于是,图 5.10(a)所示的稀疏矩阵 **M** 就可存储在三元组表 a[$t+1$][3]中,如图 5.10(b)所示。其中 $t=8$ 是稀疏矩阵中非 0 元素的个数,三元组表中 a[0][1]、a[0][2]和 a[0][3]分别表示稀疏矩阵的行数、列数和非 0 元素个数。

在矩阵上最小的操作集合包括创建、转置、加法、减法和乘法。下面介绍矩阵转置和矩阵相乘算法。

1. 稀疏矩阵的转置算法

对于一个 $m \times n$ 的矩阵 **M**,它的转置矩阵 **T** 是一个 $n \times m$ 的矩阵,而且原矩阵 **M** 的任意元素 $M[i][j]$ 应该成为其转置矩阵中的元素 $T[j][i]$。换句话说,就是把矩阵的行与列对换。图 5.10(a)所示矩阵 **M** 的转置矩阵 **T** 和 **T** 对应的三元组表 b 如图 5.11(a)和图 5.11(b)所示。

如果矩阵采用二维数组表示,转置算法很容易实现。对于一个 $m \times n$ 的矩阵 **M**,得到其转置矩阵 **T** 的关键代码为

```
for (j = 0; j < n; j++)
    for (i = 0; i < m; i++)
        T[j][i] = M[i][j];
```

由于稀疏矩阵是用三元组表表示的,很显然不能使用上述算法进行转置。那么对于图 5.10(b)中的三元组表来说,如何得到图 5.11(b)所示的三元组表呢?一个简单的想法是,顺序地取出 a 中的元素然后顺序地放到 b 中。例如,取出 a 中的第 1 个元素(0,0,5)变成(0,0,5)放到 b 中的第 1 行,取出 a 中的第 2 个元素(0,3,2)变成(3,0,2)放到 b 中的第 2

	5	0	0	0	9	0	0
	0	6	0	0	0	0	0
	0	9	0	0	0	2	0
	2	0	3	0	0	0	0
	0	0	0	0	0	0	0
	8	0	0	0	0	0	0

	0	1	2
0	6	7	8
1	0	0	5
2	0	4	9
3	1	1	6
4	2	1	9
5	2	5	2
6	3	0	2
7	3	2	3
8	5	0	8

(a) 转置矩阵**T**　　　　　(b) **T**的三元组表

图 5.11　矩阵转置示例

行,a 的第 3 个元素(0,5,8)变成(5,0,8)放到 b 中的第 3 行,以此类推。但是观察图 5.10(b)和图 5.11(b)就能够发现,这种做法是错误的,因为我们看到 a 中元素(0,3,2)变成(3,0,2)并不是放在 b 中的第 2 行,而是放在 b 中的第 6 行。

正确的方法应该是将原矩阵 **M** 中的元素按每一列从上而下进行转置。为此,应对三元组表 a 中的第 2 列元素进行多次反复扫描,第一次取出矩阵 **M** 中列号为 0 的所有元素,将它们顺序放入 b 中,第二次取出矩阵 **M** 中列号为 1 的元素,将它们顺序放入 b 中。如此进行下去,直到 a 中所有元素均放入 b 中,转置过程结束。

以图 5.10(a)所示的稀疏矩阵 **M** 为例。

第一次,挑出第 2 列所有数值为 0 者,即在矩阵 **M** 中的第 0 列者,逐个放入数组 b 中。a 中第 1 行元素(0,0,5)和第 7 行元素(4,0,9)的列号为 0,因此将它们分别放入 b 的第 1 行和第 2 行。三元组表 b 如图 5.12 所示。

	0	1	2
0	6	7	8
1	0	0	5
2	0	4	9
3	1	1	6
4			
5			
6			
7			
8			

图 5.12　稀疏矩阵 **M** 的三元组表 1(第 2 列所有数值为 0 者)

第二次,挑出第 2 列所有数值为 1 的元素,只有第 4 行元素(1,1,6)的列号为 1,将其放到 b 的第 3 行。此时的三元组表 b 如图 5.13 所示。

第三次,找列号为 2 的元素进行转置。列号为 2 的元素有两个,即(1,2,9)和(5,2,2),将 a 中这两个元素分别放到 b 的第 4 和第 5 行。三元组表 b 如图 5.14 所示。

如此做下去,直到 a 中所有元素都放到 b 中为止,转置结束。最后的三元组表 b 如图 5.11(b)所示。需要注意的是,当 a 的某行放到 b 中时,a 的第 1 列数值放到 b 的第 2 列,

数组与广义表

	0	1	2
0	6	7	8
1	0	0	5
2	0	4	9
3			
4			
5			
6			
7			
8			

图 5.13　稀疏矩阵 **M** 的三元组表 2(第 2 列所有数值为 1 者)

	0	1	2
0	6	7	8
1	0	0	5
2	0	4	9
3	1	1	6
4	2	1	9
5	2	5	2
6			
7			
8			

图 5.14　稀疏矩阵 **M** 的三元组表 3(列号为 2 的元素转置后)

a 的第 2 列数值放到 b 的第 1 列。

　　实现上述矩阵转置算法的 C 语言函数 transpose 的算法如下所示。其中 m 和 n 分别为矩阵 **M** 的行数和列数,t 为 **M** 的非 0 元素个数。p 表示 a 中某行的下标,变量 q 指向转置矩阵三元组表 b 中下一个元素插入的位置。col 表示矩阵 **M** 中某列的列号。

```
void transpose(a,b)
{   m = a[0][0];
    n = a[0][1];
    t = a[0][2];
    b[0][0] = n;
    b[0][1] = m;
    b[0][2] = t;
    if(t == 0) exit;
    q = 1;                              /* 从 b 的第一行做起 */
    for(col = 0;col < n;col++)          /* 按 M 的列进行转置 */
        for(p = 1;p <= t;p++)           /* 对所有非 0 元素 */
            if(a[p][1] == col)          /* 挑出 M 中列号等于 col 的元素 */
                { b[q][0] = a[p][1];
                  b[q][1] = a[p][0];
                  b[q][2] = a[p][2];
                  q++;
                }
}
```

以上转置算法主要的运算时间花在两个 for 循环上,外循环共执行 n 次,内循环需要执

行 t 次,所以上述算法的时间复杂度是 $O(n \times t)$。除了 a 和 b 所需空间外,该算法只需固定量的额外空间,即变量 m、n、t、p、col 和 q 所用的空间。

回顾上面我们介绍的把矩阵表示成二维数组时,矩阵转置算法可以在 $O(n \times m)$ 的时间内完成矩阵转置。当矩阵中非 0 元素个数 t 的数量级为 $n \times m$ 时,算法 transpose 的时间复杂度 $O(n \times t)$ 便成为 $O(n \times m^2)$。这显然比用二维数组时的时间 $O(n \times m)$ 更差。

如果能预先确定 a 中每一个元素在 b 中的位置,那么就可以按 a 中元素的顺序逐个将元素放到 b 中。例如,如果知道 a 中元素(0,0,5)在 b 中的位置是 1,就能很容易将元素(0,0,5)取出放在 b 中的相应位置。同样,如果知道 a 中元素(0,3,2)在 b 中的位置为 6,那么从 a 中取出元素(0,3,2)时,很清楚该元素变成(3,0,2)后,应放在 b 中的第 6 个位置。采用这种思想的转置算法称为快速转置。

为了确定 a 中元素在 b 中的位置,需要知道 M 的每一列中非 0 元素的个数,有了这个信息,就可容易地获得 M 中每一列的第一个非 0 元素在 b 中的起始位置。设一维数组 S 用来存放矩阵 M 中每一列的非 0 元素个数,S[j] 表示矩阵 M 的第 j 列非 0 元素的个数。一维数组 T 存放矩阵 M 的每一列的第一个非 0 元素的起始位置,T[j] 表示 M 中第 j 列第一个非 0 元素在 b 中的起始位置。T[i] 的值可通过下述公式推出:

$$T[0] = 1$$
$$T[i] = T[i-1] + S[i-1], \quad i \geqslant 1$$

图 5.10(a)所示矩阵的 S 和 T 的值如图 5.15 所示。

i	0	1	2	3	4	5
S	2	1	2	2	0	1
T	1	3	4	6	8	8

图 5.15　S 和 T 的值

因为 T[0] 的值为 1,所以当从 a 中取出元素(0,0,5)时,该元素应放在 b 中 T[0] 所表示的位置,即 b[1]。同样 a 中元素(0,3,2)变换为(3,0,2)后,应放到 b 中第 6 个位置,这是因为 T[3] 的值为 6。因为 T[5] 的值为 8,所以 a 中元素(0,5,8)变为元素(5,0,8),应放到 b 中最后一个位置。

下面的算法给出的是快速转置算法实现。第 17 行、第 18 行计算矩阵 M 的每一列的非 0 元素个数,S[i] 的值通过统计 a 中第 2 列 i 的出现次数得到。第 19~21 行计算矩阵 M 中每一列第一个非 0 元素在 b 中的起始位置。第 22~28 行对 a 中的元素依此进行转置。首先取出元素的列号(第 23 行),然后根据其 T 的值,将其放到 b 中的相应位置。第 27 行计算同一行的下一个元素的位置。

```
#define   MAXCOL 100
int a[][3] = {{7,6,8},{0,0,5},{0,3,2},{0,5,8},{1,1,6},{1,2,9},{2,3,3},{4,0,9},{5,2,2}};
int b[9][3];
FastTranspose(int a[][3], int b[][3])
{
    int   m,n,tn,i,j;
    int   S[MAXCOL], T[MAXCOL];
    m = a[0][0];
    n = a[0][1];
    tn = a[0][2];
    b[0][0] = n;
```

```
    b[0][1] = m;
    b[0][2] = tn;
    if(tn <= 0)    return;
    for(i = 1;i < n;i++)
       S[i] = 0;
    for(i = 1;i <= tn;i++)
       S[a[i][1]] = S[a[i][1]] + 1;
    T[0] = 1;
    for(i = 1;i < n;i++)
       T[i] = T[i-1] + S[i-1];
    for(i = 1;i <= tn;i++)
    {   j = a[i][1];
        b[T[j]][0] = a[i][1];
        b[T[j]][1] = a[i][0];
        b[T[j]][2] = a[i][2];
        T[j] = T[j] + 1;
    }
}
main()
{ FastTranspose(a,b); }
```

上述快速矩阵转置算法中有 4 个循环,它们分别执行 n、t、$n-1$ 和 t 次。这些循环每重复一次,只占用一个常量时间,故此算法的时间复杂度为 $O(n+t)$。

2. 稀疏阵的乘法

设有矩阵 A 和 B,其中 A 矩阵大小为 $m \times n$,矩阵 B 大小为 $n \times p$,A 和 B 的乘积矩阵 C 是 $m \times p$ 矩阵,该矩阵的 i、j 元素定义为:

$$c_{ij} = \sum_{0 \leq k < n} a_{ik} \times b_{kj}$$

其中,$0 \leq i < m$,$0 \leq j < p$。

如果矩阵 A、B 和 C 都采用二维数组表示,则两个矩阵相乘的经典算法是:

```
for (i = 0;i < m; i++)
    for (j = 0;j < p;j++) {
        c[i][j] = 0;
        for (k = 0;k < n;k++)
            c[i][j] = c[i][j] + a[i][k] * b[k][j]; }        }
```

这个算法的时间复杂度为 $O(m \times n \times p)$。

在矩阵相乘的经典算法中,不论 a[i][k] 和 b[k][j] 的值是否为 0,都要进行乘法运算。而实际上我们知道,a[i][k] 和 b[k][j] 有一个值为 0 时,其乘积也为 0。对于图 5.16 所示的稀疏矩阵 A 和 B 而言,矩阵 A 中的非 0 元素 a[0][0] 只需与矩阵 B 中的非 0 元素 b[0][1] 相乘。矩阵 A 中的元素 a[1][1] 不需要与矩阵 B 中的任何元素相乘。

0	2
0	0
2	0
0	1

0	8
0	0
0	4

3	0	0	2
0	1	0	0
2	0	0	0

(a) 稀疏矩阵A　　　(b) 稀疏矩阵B　　　(c) 矩阵乘积C

图 5.16　两个稀疏矩阵相乘

因此,当 **A** 和 **B** 是稀疏矩阵并用三元组表表示时,就不能套用上述算法。在对稀疏矩阵进行乘法运算时,不应该考虑值为 0 的元素。换句话说,稀疏矩阵相乘时,只需进行非 0 元素之间的运算。

对于三元组表表示的稀疏矩阵,如果从三元组表 a 中取出某元素,它在矩阵 **A** 中的行号为 $u=\mathrm{a}[i][0]$,列号为 $k=\mathrm{a}[i][1]$,则需要在三元组表 b 中找出矩阵 **B** 中所有行号为 k 的非 0 元素并相乘。如果某元素在矩阵 **B** 中的行号为 k,列号为 $v=\mathrm{b}[j][1]$,则它应与 a 中取出的该非 0 元素相乘后,乘积应加到矩阵 **C** 的第 u 行第 v 列元素上。这是因为矩阵 **A** 中第 u 行的其他非 0 元素与矩阵 **B** 中第 v 列的相应元素相乘,其乘积也会加到矩阵 **C** 的这个元素上。

以图 5.17 所示的三元组表为例。对三元组表 a 中的元素 a[1]来说,它表示矩阵 **A** 的非 0 元素(0,0,3),其列号为 0,该元素只需要与矩阵 **B** 的第 0 行的非 0 元素相乘。由于矩阵 **B** 的第 0 行只有一个非 0 元素(0,1,2),其在三元组表中的位置是 b[1],因此两者的乘积为 6,该乘积是元素 c[0][1]的一部分。a[2]表示的矩阵 **A** 的非 0 元素(0,3,2)应与 b[3]表示的矩阵 **B** 非 0 元素(3,1,1)相乘,其乘积也是 c[0][1]的一部分,应累加到 c[0][1]上,因此 c[0][1]的值为 8。而 a 中的元素 a[3]表示矩阵 **A** 的非 0 元素(1,1,1)应与矩阵 **B** 的第 1 行非 0 元素相乘,由于 **B** 中没有行号为 1 的非 0 元素,因此,该元素不需要和 b 中的任何元素相乘。

	0	1	2
0	3	4	4
1	0	0	3
2	0	3	2
3	1	1	1
4	2	0	2

(a) 稀疏矩阵**A**的三元组表a

	0	1	2
0	4	2	3
1	0	1	2
2	2	0	2
3	3	1	1

(b) 稀疏矩阵**A**的三元组表b

图 5.17 矩阵的三元组表

根据上面的分析,稀疏矩阵相乘的基本操作是:逐个从三元组表 a 中取出元素,按其列号 j 在 b 中找出矩阵 **B** 中所有行号为 j 的非 0 元素,将它们分别与 **A** 中取出的非 0 元素相乘,将乘积累加到 **C** 中相应的元素中去。为便于操作,应对每个乘积设一个累计和的变量,其初值为 0。

一个实现上述稀疏矩阵相乘的算法如下所示。假设 **A** 是一个 $m\times p$ 稀疏矩阵,非 0 元素个数为 ta,**B** 是一个 $p\times n$ 稀疏矩阵,非零元素个数为 tb,且 **A** 与 **B** 已表示成三元组表的形式,**A** 与 **B** 的乘积为 **C**,表示成 $m\times n$ 的二维数组形式。如果矩阵 **C** 是稀疏的,还需要进行进一步的运算,将它表示成三元组表的形式。

```
#define  M  3
#define  P  4
#define  N  2
int a[0][3] = {{3,4,},{0,0,3},{0,3,2}{1,1,1},{2,0,2}};
int b[0][3] = {{4,3,2},{0,1,2},{2,0,2},{3,1,1}};
int c[M][N];
MatrixMultiply()
{
    int m,n,ta,tb,i,j,p,k;
```

```
    int S[P],T[P];
    m = a[0][0];
    n = a[0][1];
    ta = a[0][2];
    if(n = b[0][0])
      { p = b[0][1];
        Tb = b[0][2];
      }
    if(ta * tb == 0) return;
    for(i = 0;i < n;i++)
      S[i] = 0;
    for(i = 0;i <= tb;i++)
      S[b[i]][0] = S[b[i]][0] + 1;
    T[0] = 1;
    for(i = 0;i <= n;i++)
      T[i] = T[i - 1] + S[i - 1];
    for(i = 0;i <= ta;i++)
      { k = a[i][1];                        /* a 中列号为 k 的非 0 元素 */
        for(j = T[k];j < T[k + 1] - 1;j++)  /* b 中第 k 行所有非 0 元素 */
          c[a[i][0]][b[j][1]] = c[a[i][0]][b[j][1]] + a[i][2] * b[j][2];
      }
}
main()
{
    MatrixMultiply();
}
```

5.4 广义表的定义与性质

5.4.1 广义表的定义

广义表(Lists,又称列表)是线性表的推广。在第 2 章中,我们把线性表定义为 $n \geqslant 0$ 个元素 $a_1,a_2,\cdots,a_n$ 的有限序列。线性表的元素仅限于原子项,原子是作为结构上不可分割的成分,它可以是一个数或一个结构,若放松对表元素的这种限制,容许它们具有其自身结构,这样就产生了广义表的概念。

广义表是 $n(n \geqslant 0)$ 个元素 $a_1,a_2,\cdots,a_n$ 的有限序列,其中 a_i 或者是原子项,或者是一个广义表。通常记作 LS=$(a_1,a_2,\cdots,a_n)$。LS 是广义表的名字,n 为它的长度。若 a_i 是广义表,则称它为 LS 的子表。

通常用圆括号将广义表括起来,用逗号分隔其中的元素。为了区别原子和广义表,书写时用大写字母表示广义表,用小写字母表示原子。若广义表 LS$(n \geqslant 1)$非空,则 a_1 是 LS 的表头,其余元素组成的表$(a_2,a_3,\cdots,a_n)$称为 LS 的表尾。

显然广义表是递归定义的,这是因为在定义广义表时又用到了广义表的概念。广义表的例子如下。

(1) A=():A 是一个空表,其长度为 0。

(2) B=(e):表 B 只有一个原子 e,B 的长度为 1。

(3) C=(a,(b,c,d)):表 C 的长度为 2,两个元素分别为原子 a 和子表(b,c,d)。

（4）D＝(A,B,C)：表 D 的长度为 3，三个元素都是广义表。显然，将子表的值代入后，则有 D＝((),(e),(a,(b,c,d)))。

（5）E＝(E)：这是一个递归的表，它的长度为 2，E 相当于一个无限的广义表 E＝(a,(a,(a,(a,…))))。

从上述定义和例子可推出广义表的三个重要结论分别如下。

（1）广义表的元素可以是子表，而子表的元素还可以是子表。由此，广义表是一个多层次的结构，可以用图形象地表示。

（2）广义表可为其他表所共享。例如在上述例(4)中，广义表 A、B、C 为 D 的子表，则在 D 中可以不必列出子表的值，而是通过子表的名称来引用。

（3）广义表的递归性。

综上所述，广义表不仅是线性表的推广，也是树的推广。

5.4.2　广义表的性质

从上述广义表的定义和例子可以得到广义表的下列重要性质。

（1）广义表是一种多层次的数据结构。广义表的元素可以是单元素，也可以是子表，而子表的元素还可以是子表。

（2）广义表可以是递归的表。广义表的定义并没有限制元素的递归，即广义表也可以是其自身的子表。例如，表 E 就是一个递归的表。

（3）广义表可以为其他表所共享。例如，表 A、表 B、表 C 是表 D 的共享子表。在表 D 中可以不必列出子表的值，而用子表的名称来引用。

广义表的上述特性对于它的使用价值和应用效果起到了很大的作用。

广义表可以看成线性表的推广，线性表是广义表的特例。广义表的结构相当灵活，在某种前提下，它可以兼容线性表、数组、树和有向图等各种常用的数据结构。

当二维数组的每行（或每列）作为子表处理时，二维数组即为一个广义表。

另外，树和有向图也可以用广义表来表示。

由于广义表不仅集中了线性表、数组、树和有向图等常见数据结构的特点，而且可有效地利用存储空间，因此在计算机的许多应用领域都有成功使用广义表的实例。

5.5　广义表的存储结构

由于广义表中的数据元素可以具有不同的结构，因此难以用顺序的存储结构来表示。而链式的存储结构分配较为灵活，易于解决广义表的共享与递归问题，所以通常采用链式的存储结构来存储广义表。在这种表示方式下，每个数据元素可用一个结点表示。

按结点形式的不同，广义表的链式存储结构又可以分为两种不同的存储方式：一种称为头尾表示法；另一种称为孩子兄弟表示法。

5.5.1　头尾表示法

若广义表不空，则可分解成表头和表尾；反之，一对确定的表头和表尾可唯一地确定一个广义表。头尾表示法就是根据这一性质设计而成的一种存储方法。

由于广义表中的数据元素既可能是列表也可能是单元素,相应地在头尾表示法中结点的结构形式有两种:一种是表结点,用以表示列表;另一种是元素结点,用以表示单元素。在表结点中应该包括一个指向表头的指针和指向表尾的指针;而在元素结点中应该包括所表示单元素的元素值。为了区分这两类结点,在结点中还要设置一个标志域,如果标志为 1,则表示该结点为表结点;如果标志为 0,则表示该结点为元素结点,其形式定义说明如下。

```
typedef   enum {ATOM, LIST} Elemtag;        /* ATOM = 0: 单元素; LIST = 1: 子表 */
typedef   struct   GLNode
{
    elemtag   tag;                          /* 标志域,用于区分元素结点和表结点 */
    union                                   /* 元素结点和表结点的联合部分 */
      {
        datatype   data;                    /* data 是元素结点的值域 */
        struct
          {
            struct GLNode  * hp, * tp;
          }ptr;                             /* ptr 是表结点的指针域,ptr.hp 和 ptr.tp 分别
                                               指向表头和表尾 */
      };
} * GList;                                  /* 广义表类型 */
```

头尾表示法的结点形式如图 5.18 所示。

(a) 表结点   (b) 元素结点

图 5.18　头尾表示法的结点形式

对于 5.4.1 节所列举的广义表 A、B、C、D、E、F,若采用头尾表示法的存储方式,其存储结构如图 5.19 所示。

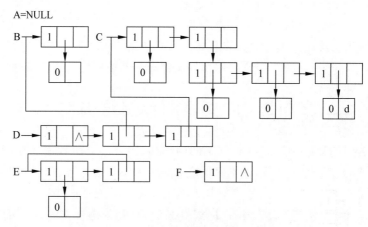

图 5.19　广义表的头尾表示法存储结构示例

从上述存储结构示例中可以看出,采用头尾表示法容易分清列表中单元素或子表所在的层次。例如,在广义表 D 中,单元素 a 和 e 在同一层次上,而单元素 b、c、d 在同一层次上,且比 a 和 e 低一层,子表 B 和 C 在同一层次上。另外,最高层的表结点的个数即为广义表的长度。例如,在广义表 D 的最高层有 3 个表结点,其广义表的长度为 3。

5.5.2 孩子兄弟表示法

广义表的另一种表示法称为孩子兄弟表示法。在孩子兄弟表示法中,也有两种结点形式:一种是有孩子结点,用以表示列表;另一种是无孩子结点,用以表示单元素。在有孩子结点中包括一个指向第一个孩子(长子)的指针和一个指向兄弟的指针;而在无孩子结点中包括一个指向兄弟的指针和该元素的元素值。为了能区分这两类结点,在结点中还要设置一个标志域。如果标志为1,则表示该结点为有孩子结点;如果标志为0,则表示该结点为无孩子结点。其形式定义说明如下:

```
typedef  enum {ATOM, LIST} Elemtag;        /* ATOM = 0: 单元素; LIST = 1: 子表 */
typedef  struct GLENode {
    Elemtag   tag;                          /* 标志域,用于区分元素结点和表结点 */
    union {                                  /* 元素结点和表结点的联合部分 */
        datatype   data;                     /* 元素结点的值域 */
        struct GLENode   * hp;               /* 表结点的表头指针 */
    };
    struct GLENode   * tp;                   /* 指向下一个结点 */
} * EGList;                                   /* 广义表类型 */
```

孩子兄弟表示法的结点形式如图 5.20 所示。

(a) 有孩子结点   (b) 无孩子结点

图 5.20 孩子兄弟表示法的结点形式

对于 5.4.1 节中所列举的广义表 A、B、C、D、E、F,若采用孩子兄弟表示法的存储方式,其存储结构如图 5.21 所示。

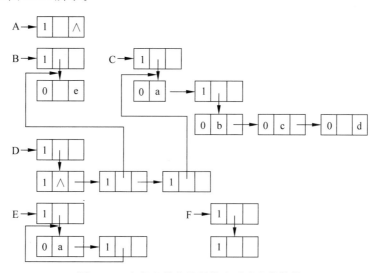

图 5.21 广义表的孩子兄弟表示法存储结构

从图 5.21 的存储结构示例中可以看出,采用孩子兄弟表示法时,表达式中的左括号"("对应存储表示中的 tag=1 的结点,且最高层结点的 tp 域必为 NULL。

5.6 广义表的基本操作

以头尾表示法存储广义表,讨论广义表的有关操作的实现。由于广义表的定义是递归的,因此相应的算法一般也都是递归的。

1. 广义表的取头、取尾操作

```
GList Head(GList ls)
  {
   if (ls -> tag == 1)
     p = ls -> hp;
   return  p;
  }

GList Tail(GList ls)
  {
   If( ls -> tag == 1)
     p = ls -> tp;
   return  p;
  }
```

2. 建立广义表的存储结构

算法 1:

```
int  Create(GList * ls, char * S)
 { Glist  p;  char  * sub;
   if (StrEmpty(S)) * ls = NULL;
   else {
    if (!( * ls = (GList)malloc(sizeof(GLNode))))  return  0;
    if (StrLength(S) == 1) {
     ( * ls) -> tag = 0;
     ( * ls) -> data = S;
     }
    else {
     ( * ls) -> tag = 1;
     p = * ls;
     hsub = SubStr(S, 2, StrLength(S) - 2);
     do {
       sever(sub, hsub);
       Create(&(p -> ptr.hp), sub);
       q = p;
       if (!StrEmpty(sub)){
         if (!(p = (GList)malloc(sizeof(GLNode))))  return 0;
         p -> tag = 1;
         q -> ptr.tp = p;
        }
     }while (!StrEmpty(sub));
     q -> ptr.tp = NULL;
     }
    }
   return 1;
   }
```

算法 2:

```
int   sever(char * str, char * hstr)
{
 int   n = StrLength(str);
    i = 1; k = 0;
   for (i = 1, k = 0; i <= n || k != 0; ++i)
     {
       ch = SubStr(str,i,1);
       if (ch == '(')   ++k;
       else   if (ch == ')')   --k;
     }
   if (i <= n)
      {
      hstr = SubStr(str,1,i - 2);
      str = SubStr(str,i,n - i + 1);
      }
   else {
      StrCopy(hstr,str);
      ClearStr(str);
         }
 }
```

3. 以表头、表尾建立广义表

```
int   Merge(GList ls1,GList ls2, Glist * ls)
{
  if (!( * ls = (GList)malloc(sizeof(GLNode))))   return 0;
  * ls -> tag = 1;
  * ls -> hp = ls1;
  * ls -> tp = ls2;
  return 1;
}
```

4. 求广义表的深度

```
int Depth(GList ls)
{
  if (!ls)
    return  1;                        /* 空表深度为 1 */
  if (ls -> tag == 0)
    return  0;                        /* 单元素深度为 0 */
  for (max = 0,p = ls; p; p = p -> ptr.tp)
    {
    dep = Depth(p -> ptr.hp);         /* 求以 p -> ptr.hp 为头指针的子表深度 */
    if (dep > max)   max = dep;
    }
  return max + 1;                     /* 非空表的深度是各元素的深度的最大值加 1 */
}
```

5. 复制广义表

```
int   CopyGList(GList ls1, GList * ls2)
{
  if (!ls1)   * ls2 = NULL;           /* 复制空表 */
  else
    {
```

```
    if (!( * ls2 = (Glist)malloc(sizeof(Glnode)))) return 0;          /* 建立表结点 */
    ( * ls2) -> tag = ls1 -> tag;
    if (ls1 -> tag == 0) ( * ls2) -> data = ls1 -> data;             /* 复制单元素 */
    else
     {
       CopyGList(&(( * ls2) -> ptr.hp), ls1 -> ptr.hp);          /* 复制广义表 ls1 -> ptr.hp 的
                                                                    一个副本 */
       CopyGList(&(( * ls2) -> ptr.tp) , ls1 -> ptr.tp);         /* 复制广义表 ls1 -> ptr.tp 的
                                                                    一个副本 */
     }
   }
   return 1;
 }
```

5.7　数组的应用

请看下面的例题,希望能给读者带来一些指导和启发,在枯燥的学习之余给读者带来一些愉悦和收获!

【例 5.1】　请利用栈结构、利用非递归算法实现广义表的存储结构。

```
struct stack
{ struct GLNode elem[255];
  int top;
}S;                                              //定义用于存储结点的栈
//pop(S) 和 push(S, p)表示数据的出栈和入栈
struct GLNode * bulid_ptr()                      //建立表结点函数
{
  struct GLNode * p1;
  p1 = (struct GLNode * )malloc(sizeof(struct GLNode));
  p1 -> tag = 1;                                 //表示 p 结点是表结点,并初始化两个指针变量
  p1 -> atom_ptr.hp = NULL;
  p1 -> atom_ptr.tp = NULL;
  return p1;
}
struct GLNode * bulid_atom(char c)               //建立原子结点函数
{
  struct GLNode * p1;
  p1 = (struct GLNode * )malloc(sizeof(struct GLNode));
  p1 -> tag = 0;
  p1 -> atom_ptr.atom = c;
  return p1;
}
```

该算法的主体如下:

```
S.top = - 1;
i = 0;
while(str[i]!= '/0')
{
  switch(str[i])
  {
  case '(': p = build_ptr();                     //建立表结点
       if(S.top > - 1)                           //栈不为空,p 赋给栈顶表结点的 hp
```

```
            S.elem[S.top] - > atom_ptr.hp = p;
            push(S,p);                              //p 结点入栈
  case ',': p = build_ptr();                        //建立表结点
            q = pop(S);                             //S 的栈顶元素出栈,并赋给 q
            q - > atom_ptr.tp = p;                  //q 的 tp 指向 p
            push(S,p);                              //p 结点入栈
  case ')': pop(S);                                 // S 的栈顶元素出栈
            default : p = build_atom(str[i]);       //建立原子结点
            S.elem[S.top] - > atom_ptr.hp = p;      // p 赋给栈顶表结点的 hp
    }
}
```

【例 5.2】 已知 Ackerman 函数定义如下:

(1) 根据定义,写出它的递归求解算法;

(2) 利用栈,写出它的非递归求解算法。

(1) 已知函数本身是递归定义的,所以可以用递归算法来解决:

```
unsigned akm(unsigned m, unsigned n)
{
  if (m == 0) return n + 1;                //m == 0
  else if (n == 0) return akm (m - 1, 1);  //m > 0, n == 0
    else return   akm (m,n - 1);           //m > 0, n > 0
}
```

(2) 为了将递归算法改成非递归算法,首先改写原来的递归算法,将递归语句从结构中独立出来:

```
unsigned akm(unsigned m, unsigned n)
{
  unsigned v;
  if (m == 0) return n + 1;              //m == 0
  if (n == 0) return akm (m - 1, 1);     //m > 0, n == 0
  v = akm(m, n - 1);                     //m > 0, n > 0
  return akm(m - 1, v);
}
```

用一个栈记录每次递归调用时的实参值,每个结点有两个域{vm,vn}。对以上实例,栈的变化相应算法如下:

```
# include
# include "stack.h"
# define maxSize 3500;
unsigned akm(unsigned m, unsigned n)
{
  struct node { unsigned vm, vn; }
  stack st(maxSize);node w; unsigned v;
  w.vm = m; w.vn = n; st.Push(w);
  do {
      while (st.GetTop().vm > 0)           //计算 akm(m - 1, akm(m, n - 1) )
        {
        while (st.GetTop().vn > 0)         //计算 akm(m, n - 1),直到 akm(m, 0)
        { w.vn -- ; st.Push(w); }
        w = st.GetTop(); st.Pop(w0;        //计算 akm(m - 1, 1)
        w.vm -- ; w.vn = 1; st.Push(w);    //直到 akm(0, akm(1, * ) )
```

```
        w = st.GetTop(); st.Pop(); v = w.vn++;    //计算 v = akm(1, * ) + 1
        if (st.IsEmpty() == 0)                     //如果栈不空, 改栈顶为(m - 1, v)
          { w = st.GetTop(); st.Pop(); w.vm -- ; w.vn = v; st.Push(w); }
        }
      } while (st.IsEmpty() == 0);
    return v;
  }
```

【例5.3】 背包问题：设有一个背包可以放入的物品的重量为 s，现有 n 件物品，重量分别为 $w[1], w[2], \cdots, w[n]$。问能否从这 n 件物品中选择若干件放入此背包中，使得放入的重量之和正好为 s。如果存在一种符合上述要求的选择，则称此背包问题有解（或称其解为真）；否则称此背包问题无解（或称其解为假）。试用递归方法设计求解背包问题的算法。

根据递归定义，可以写出递归的算法。

```
enum boolean { False, True }
boolean Knap( int s, int n) {
if (s == 0) return True;
if (s < 0 || s > 0 && n < 1) return False;
if (Knap(s - W[n], n - 1) == True)
    { printf(" % f",W[n]);return True; }
return Knap(s, n - 1);
}
```

若设 $w=\{0,1,2,4,8,16,32\}, s=51, n=6$，则递归执行过程如下：

```
递归 Knap(51, 6)
return True;                          //完成
Knap(51 - 32, 5)
return True;                          //打印 32
Knap(19 - 16, 4)
return True;                          //打印 16
Knap(3 - 8, 3)
return False;
Knap(3,3)
return True;                          //无动作 s = - 5 < 0
return False;
Knap(3 - 4, 4)
return False;
Knap(3,2)
return True;                          //无动作 s = - 1 < 0
return False ;
Knap(3 - 2, 1)
return True;                          //打印 2
Knap(1 - 1, 0)
return True;                          //打印 1 s = 0
return True
```

【例5.4】 八皇后问题：设在初始状态下在国际象棋棋盘上没有任何棋子（皇后）。然后顺序在第 1 行，第 2 行，…，第 8 行上布放棋子。在每一行中有 8 个可选择位置，但在任一时刻，棋盘的合法布局都必须满足三个限制条件，即任何两个棋子不得放在棋盘上的同一行、同一列，或者同一斜线上，试编写一个递归算法，求解并输出此问题的所有合法布局。（提示：用回溯法。在第 n 行第 j 列安放一个棋子时，需要记录在行方向、列方向、正斜线方向、反斜线方向的安放状态,若当前布局合法,可向下一行递归求解,否则可移走这个棋子,恢复安放该棋子前的状态,试探本行的第 $j+1$ 列)。

此为典型的回溯法问题。

在解决八皇后问题时,采用回溯法。在安放第 i 行皇后时,需要在列 j 的方向从 1 到 n 试探($j=1,2,\cdots,n$)。首先在第 j 列安放一个皇后,如果在列、主对角线、次对角线方向有其他皇后,则出现攻击,撤销在第 j 列安放的皇后。如果没有出现攻击,则在第 j 列安放的皇后不动,递归安放第 $i+1$ 行皇后。

解题时设置如下 4 个数组。

(1) col[n]:col[i] 标识第 i 列是否安放了皇后;

(2) md[$2n-1$]:md[k] 标识第 k 条主对角线是否安放了皇后;

(3) sd[$2n-1$]:sd[k] 标识第 k 条次对角线是否安放了皇后;

(4) q[n]:q[i] 记录第 i 行皇后在第 n 列。

利用行号 i 和列号 j 计算主对角线编号 k 的方法是 $k=n+i-j-1$;计算次对角线编号 k 的方法是 $k=i+j-n$。八皇后问题解法如下:

```
void Queen(int i) {
for (int j = 0; j < n; j++) {
    if (col[j] == 0 && md[n+i-j-1] == 0 && sd[i+j] == 0) {      //第 i 行第 j 列没有攻击
        col[j] = md[n+i-j-1] = sd[i+j] = 1; q[i] = j;           //在第 i 行第 j 列安放皇后
        if (i == n)                                              //输出一个布局
            for (j = 0; j < n; j++) printf(" % d", q[j]);
                printf("\n");
    }
    else { Queen(i+1);                                          //在第 i+1 行安放皇后
        col[j] = md[n+i-j-1] = sd[i+j] = 0; [i] = 0;            //撤销第 i 行第 j 列的皇后
    }
}
}
```

【例 5.5】 如果矩阵 **A** 中存在这样的一个元素 A[i][j] 满足条件:A[i][j] 是第 i 行中值最小的元素,且又是第 j 列中值最大的元素,则称为该矩阵的一个马鞍点。编写一个函数计算出 $1 \times n$ 的矩阵 A 的所有马鞍点。

算法思想:依题意,先求出每行的最小值元素,放入 min[m]中,再求出每列的最大值元素,放入 max[n]中,若某元素既在 min[m]中又在 max[n]中,则该元素 A[i][j] 便是马鞍点。找出所有这样的元素,即找到了所有马鞍点。因此,实现本题功能的程序如下。

```
# include < stdio. h>
# define m 3
# define n 4
void minmax(int a[m][n])
{
int i1,j,have = 0;
int min[m],max[n];
for(i1 = 0; i1 < m; i1++)                              /* 计算出每行的最小值元素,放入 min[m]中 */
    {
    min[i1] = a[i1][0];
    for(j = 1;j < n;j++)
        if(a[i1][j]< min[i1]) min[i1] = a[i1][j];
    }
for(j = 0;j < n;j++)                                    /* 计算出每列的最大值元素,放入 max[n]中 */
```

```
    {
        max[j] = a[0][j];
        for(i1 = 1; i1 < m; i1++)
            if(a[i1][j] > max[j]) max[j] = a[i1][j];
    }
    for(i1 = 0; i1 < m; i1++)
        for(j = 0; j < n; j++)
            if(min[i1] == max[j])
            {
                printf("( % d, % d): % d\n", i1,j,a[i1][j]);
                have = 1;
            }
    if(!have) printf("没有马鞍点\n");
}
```

【例 5.6】 利用广义表的 head 和 tail 操作写出函数表达式,把以下各题中的单元素 banana 从广义表中分离出来:

(1) L1(apple, pear, banana,orange);

(2) L2((apple, pear), (banana, orange));

(3) L3(((apple), (pear), (banana), (orange)));

(4) L4((((apple))), ((pear)), (banana), orange);

(5) L5((((apple), pear), banana), orange);

(6) L6(apple, (pear, (banana), orange))。

函数表达式如下:

(1) Head(Tail(Tail(L1)));

(2) Head(Head(Tail(L2)));

(3) Head(Head(Tail(Tail(Head(L3)))));

(4) Head(Head(Tail(Tail(L4))));

(5) Head(Tail(Head(L5)));

(6) Head(Head(Tail(Head(Tail(L6)))))。

【例 5.7】 编写下列程序:

(1) 求广义表表头和表尾的函数 head 和 tail。

(2) 计算广义表原子结点个数的函数 count_GL。

(3) 计算广义表所有原子结点数据域(设数据域为整型)之和的函数 sum_GL。

```
# include "stdio. h"
# include "malloc. h"
typedef struct node
{ int tag;
union
  { struct  node  * sublist;
    char data;
  }dd;
struct  node   * link;
}NODE;
NODE  * creat_GL(char ** s)
{
    NODE * h;
    char ch;
```

```
        ch = * ( * s);
        ( * s)++;
      if(ch!= '\0')
      {
          h = (NODE * )malloc(sizeof(NODE));
          if(ch == '(')
              {
                    h -> tag = 1;
                    h -> dd. sublist = creat_GL(s);
              }
          else
              {
                    h -> tag = 0;
                    h -> dd. data = ch;
              }
          }
      else
            h = NULL;
ch = * ( * s);
( * s)++;
if(h!= NULL)
      if(ch == ',')
          h -> link = creat_GL(s);
      else
          h -> link = NULL;
return(h);
}
void prn_GL(NODE * p)
{
if(p!= NULL)
{
      if(p -> tag == 1)
      {
printf("(");
if(p -> dd. sublist == NULL)
          printf(" ");
else
        prn_GL(p -> dd. sublist);
}
else
        printf(" % c",p -> dd. data);
if(p -> tag == 1)
        printf(")");
if(p -> link!= NULL)
{
        printf(",");
        prn_GL(p -> link);
}
}
}
NODE * copy_GL(NODE * p)
{
NODE * q;
if(p == NULL)   return(NULL);
q = (NODE * )malloc(sizeof(NODE));
q -> tag = p -> tag;
if(p -> tag)
```

```
        q -> dd. sublist = copy_GL( p -> dd. sublist) ;
    else
        q -> dd. data = p -> dd. data ;
    q -> link = copy_GL( p -> link) ;
    return( q) ;
    }
NODE * head( NODE * p)                          / * 求表头函数  * /
{
return( p -> dd. sublist) ;
}
NODE * tail( NODE * p)                          / * 求表尾函数  * /
{
return( p -> link) ;
}
int sum( NODE * p)                              / * 求原子结点的数据域之和函数  * /
{ int m, n;
if( p == NULL) return( 0) ;
else
    {   if( p -> tag == 0) n = p -> dd. data ;
        else
            n = sum( p -> dd. sublist) ;
        if( p -> link != NULL)
            m = sum( p -> link) ;
            else m = 0;
return( n + m) ;
    }
}
int depth( NODE    * p)                         / * 求表的深度函数  * /
{
int   h, maxdh;
NODE * q;
if( p -> tag == 0) return( 0) ;
else    if( p -> tag == 1&&p -> dd. sublist == NULL) return 1;
        else
            {
                maxdh = 0;
                while( p != NULL)
                    {
                        if( p -> tag == 0) h = 0;
                        else
                            {   q = p -> dd. sublist;
                                h = depth( q) ;
                            }
                        if( h > maxdh) maxdh = h;
                            p = p -> link;
                    }
                return( maxdh + 1) ;
            }
}
main( )
{
NODE    * hd, * hc;
char s[ 100] , * p;
p = gets( s) ;
hd = creat_GL( &p) ;
prn_GL( head( hd) ) ;
prn_GL( tail( hd) ) ;
```

```
hc = copy_GL(hd);
printf("copy after:");
prn_GL(hc);
printf("sum:% d\n",sum(hd));
printf("depth:% d\n",depth(hd));
}
```

本 章 小 结

（1）了解数组的两种存储表示方法，并掌握数组在以行为主的存储结构中的地址计算方法。

（2）掌握对特殊矩阵进行压缩存储时的下标变换公式。

（3）了解稀疏矩阵的两类压缩存储方法的特点和适用范围，领会以三元组表示稀疏矩阵时进行矩阵运算采用的处理方法。

（4）掌握广义表的结构特点及其存储表示方法，读者可根据自己的习惯熟练掌握任意一种结构的链表，学会对非空广义表进行分解的两种分析方法，即可将一个非空广义表分解为表头和表尾两部分或者分解为 n 个子表。

（5）学习利用分治算法的设计思想编制递归算法。

知 识 拓 展

编程语言中的数组下标为何从 0 开始

在大多数编程语言中，数组的下标均从 0 而不是从 1 开始编号，刚刚学习数组的读者很容易弄错。那你有没有想过这是为什么呢？

从存储数组的内存模型来看，"下标"的确切含义应该是"偏移"（offset）。对于数组 A，如果它的每个元素占用 d 个存储单元，那么它的 a[0] 就相当于首地址偏移为 0 的内存地址，也就是数组 A 的起始存储地址，一般也称为基地址。a[i] 则是相对于首地址偏移 i×d 个存储单元的内存地址。数组下标从 0 开始，计算 a[i] 的内存地址只需要使用如下公式：

$$LOC(a[i]) = LOC(a[0]) + i \times d$$

但是，如果数组下标从 1 开始，计算 a[i] 的内存地址的公式就会变为如下形式：

$$LOC(a[i]) = LOC(a[0]) + (i-1) \times d$$

对比上面两个公式，不难发现，如果数组下标从 1 开始，每次按照下标访问数组元素，就会多进行一次减法运算。数组是最常用的基础的数据结构，通过下标访问数组元素又是其基础的操作，效率的优化就要尽可能做到极致。因此，为了减少一次减法操作，数组的下标选择了从 0 开始编号，而不是从 1 开始编号。

也许这个理由还不够充分，数组的下标从 0 开始编号还可能与历史原因有关。最初，C 语言设计者用 0 作为数组的起始下标，目的是在一定程度上降低 C 语言程序员学习其他编程语言的成本，之后的 Java、JavaScript 等效仿了 C 语言，沿用了这一方式。

当然，并不是所有编程语言中的数组下标都从 0 开始，如 Pascal、FORTRAN、MATLAB。甚至有些语言支持负数下标，如 Python。

第6章　树和二叉树

【本章学习目标】

本章通过实例引出树的概念,详细讨论树和二叉树这两种数据结构的定义,树的基本术语,树的逻辑表示、存储结构,树和森林的遍历算法及其与二叉树的相互转换。重点介绍二叉树的定义、性质及存储结构,二叉树的遍历和线索化,二叉树的应用。通过本章学习,要求:

- 了解树的定义及基本术语;
- 了解树的表示方法;
- 熟练掌握二叉树的性质,了解证明其性质的方法;
- 熟练掌握二叉树的存储结构及二叉树的各种遍历算法;
- 理解二叉树线索化的作用,熟练掌握二叉树线索化的过程以及在中序线索化二叉树上找给定结点的后继的方法;
- 熟练掌握哈夫曼树的构造方法及哈夫曼树的应用;
- 熟悉树的各种存储结构及特点,掌握树和森林与二叉树之间的转换方法;
- 熟悉树和森林的遍历方法,理解树和森林与二叉树在存储结构上的对应关系。

6.1　树的概念和基本操作

6.1.1　树的引例

某学校组织结构图如图 6.1 所示,从中可以看出学校的组织结构图就像一棵倒放的树一样,表示的是数据之间的一种层次关系,数据与数据之间是一种一对多的关系。这种树状结构在客观世界中广泛存在,例如人类的家谱。在计算机领域也常用到树状结构,例如操作系统中的目录结构、编译程序中用树表示源程序语法结构、数据库系统中用树组织信息等。

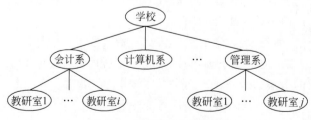

图 6.1　某学校组织结构图

6.1.2 树的定义和基本术语

树是 $n(n \geqslant 0)$ 个结点的有限集。在任意一棵非空树中：①有且仅有一个特定的称为根的结点；②当 $n > 1$ 时，其余结点可分为 $m(m > 0)$ 个互不相交的有限集 T1，T2，…，Tm，其中每个集合本身又是一棵树，并且称为根的子树。树的定义是一个递归的定义，即在树的定义中又用到树的概念，归根结底树是由若干结点构成的。例如，图 6.2(a)是只有一个根结点的树，图 6.2(b)是有 13 个结点的树，其中 A 是根，其余结点分成三棵互不相交的子集，分别是 T1={B,E,F,L,M}，T2={C,G}，T3={D,H,I,J,K}，它们都是 A 的子树，同时它们本身又是一棵树。

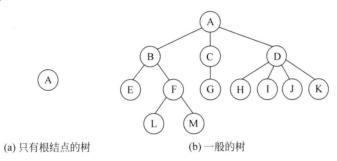

(a) 只有根结点的树　　　　　　　(b) 一般的树

图 6.2　树的示例

下面结合图 6.2 介绍树的基本术语。

(1) 结点的度：一个结点所拥有的子树的个数。例如图 6.2(b)中 A 的度是 3，D 的度是 4。

树的度：树中结点度数的最大值。例如图 6.2(b)中树的度为 4。

(2) 叶子结点：又称终结结点或叶子，是树中度为 0 的结点。例如图 6.2(b)中的 E、L、M、G、H 等结点。

分支结点：又称非终结结点，是树中度不为 0 的结点。例如图 6.2(b)中的 A、B、C、D、F 结点。

(3) 子结点：任一结点 x 的子树的根结点称为 x 的子结点，又称孩子、儿子、子女。

父结点：x 则是其子结点的父结点，又称双亲结点，

兄弟结点：同一父结点的各个子结点之间称为兄弟结点。

例如图 6.2(b)中，B 是 A 的子结点，反过来，A 就是 B 的父结点，B、C、D 互为兄弟结点。

(4) 路径：如果 n_1，n_2，…，n_k 是树中的结点序列，并且 n_i 是 $n_{i+1}(1 \leqslant i \leqslant k-1)$ 的双亲，则序列 n_1，n_2，…，n_k 称为从 n_1 到 n_k 的一条路径。

路长：等于路径上结点的个数减 1。

例如图 6.2(b)中，A、B、F、L 是一条路径，路径长为 3。

(5) 祖先：如果从 A 结点到 B 结点有一条路径存在，则称 A 是 B 的祖先，反过来，则称 B 是 A 的后代。任一结点既是它自己的祖先又是它自己的后代。例如图 6.2(b)中，B 是 F 的祖先，B 又是 M 的祖先，M 是 B 的后代。

(6) 结点的层：从根结点开始算起，根结点为第 1 层，根的孩子为第 2 层，以此类推。例

如图 6.2(b)中,结点 B 在第 2 层,结点 M 在第 4 层。

堂兄弟结点:双亲结点在同一层上的所有结点互称为堂兄弟结点。例如图 6.2(b)中的结点 E、F、G、H、I、J、K。

树的高度:树中结点的最大层数称为该树的高度。例如图 6.2(b)中树的高度为 4。

(7) **有序树**:在树中,一个结点的所有子结点,如果考虑其相对顺序,即按自左向右排序,则这种树称为有序树;如果忽略其子结点的相对顺序,则称为**无序树**。如图 6.3 中的两棵树,若把它们看成有序树,则是两棵不同的树;若看成无序树,则是同一棵树。

(8) **森林**:$m(m \geqslant 0)$ 棵互不相交的树构成的集合称为森林。如图 6.4 所示就是一个森林。

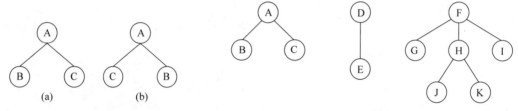

图 6.3　两棵有序树　　　　　　　　图 6.4　森林示例

就逻辑结构而言,树中任一结点可以有零个或多个后继结点,但只能有一个前驱结点(根结点除外,根结点没有前驱结点)。树状结构是非线性的,数据之间存在着一对多的关系。

6.1.3　树的表示方法

通过前面的学习可知,树状结构是一类非常重要的非线性结构。树状结构是以分支关系定义的层次结构。如何表示树在逻辑上的这种层次结构,称为树的表示方法。树的表示方法目前有 4 种:树状图法、嵌套集合法、广义表表示法和凹入表示法。

1. 树状图法

树状图法又称为倒悬树,如图 6.2(b)所示,是最常用的树的表示形式,具有结构清晰的特点。为了方便讨论树的各种表示方法,图 6.5 用树状图法表示了一棵结构较简单的树。

2. 嵌套集合法

嵌套集合法是一些集合的集体,对于任何两个集合,或者不相交,或者一个集合包含另一个集合。图 6.6 是图 6.5 中的树的嵌套集合形式。

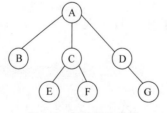

图 6.5　树状图法示例　　　　　　　图 6.6　嵌套集合法示例

3. 广义表表示

由于广义表也是一种层次结构,因此可以使用广义表来表示树结构。图 6.5 的树可用下面的广义表表示。

(A(B, C(E,F), D(G))

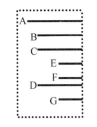

图 6.7　凹入表示法示例

4. 凹入表示法

凹入表示法是一种较直观的图形化表示法,突出了树中各结点的层次关系。图 6.5 的树的凹入表示法示例如图 6.7 所示。

树的表示方法的多样化说明了树结构的重要性。

6.1.4　树的基本操作

以上给出了树的定义,下面给出关于树的基本操作。

(1) INITTREE(T):初始化一棵空树。

(2) CREATE_TREE(T,T_1,T_2,$\cdots$,T_k):当 $k \geqslant 1$ 时,建立一棵以 T 为根结点,以 T_1,T_2,$\cdots$,T_k 为第 $1,2,\cdots,k$ 棵子树的树。

(3) ROOT(T):返回树 T 的根结点的地址,若 T 为空,则返回空值。

(4) PARENT(T,e):若 e 是 T 的非根结点,则返回结点 e 的双亲结点的地址,否则返回空值。

(5) VALUE(T,e):返回树 T 中结点 e 的值。

(6) LEFTCHILD(T,e):若 e 是树 T 中的非叶子结点,则返回 e 的最左孩子的地址,否则返回空值。

(7) RIGHTSIBLING(T,e):若树 T 中结点 e 有右兄弟,则返回 e 的右兄弟的地址,否则返回空值。

(8) TREEEMPTY(T):判断树空。若树 T 为空,则返回 1,否则返回 0。

6.2　二　叉　树

二叉树是一类重要的树状结构,许多实际问题抽象出来的数据结构都可以表示成二叉树的形式。

6.2.1　二叉树的定义

二叉树是有限个结点的集合,这个集合或者是空集,或者由一个根结点和两棵不相交的二叉树组成,其中一棵叫作左子树,另一棵叫作右子树。

二叉树的定义也是一个递归的定义。值得注意的是,二叉树不是作为树的特殊形式出现的,二叉树和树是两个完全不同的概念。例如,图 6.8(a)和图 6.8(b)作为二叉树是两棵不同的二叉树,图 6.8(a)中 B 是 A 的左子树,图 6.8(b)中 B 是 A 的右子树;如果图 6.8(a)、(b)作为树的话,无论是有序树还是无序树,它们都是相同的树。

树的所有的术语对二叉树依然适用。

(a) 左子树　　　　(b) 右子树

图 6.8　树和二叉树示例

6.2.2 二叉树的性质

性质 1 二叉树第 $i(i \geqslant 1)$ 层上至多有 2^{i-1} 个结点。

利用数学归纳法很容易证明该性质。

$i=1$ 时,第一层只有一个根结点,显然 $2^{i-1}=2^0=1$ 是成立的。

假设命题对所有 $k(1 \leqslant k < i)$ 成立,即第 k 层至多有 2^{k-1} 个结点,由于第 k 层的每个结点至多发出两个分支,则第 $k+1$ 层最多有 $2 \times 2^{k-1}=2^k$ 个结点。从而性质 1 的结论得以证明。

性质 2 高度为 k 的二叉树至多有 2^k-1 个结点。

证明:由性质 1 可知,第 i 层的结点数最多为 2^{i-1},则高度为 k 的二叉树总的结点个数最多为 $\sum_{i=1}^{k} 2^{i-1}=2^k-1$。

性质 3 对任意一棵非空二叉树,如果叶子结点的个数为 n_0,度为 2 的结点的个数为 n_2,则 $n_0=n_2+1$。

证明:设 n_1 是二叉树中度为 1 的结点的个数,则二叉树中总的结点个数为

$$n=n_0+n_1+n_2 \tag{6.1}$$

从二叉树中每个结点发出的分支数来看,度为 2 的结点发出 2 个分支,度为 1 的结点发出 1 个分支,度为 0 的结点不发出分支,设 B 为二叉树中的分支总数,则有

$$B=2n_2+n_1 \tag{6.2}$$

从进入每个结点的分支来看,除了根结点没有进入分支外,其余结点均有一个进入分支,则有

$$B=n-1$$

将其代入式(6.2)得

$$n=2n_2+n_1+1 \tag{6.3}$$

由式(6.1)和式(6.3)消去 n 和 n_1 得

$$n_0=n_2+1$$

下面介绍两种特殊形式的二叉树。

一棵高度为 k 且具有 2^k-1 个结点的二叉树称为满二叉树。如图 6.9(a)是一棵满二叉树,满二叉树每层的结点数都是最大结点数。

同时满足下面三个性质的二叉树叫作完全二叉树。

(1) 设二叉树的高度为 k,则所有叶子结点都出现在第 k 层或第 $k-1$ 层;

(2) 第 $k-1$ 层所有的叶子结点都在非终结结点的右端;

(3) 除了第 $k-1$ 层的最右非终结结点可能有一个(只能是左分支)或两个分支外,其余非终结结点都有左、右两个分支。

完全二叉树如图 6.9(b)所示。

由满二叉树和完全二叉树的定义可知,满二叉树一定是完全二叉树,而完全二叉树不一定是满二叉树。

以下二叉树的性质是基于完全二叉树的。

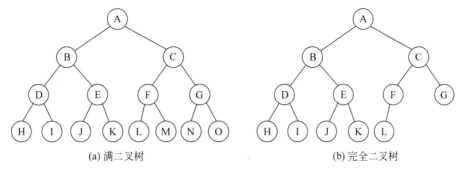

(a) 满二叉树　　　　　　　　　　　　　　(b) 完全二叉树

图 6.9　满二叉树和完全二叉树

性质 4　具有 n 个结点的完全二叉树的深度为 $\lfloor \mathrm{lb}n \rfloor + 1$。

证明：假设完全二叉树的深度为 k，则根据性质 2 和完全二叉树的定义有

$$2^{k-1} - 1 < n \leqslant 2^k - 1 \quad \text{或} \quad 2^{k-1} \leqslant n < 2^k$$

于是 $k - 1 \leqslant \mathrm{lb}n < k$，因为 k 是整数，所以 $k = \lfloor \mathrm{lb}n \rfloor + 1$。[①]

性质 5　对于一棵具有 n 个结点的完全二叉树，按照层次自上而下、自左而右的顺序给每个结点编号，则对任意编号为 $i(1 \leqslant i \leqslant n)$ 的结点有下列性质。

(1) 若 $i = 1$，则结点 i 是二叉树的根；若 $i > 1$，则结点 i 的双亲结点为 $\lfloor i/2 \rfloor$。

(2) 若 $2i < n$，则结点 i 有左孩子，其左孩子的编号为 $2i$，否则 i 无左孩子，是叶子结点。

(3) 若 $2i+1 < n$，则结点 i 有右孩子，其右孩子的编号为 $2i+1$，否则 i 无右孩子。

对于性质 5 读者可以在任何一棵完全二叉树上得到验证。

6.2.3　二叉树的基本操作

二叉树的基本操作如下。

(1) CREATE_BT(BT,LBT,RBT)：建立一棵以 BT 为根、LBT 为左子树、RBT 为右子树的二叉树。

(2) ROOT(BT)：返回二叉树 BT 的根结点的地址，若 BT 为空，则返回空值。

(3) VALUE(BT,e)：返回二叉树 BT 中结点 e 的值。

(4) PARENT(BT,e)：若 e 是二叉树 BT 的非根结点，则返回结点 e 的双亲结点的地址，否则返回空值。

(5) LCHILD(BT,e)：返回二叉树 BT 中结点 e 的左孩子的地址，若 e 没有左孩子，则返回空值。

(6) RCHILD(BT,e)：返回二叉树 BT 中结点 e 的右孩子的地址，若 e 没有右孩子，则返回空值。

(7) TREEDEPTH(BT)：返回二叉树 BT 的高度。

(8) TREEEMPTY(BT)：判断二叉树是否为空，若为空，则返回 1，否则返回 0。

---

① 符号 $\lfloor x \rfloor$ 表示不大于 x 的最大整数，反之，$\lceil x \rceil$ 表示不小于 x 的最小整数。

6.3 二叉树的存储结构

6.3.1 顺序存储结构

二叉树可以使用一组连续的存储单元来存储,一般使用一维数组来存储一个完全二叉树,将一棵完全二叉树按照层次从上到下、从左到右的顺序给每个结点编号,按编号的顺序将每个结点的值存储到对应的数组单元中,即第 i 个结点对应存储到下标值为 $i-1$ 的单元中。图 6.10 所示是图 6.9(b)中的完全二叉树的顺序存储结构。对于非完全二叉树,则需要将其转换为完全二叉树的形式,再存储到一维数组中,不存在的结点存储空值。非完全二叉树的顺序存储如图 6.11 所示。

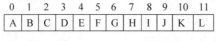

图 6.10　完全二叉树的顺序存储结构

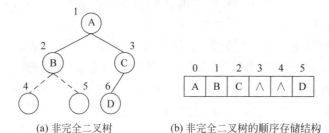

(a) 非完全二叉树　　　　　　(b) 非完全二叉树的顺序存储结构

图 6.11　非完全二叉树的顺序存储

二叉树的顺序存储结构使用 C 语言描述如下:

```
#define DATATYPE2 char
#define MAXSIZE 100
typedef struct
{
    DATATYPE2 BT[MAXSIZE];
    int btnum;
}BTSEQ;
```

6.3.2 链式存储结构

设计不同的结点结构可构成不同的链式存储结构。

1. 二叉链表

根据二叉树每个结点可能有左、右子树的特点,使用链式存储结构来存储二叉树,二叉树的链式存储结构又叫作二叉链表。二叉链表的每个结点具有三个域,如图 6.12 所示,其中 lchild 是指向该结点左孩子的指针,rchild 是指向该结点右孩子的指针,data 用来存储该结点本身的值。图 6.11(a)中的二叉树用链式存储结构表示如图 6.13 所示。任何一棵二叉树都可以用二叉链表存储,不论是完全二叉树还是非完全二叉树。

二叉树的链式存储结构使用 C 语言描述如下：

```
# define DATATYPE2 char
typedef struct node
{
    DATATYPE2 data;
    struct node * lchild, * rchild;
}BTLINK;
```

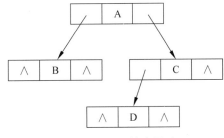

图 6.12　二叉链表中的结点结构　　　　　　　图 6.13　二叉链表图示

下面给出以二叉链表作为存储结构构造二叉树的算法，该算法利用二叉树的性质 5。将任意一棵二叉树按照完全二叉树进行编号，然后输入各个结点的编号和数据值，根据输入的结点的信息建立新的结点，并根据结点的编号，利用二叉树的性质 5，将该结点链接到二叉树的对应位置上。算法设置一个一维数组 q，用来存储每个结点的地址值，$q[i]$ 中存放对应编号为 i 的结点的地址值。

```
BTLINK * createbt()
{
    BTLINK * q[MAXSIZE];
    BTLINK * s;
    char n;
    int i,j;
    printf("输入二叉树各结点的编号和值：\n");
    scanf("% d, % c",&i,&n);
    while(i!= 0 && n!= ' $ ')
    {   s = (BTLINK * )malloc(sizeof(BTLINK));      //生成一个结点
        s -> data = n;
        s -> lchild = NULL;
        s -> rchild = NULL;
        q[i] = s;
        if(i!= 1)                                   //表示不是根结点
        {   j = i/2;                                //求 i 的双亲结点的编号
            if(i % 2 == 0)                          //i 为 j 的左孩子
                q[j] -> lchild = s;
            else                                    //i 为 j 的右孩子
                q[j] -> rchild = s;
        }
        printf("输入二叉树各结点的编号和值：\n");
        scanf("% d, % c",&i,&n);
    }
    return(q[1]);                                   //q[1]中存放的是根结点的地址
}
```

2. 三叉链表

三叉链表的结点结构是在二叉链表的三个域之上，再增加一个指针域，用来指向结点的父结点，结点结构定义如下：

```
typedef struct BTNode_3
{  DATATYPE2  data;
struct BTNode_3  * lchild, * rchild, * parent;
}BTNode_3;
```

三叉链表的结点结构如图 6.14 所示。图 6.11(a)中的二叉树对应的三叉链表如图 6.15 所示。

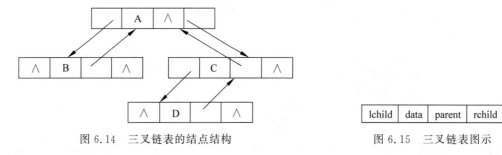

图 6.14 三叉链表的结点结构   图 6.15 三叉链表图示

6.4 二叉树的遍历

遍历二叉树是指按指定的规律对二叉树中的每个结点访问一次且仅访问一次。所谓访问是指对结点做某种处理，例如输出信息、修改结点的值等。二叉树的遍历是二叉树的一个重要的操作，许多关于二叉树的操作都基于二叉树的遍历，例如查找二叉树中具有某种特征的结点或对二叉树中的全部结点逐一进行处理等操作。二叉树遍历的实质是将非线性结构的数据线性化的过程。二叉树是一种非线性结构，每个结点都可能有左、右两棵子树，因此，需要寻找一种规律，使二叉树上的结点能排列在一个线性队列上，从而便于遍历。由于二叉树的基本组成可分为根结点、左子树和右子树，因此若能依次遍历这三部分，就是遍历了二叉树。

若以 L、D、R 分别表示遍历左子树、遍历根结点和遍历右子树，则有 6 种遍历方案，即 DLR、LDR、LRD、DRL、RDL、RLD。若规定先左后右，则只有前 3 种情况，分别是：

DLR——前（根）序遍历。

LDR——中（根）序遍历。

LRD——后（根）序遍历。

对于二叉树的遍历，分别讨论递归遍历算法和非递归遍历算法。递归遍历算法具有非常清晰的结构，但初学者往往难以接受或怀疑，不敢使用。实际上，递归算法是由系统通过使用堆栈来实现控制的。而非递归算法中的控制是由设计者定义和使用堆栈来实现的。

二叉树的遍历除了上述 3 种方法以外，还有层次顺序遍历，下面分别对这 4 种访问方式加以介绍。

6.4.1 前序遍历

前序遍历二叉树的操作定义为：

若二叉树为空,则退出；否则

(1) 访问根结点；

(2) 前序遍历左子树；

(3) 前序遍历右子树。

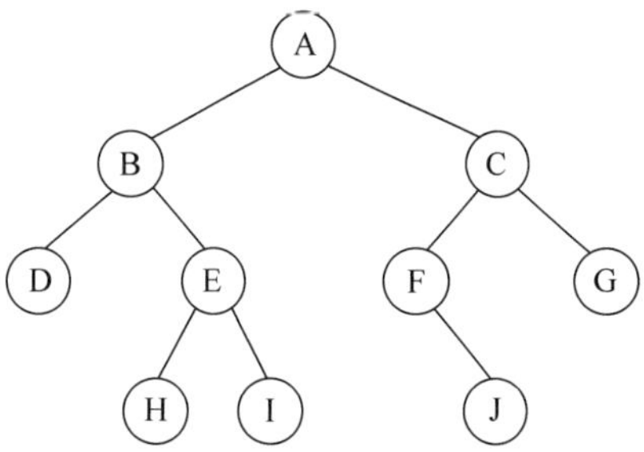

对图 6.16 所示的二叉树进行前序遍历的结果为 A、B、D、E、H、I、C、F、J、G。

前序遍历操作是以递归的形式给出的,其递归算法如下：

图 6.16　二叉树

```
void preorder(BTLINK * bt)
{
    if(bt!= NULL)
    {   visit(bt->data);
            //visit 函数是访问结点的数据域,其要求视具体问题而定
        preorder(bt->lchild);
        preorder(bt->rchild);
    }
}
```

6.4.2 中序遍历

中序遍历二叉树的操作定义为：

若二叉树为空,则退出；否则

(1) 中序遍历左子树；

(2) 访问根结点；

(3) 中序遍历右子树。

对图 6.16 所示的二叉树进行中序遍历的结果为 D、B、H、E、I、A、F、J、C、G。

中序遍历的递归算法如下：

```
void inorder(BTLINK * bt)
{
    if(bt!= NULL)
    {   inorder(bt->lchild);
        visit(bt->data);
            // visit 函数是访问结点的数据域,其要求视具体问题而定
        inorder(bt->rchild);
    }
}
```

下面给出中序遍历的非递归算法。设 bt 是指向二叉树根结点的指针变量,非递归算法如下。

若二叉树为空,则返回；否则,令 p＝bt。

(1) 若 p 不为空,则 p 进栈,p＝p->lchild。

(2) 否则(即 p 为空),退栈到 p,访问 p 所指向的结点。

(3) p＝p－＞rchild,转(1)。

直到栈空为止。

算法实现:

```
#define MAX_NODE   50
void   InorderTraverse(BTNode   * bt)
{   BTNode   * Stack[MAX_NODE] , * p = bt;
    int   top = 0, bool = 1;
    if   (bt == NULL)   printf(" Binary Tree is Empty!\n");
    else   { do
                 { while (p!= NULL)
                       {   stack[++top] = p;   p = p -> lchild ;   }
                   if   (top == 0)   bool = 0;
                   else   {   p = stack[top];   top -- ;
                              visit(p -> data);   p = p -> rchild; }
                 }   while (bool!= 0);
               }
    }
}
```

6.4.3 后序遍历

后序遍历二叉树的操作定义为:

若二叉树为空,则退出;否则

(1) 后序遍历左子树;

(2) 后序遍历右子树;

(3) 访问根结点。

对图 6.16 所示的二叉树进行后序遍历,输出结果为 D、H、I、E、B、J、F、G、C、A。

后序遍历的递归算法如下:

```
void postorder(BTLINK * bt)
{
    if(bt!= NULL)
    {   postorder(bt -> lchild);
        postorder(bt -> rchild);
        visit(bt -> data);
            // visit 函数是访问结点的数据域,其要求视具体问题而定
    }
}
```

前序遍历和后序遍历也可以通过非递归的遍历算法来实现,此处不再给出具体算法,给读者留出思考的空间。

6.4.4 层次遍历

对二叉树的遍历除了采用以上 3 种遍历方式外,还可以按照层次,从上到下、从左到右依次输出二叉树每层上的各个结点值。对于图 6.16 所示的二叉树按层次遍历的结果为 A、B、C、D、E、F、G、H、I、J。其算法可以借助一个队列作为辅助存储工具,具体算法实现如下:

```
#define MAXSIZE 100
void level(BTLINK * bt)
```

```
{
    BTLINK   * q[MAXSIZE], * p;
    int front, rear;
    front = 0;
    rear = 0;                                    //初始化空队列
    if(bt!= NULL)
    {   rear = (rear + 1) % MAXSIZE;
        q[rear] = bt;                            //二叉树不空,根结点入队列
    }
    while(front!= rear)
    {   front = (front + 1) % MAXSIZE;
        p = q[front];
        visit(bt -> data);
            //visit 函数是访问结点的数据域,其要求视具体问题而定
        if(p -> lchild!= NULL)                   //p 的左子树不空,左子树入队列
        {   rear = (rear + 1) % MAXSIZE;
            q[rear] = p -> lchild;
        }
        if(p -> rchild!= NULL)                   //p 的右子树不空,右子树入队列
        {   rear = (rear + 1) % MAXSIZE;
            q[rear] = p -> rchild;
        }
    }
}
```

6.5 线索二叉树

6.5.1 线索二叉树的概念

6.4 节关于二叉树的遍历操作是将一个非线性的结构线性化的过程,使每个结点(除第一个和最后一个外)在线性序列中只有一个前驱和后继。对于使用二叉链表存储的二叉树,可以不通过二叉树的遍历操作,直接找到某个结点的前驱和后继,这就要求建立一个线索二叉树。

使用二叉链表存储二叉树时,含有 n 个结点的二叉树中有 $n-1$ 条边指向其左、右孩子,这意味着在二叉链表中的 $2n$ 个指针域中只用到了 $n-1$ 个域,另外的 $n+1$ 个指针域是空的。可以考虑使用这些空的指针域来存储结点的线性直接前驱和直接后继的信息。

我们做如下规定:若结点有左子树,则让其 lchild 域指向左子树,否则令 lchild 域指向其前驱结点;若结点有右子树,则让其 rchild 域指向右子树,否则令 rchild 域指向其后继结点。为了区分 lchild 是指向左子树还是前驱,rchild 是指向右子树还是后继,设置两个标志 ltag 和 rtag。修改后的二叉链表的结点结构如图 6.17 所示。

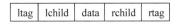

| ltag | lchild | data | rchild | rtag |

图 6.17 修改后的二叉链表的结点结构

其中:

$$ltag = \begin{cases} 0, & lchild 域指向结点的左子树 \\ 1, & lchild 域指向结点的前驱 \end{cases}$$

$$rtag = \begin{cases} 0, & rchild\ 域指向结点的右子树 \\ 1, & rchild\ 域指向结点的后继 \end{cases}$$

以上这种结点构成的二叉链表作为二叉树的存储结构,叫作线索链表。其中指向结点前驱和后继的指针叫作线索,加上线索的二叉树叫作线索二叉树。对二叉树进行不同的遍历,各个结点的前驱和后继是不同的,由此确定的线索二叉树也是不同的,根据不同的遍历方法,可以构建前序线索二叉树、中序线索二叉树、后序线索二叉树。图 6.18 描述了二叉树的 3 种线索化过程,图中虚线部分就是线索。请读者仔细体会 3 种线索二叉树中"线索"指向的变化。

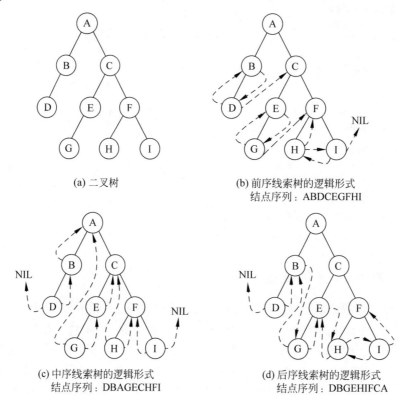

图 6.18 线索二叉树

对于图 6.18(a)所示的二叉树,与单链表类似,为了在线索二叉树中表示空树方便,增设一个头结点 head,线索二叉树中遍历序列中第一个结点没有前驱,则令其 lchild 指向头结点,序列中最后一个结点没有后继,则令其 rchild 指向头结点。规定二叉树 bt 作为头结点 head 的左孩子,head 作为其自身的右孩子。

图 6.19 以中序线索树为例,描述了中序线索树的存储结构——线索二叉链表。图 6.19 中的二叉树的最左结点 D 没有前驱,则令其 lchild 指向头结点,最右结点 I 没有后继,则令其 rchild 指向头结点。规定二叉树 bt 作为头结点 head 的左孩子,head 作为其自身的右孩子。

线索二叉树中每个结点的类型定义如下:

```
typedef struct thnode
{DATATYPE2 data;
```

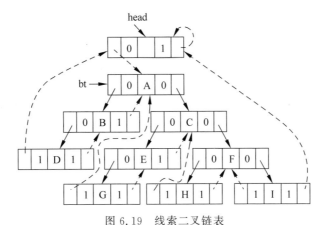

图 6.19　线索二叉链表

```
    struct thnode * lchild, * rchild;
    int ltag,rtag;
}THREADBT;
```

空的线索二叉树表示为：

head - > lchild = head; head - > rchild = head;

head - > ltag = 1; head - > rtag = 0;

下面以中序线索二叉树为例,介绍线索二叉树的建立及相关操作。

6.5.2　中序线索二叉树的构造算法

下面给出构造中序线索二叉树的算法,该算法是在已经建立的二叉树的基础上,按中序遍历的方式访问各结点时建立线索,最后得到线索二叉树的,具体算法使用 C 语言描述如下：

```
THREADBT * pre;                               //定义前驱结点
THREADBT * inthrbt(THREADBT * bt)
{
    THREADBT * head;
    head = (THREADBT * )malloc(sizeof(THREADBT));   //建立头结点
    head - > rtag = 0;
    head - > rchild = head;
    if(bt == NULL)
    {   head - > ltag = 1;
        head - > lchild = head;
    }
    else
    {   head - > ltag = 0;
        head - > lchild = bt;
        pre = head;                //给 pre 赋初始值,head 作为中序遍历第一个结点的前驱
        inthread(bt);              //中序线索化
        pre - > rchild = head;     //最后一个结点的后继线索指向 head
        pre - > rtag = 1;
    }
    return(head);
}
void inthread(THREADBT * p)        //对结点 p 按照中序遍历进行线索化
```

```
{
    if(p!= NULL)
    {   inthread(p->lchild);          //左子树线索化
        if(p->lchild == NULL)
        {   p->ltag = 1;
            p->lchild = pre;           //pre 指向当前结点的前驱
        }
        if(pre->rchild == NULL)
        {   pre->rtag = 1;
            pre->rchild = p;
        }
        pre = p;                       //修改 pre 的值
        inthread(p->rchild);           //右子树线索化
    }
}
```

6.5.3　查找线索二叉树上结点的前驱和后继

前文已经讲过,遍历二叉树可以按一定规则得到一个线性序列,如先序序列、中序序列或后序序列。这些序列除头尾外,都有且仅有一个前驱和一个后继。当遍历二叉树时,只能得到结点的左、右孩子信息,却不能直接得到结点的前驱和后继信息,只能从根结点遍历得到,由此引入了线索二叉树。使用线索二叉树就是为了加快查找结点前驱和后继的速度。

下面以中序线索二叉树为例,介绍如何访问某个结点的前驱结点。为了讲述方便,先给出一棵二叉树的中序线索二叉链表,如图 6.20 所示。显然,中序遍历序列为 DGBAECF。在中序线索树中若一个结点的左标志 ltag=1,则左指针为线索,指示结点的前驱。例如,结点 E 的左标志为 1,则左指针为线索,指向的 A 就是结点 E 的前驱。若 ltag=0,则结点的前驱应是遍历其左子树时访问的最后一个结点,即左子树中最右下的结点。例如,结点 B 的左标志为 0,则左指针不是线索,则 B 的左子树中最右下的结点 G 就是 B 的前驱。

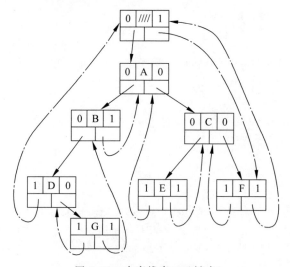

图 6.20　中序线索二叉链表

下面介绍如何访问中序线索二叉树上的某个结点的后继结点。若 rtag=1,则右指针为线索,指向结点的后继。例如,结点 E 的右标志为 1,结点 E 的右指针指向 C,结点 C 就是 E

的后继。若 rtag＝0,则结点的后继应是遍历其右子树时访问的第一个结点,即右子树中最左下的结点。例如,结点 A 的右标志为 0,结点 A 的后继应该是 A 的右子树最左下的结点 E。可见,在中序线索二叉树上查找结点的前驱和后继较为方便。但是在先序线索二叉树和后续线索二叉树上查找结点的前驱和后继有一定的限制。

下面介绍如何在先序线索二叉树(见图 6.21)上访问某个结点的后继结点。为了表示方便,只画出先序线索二叉树和先序遍历序列。在先序线索二叉树上,一个结点如果有左孩子,则左孩子就是其后继。例如,结点 B 有左孩子,则左孩子 A 就是 B 在先序遍历中的后继。如果没有左孩子但有右孩子,则右孩子就是其后继。例如,结点 C 没有左孩子但有右孩子,则右孩子 D 就是 C 的后继。如果没有左、右孩子,就是叶子结点,右标志为 1,则右链为线索,指向其后继。例如,结点 i 就是叶子,结点 i 的右链指向的结点 J 就是 i 的后继。显然,在先序线索二叉树上,访问某个结点的后继结点是方便的。但是,在先序线索二叉树上,访问某个结点的前驱结点是较困难的。为了表述方便,称当前结点为结点 p。如果结点 p 是二叉树的根,则 p 的前驱为空。例如,根结点 A 的前驱为空。如果 p 是其双亲的左孩子,或者 p 是其双亲的右孩子,并且其双亲无左孩子,则 p 的前驱是 p 的双亲结点。例如,结点 E 是结点 B 的左孩子,则 E 的前驱是 E 的双亲结点 B;又如,结点 D 是结点 C 的右孩子,则 D 的前驱也是 D 的双亲 C。如果 p 是双亲的右孩子且双亲有左孩子,则 p 的前驱,是其双亲的左子树中按先序遍历时最后访问的那个结点。例如,结点 F 是结点 A 的右孩子,并且 A 有左孩子,则 F 的前驱就是其双亲 A 的左子树中按先序遍历时最后访问的那个结点,也就是 D。显然,在线索二叉链表中查找一个结点的双亲是困难的。可以采用三叉链表查找双亲,也就是在二叉链表中再增加一个域,来指示该结点的双亲。

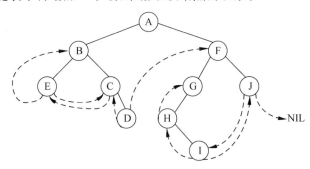

图 6.21　先序线索二叉树

但是,在后序线索二叉树(见图 6.22)上访问某个结点的前驱结点是比较方便的。以这棵后续线索二叉树为例,如果有右孩子,则右孩子就是其前驱。例如,结点 B 有右孩子,则 B 的右孩子 C 就是 B 的前驱。如果没有右孩子但有左孩子,则左孩子就是其前驱。例如,结点 G 没有右孩子,但是有左孩子,则 G 的左孩子 H 就是 G 的前驱。如果没有左、右孩子,就是叶子结点,左标志为 1,则左链为线索,指向其前驱。例如,结点 i 为叶子,则结点 i 的左链是线索,指向 i 的前驱 B。但是,在后序线索二叉树上,访问某个结点的后继结点却是困难的。以这棵后续线索二叉树为例,如果结点是二叉树的根,则后继为空。例如,根结点 A 是后序遍历序列中的最后一个结点,没有后继。如果结点是其双亲的右孩子,或是其双亲的左孩子且其双亲没有右子树,则其后继就是其双亲结点。例如,结点 F 是 A 的右孩子,则 F 的后继是其双亲 A;又如结点 H 是 G 的左孩子,并且 G 没有右子树,则 H 的后继也是其双亲

G。如果结点是其双亲的左孩子,且其双亲有右子树,则其后继为双亲的右子树上按后序遍历列出的第一个结点。例如,结点 B 是 A 的左孩子,并且 A 有右子树,则其后继为 A 的右子树上按后续遍历列出的第一个结点 i。由于需要通过双亲来访问后继,因此增加了在后序线索树中查找结点后继的难度。

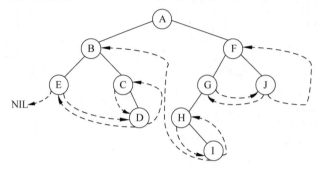

图 6.22　后序线索二叉树

二叉树的遍历本质上是将一个复杂的非线性结构转换为线性结构,使除了首尾的每个结点都有了唯一前驱和后继。对于二叉树的一个结点,查找其左、右孩子是方便的,但其前驱和后继只有在遍历中才能得到。为了容易找到前驱和后继,有两种方法:一是在结点结构中增加向前和向后的指针 fwd 和 bkd,这种方法增加了存储开销,不可取;二是利用二叉树的空链指针,也就是刚才学习的线索二叉树。

6.5.4　线索二叉树的遍历

1. 访问某个结点的后继结点

建立了线索二叉树以后,使得查找某个结点的前驱和后继变得简单起来,下面以中序线索二叉树为例,介绍如何访问某个结点 p 的后继结点。查找某个结点的后继可以分为以下两种情况。

(1) p 所指的右子树为空,则 p 的右线索即是 p 的后继。例如,图 6.18(c)中查找结点 G 的后继为 E;

(2) p 所指的右子树不空,则 p 的后继就是 p 的右子树的最左结点。例如,图 6.18(c)中查找结点 F 的后继为 I。

访问某个结点的后继结点的 C 语言算法描述如下:

```
THREADBT * innext(THREADBT * p)
{
    THREADBT * q;
    q = p -> rchild;
    if(p -> rtag == 0)
    {   while(q -> ltag == 0)
            q = q -> lchild;
    }
    return(q);
}
```

2. 遍历中序线索二叉树

遍历线索二叉树只要从该线索二叉树的起始结点出发,例如对中序线索二叉树,则从中序遍历该二叉树的第一个结点开始,不断地访问输出各个结点的后继结点,直至二叉树中的所有结点都访问输出为止。下面给出遍历中序线索二叉树的 C 语言算法。

```
void thrinorder(THREADBT * head)
{
    THREADBT * p;
    p = HEAD -> lchild;
    if(p!= head)
    {    while(p -> ltag == 0)
            p = p -> lchild;
    }
    while(p!= head)
    {    printf(" % 4c",p -> data);
        p = innext(p);
    }
}
```

上述遍历二叉树的算法简单方便,但是它是以在结点中增加线索为代价的,在实际应用中,是使用普通的二叉链表来存储二叉树还是使用增加了线索的二叉链表来存储二叉树,要根据具体的问题来确定。

6.6　哈夫曼树及其应用

6.6.1　哈夫曼树的定义

在介绍哈夫曼树之前,首先了解以下几个概念。

(1) 树的路径长度:树的根结点到每个结点的路径长度之和。

在树的实际应用中,树的每个结点经常被赋予一个具有某种意义的数值,把这个数值称为该结点的权值,权值与该结点到根结点路径长度的乘积称为带权路径长度。

(2) 树的带权路径长度:树中所有叶子结点的带权路径长度之和,记为 $WPL = \sum_{i=1}^{n} W_i L_i$,其中 n 为叶子结点的个数,W_i 是结点 i 的权值,L_i 是从根结点到结点 i 的路径长度。

(3) 哈夫曼树:又称为最优二叉树,假设有 n 个权值 $\{w_1, w_2, \cdots, w_n\}$,构造一棵有 n 个叶子结点的二叉树,每个叶子结点 i 带有权值 w_i,则其中 WPL 最小的二叉树称为哈夫曼树。

例如图 6.23 所示的三棵二叉树,它们都有 4 个叶子结点,都带有权值 $\{3,4,6,9\}$,它们的 WPL 分别如下。

① WPL = $3 \times 2 + 4 \times 2 + 6 \times 2 + 9 \times 2 = 44$;

② WPL = $9 \times 1 + 6 \times 2 + 3 \times 3 + 4 \times 3 = 42$;

③ WPL = $3 \times 1 + 9 \times 2 + 4 \times 3 + 6 \times 3 = 51$。

通过计算可知,图 6.23(b) 的 WPL 值最小,图 6.23(b) 即为哈夫曼树,因为结点 A 和结点 B 的位置交换后不影响 WPL 值,所以哈夫曼树不是唯一的。

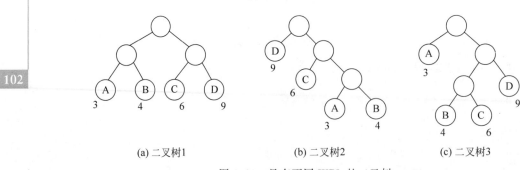

(a) 二叉树1　　　　　　　(b) 二叉树2　　　　　　　(c) 二叉树3

图 6.23　具有不同 WPL 的二叉树

6.6.2　构造哈夫曼树

如何根据已知的 n 个权值构造出一棵哈夫曼树呢？下面给出的哈夫曼算法解决了此问题。

哈夫曼算法：

（1）对于给定的 n 个权值 $w_1, w_2, \cdots, w_n$，使其构成 n 棵二叉树的集合 $T=\{w_1, w_2, \cdots, w_n\}$；

（2）从 T 中选择出权值最小的两棵二叉树 w_i、w_j 作为左、右子树，构成一棵新的二叉树，根结点的权值为 $w_{i+}w_j$，将这棵新的二叉树加入 T 中，同时删除 T 中的 w_i 和 w_j；

（3）重复过程（2），直到 T 只有一棵二叉树时为止，这棵二叉树就是所求的最优二叉树。构造哈夫曼树的过程如图 6.24 所示，给定的权值为 $\{12,8,6,3,5\}$。

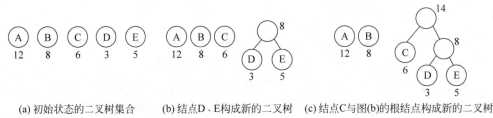

(a) 初始状态的二叉树集合　(b) 结点D、E构成新的二叉树　(c) 结点C与图(b)的根结点构成新的二叉树

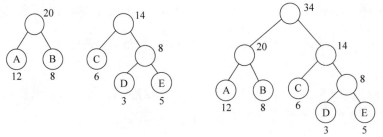

(d) 结点A、B构成新的二叉树　　　　　　(e) 最优二叉树

图 6.24　哈夫曼树的生成过程

6.6.3　哈夫曼树的应用

1. 判定问题

在解决某些判定问题时，利用哈夫曼树可以得到最佳判定算法。例如，要编写一个按照学生的成绩给出成绩的字母等级的程序，其中 90～100 分为 A，80～89 分为 B，70～79 分为

C,60～69分为D,0～59分为E,如果各分数段的成绩是平均分布的,则采用如图6.25(a)所示的二叉树进行判定即可实现。但通常情况下,各分数段的成绩并不是平均分布的,假设各分数段的分布如表6.1所示。

表6.1 各分数段成绩分布情况表

分数/分	0～59	60～69	70～79	80～89	90～100
比例/%	5	15	40	30	10

由于成绩分布不均匀,若采用图6.25(a)所示的二叉树进行判定,可以看出80%以上的数据需要经过至少三次比较才能得出结果。因此可以利用哈夫曼树来进行判定程序的设计,以比例值作为权值构造哈夫曼树,如图6.25(b)所示,可以看出大部分数据经过较少次数的比较就可得出结果。由于图6.25(b)中每个判定框都有两次比较,将这两次比较分开,得到如图6.25(c)所示的判定树,按此判定树可写出相应的程序。假设现有10 000个输入数据,按图6.25(a)所示的判定过程进行操作,需比较31 500次,若按图6.25(c)所示的判定过程进行操作,则仅需要比较22 000次。

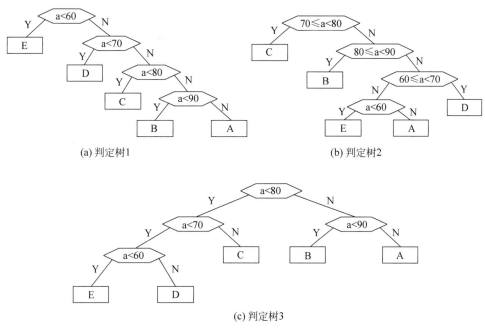

图6.25 判定过程

2. 哈夫曼编码

哈夫曼树的另一个应用就是哈夫曼编码。在通信或数据传输中,通常要对组成信息的字符进行编码,假设全部信息出自于由8个字符构成的字符集{A,B,C,D,E,F,G,H},这8个字符可以采用3位二进制对其进行编码,即000、001、010、011、100、101、110、111,如果传递的信息为BAD,则对应的编码为001000011,接收方只要按编码规则进行解码就可以了。但是,在传输数据的过程中,人们总是希望传输的数据长度尽可能短,如果对字符设计长度不同的编码,且让信息中出现次数较多的字符采用尽可能短的编码,则传送的信息总长便可以减少。另外,在编码之后,信息传递到接收方后,接收方应能保证正确地解码,这就要求在编码的过程中不能产生二义性,也就是在编码时,使任意一个字符的编码不会是另外其他任何字符编码的前缀。为了保证上面两个要求的实现，可以统计字符集中每个字符出现的概率，以概率作为权值构造哈夫曼树，并且对得到的哈夫曼树所有的左分支赋值0、右分支赋值1，从根结点出发，到每个叶子结点经过的路径扫描得到的二进制位串就是对应叶子结点的编码。

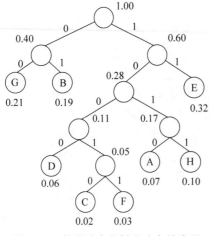

图 6.26　构造哈夫曼树及哈夫曼编码

例如，对上述的8个字符组成的字符集{A,B,C,D,E,F,G,H}，各字符出现的概率为{0.07,0.19,0.02,0.06,0.32,0.03,0.21,0.10}，设计哈夫曼编码的过程如图6.26所示。各字符编码为{1010,01,10010,1000,11,10011,00,1011}，例如BAD的编码为0110101000，哈夫曼编码的平均编码长度为

$$\sum_{i=1}^{8} w_i l_i = 0.07\times4+0.19\times2+0.02\times5+0.06\times4+0.32\times2+0.03\times5+0.21\times2+0.10\times4=2.55,$$

而前面用3位二进制编码的平均编码长度为3。由此可见，哈夫曼编码是较好的编码方法。

6.7　树与森林

6.7.1　树的存储结构

1. 双亲表示法

对一棵树 T 中的各结点按层次从上到下、从左到右的顺序编号，按照编号将其存入一组连续的存储空间，即编号为 i 的结点的值存入下标为 i−1 的单元中，另外，根据树中每个结点 i 都有一个父亲的特点，将其父结点所在单元的下标也存入对应的 i−1 单元中，这样每个单元中存储了两方面的信息：一方面是结点的数据信息；另一方面是该结点的父结点的信息。使用 C 语言来描述每个结点的信息如下：

```
typedef struct
{
    DATATYPE2 data;
    int parent;
}PTNODE;
```

树的结构描述如下：

```
typedef struct
{
    PTNODE nodes[MAXSIZE];
    int nodenum;
}PTTREE;
```

图 6.27(a)所示的树使用双亲表示法存储如图 6.27(b)所示。

使用双亲表示法可以很容易完成求某一结点的双亲结点的操作，但如果要求某一结点的子结点则较麻烦，需要扫描整个数组才能找到。

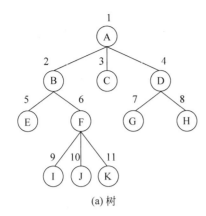

0	1	2	3	4	5	6	7	8	9	10
A	B	C	D	E	F	G	H	I	J	K
−1	0	0	0	1	1	3	3	5	5	5

(a) 树   (b) 树的双亲表示

图 6.27　树的双亲表示法

2. 孩子表示法

孩子表示法又称为邻接表表示,是将一个结点的所有子结点链接形成一个单链表,树中有若干结点,因此会形成若干单链表,将这些单链表的首地址存储在一个一维数组中,同时数组中还存储每个结点的数据值。图 6.27(a)所示的树的邻接表表示如图 6.28 所示。树的邻接表表示能够很方便地实现查找某一结点子结点的操作。树使用邻接表存储,其结构描述如下:

```
typedef struct node
{
    int child;
    struct node * next;
}CHILDLINK;                        //定义子结点形成的单链表中结点的结构
typedef struct
{
    DATATYPE2 data;
    CHILDLINK * link;
}CTNODE;                           //定义一维数组中结点的结构
typedef CTNODE nodes[MAXSIZE] CTREE;    //定义树的结构
```

图 6.28　树的邻接表表示法

3. 孩子兄弟表示法

孩子兄弟表示法是利用二叉链表的结点结构,即每个结点包括 3 个域:一个数据域用来存储结点的数据值;另外两个是指针域,其中一个用来指向结点的最左孩子,另一个用来指向结点的右兄弟。图 6.29(a)所示的树用孩子兄弟表示法表示如图 6.29(b)所示。树使用孩子兄弟表示法表示,其结构描述如下:

```
typedef struct node
{
    DATATYPE2 data;
    struct node * leftlchild, * rightsibling;
}CSNODE;
typedef  CSNODE  * T  CSTREE;
```

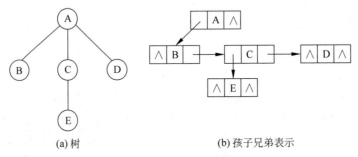

| (a) 树 | (b) 孩子兄弟表示 |

图 6.29　树的孩子兄弟表示法

以上介绍了树的 3 种存储表示方法,在具体问题中使用哪种表示方法,要根据不同的算法要求选用不同的存储方式。

6.7.2　树、森林与二叉树的转换

1. 树与二叉树的相互转换

由于树和二叉树都可以使用二叉链表的结点结构作为存储结构,则利用树的孩子兄弟表示法可以将一棵树转换成一棵二叉树。转换的过程如下: 将一棵树使用孩子兄弟表示法存储,对每个结点,让 leftchild 指针指示的最左孩子作为转换后二叉树对应结点的左子树,rightsibling 指针指示的右兄弟作为转换后二叉树对应结点的右子树。图 6.30 给出了图 6.29(a)所示的树转换后的二叉树。因为根结点没有右兄弟,所以转换后二叉树根结点就没有右子树。

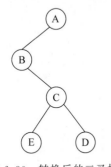

图 6.30　转换后的二叉树

同样,二叉树也可以转换为树,转换过程是上面过程的逆过程,即对二叉树的每个结点,让左子树作为转换后对应树的结点的最左孩子,右子树作为转换后对应树的结点的右兄弟。

2. 森林与二叉树的相互转换

森林转换为二叉树的过程如下。

(1) 将森林中的每棵树都转换为二叉树;

(2) 让第 n 棵转换后的二叉树作为第 $n-1$ 棵二叉树的右子树,第 $n-1$ 棵二叉树作为第 $n-2$ 棵二叉树的右子树,以此类推,第二棵二叉树作为第一棵二叉树的右子树,直到最后只剩一棵二叉树为止。

森林转换为二叉树的过程如图 6.31 所示。

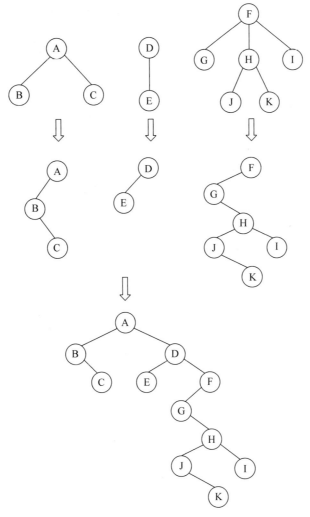

图 6.31 森林转换为二叉树

二叉树转换成森林的过程如下：

（1）将二叉树从根结点开始，沿着右子树的方向，断开所有的右子树，得到若干棵无右子树的二叉树；

（2）将这若干棵二叉树按照二叉树转换为树的方法，转换为 n 棵树，即得到对应的森林。

6.7.3　树和森林的遍历

树可以进行先根遍历和后根遍历，森林可以进行先序、中序和后序遍历。这些遍历都属于深度遍历。而树和森林的层次遍历属于广度遍历，也称为宽度遍历。

1. 树的先根遍历（深度遍历）

若树不空，则遍历过程如下：

（1）访问根结点；

（2）从左至右依次先根遍历根结点的各棵子树。

以图 6.32 为例来看树的先根遍历。若树不空，则遍历过程如下：先访问根结点，再从左至右,依次先根遍历根结点的各棵子树。对当前这棵树进行先根遍历,先访问根结点 A,再先根遍历第一棵子树,即先访问第一棵子树的根结点 B,再依次先根遍历 B 的 3 棵子树 D、E、F,此时,A 的第一棵子树遍历完毕。再先根遍历 A 的第二棵子树,即访问 C 之后再访问 G,得到树的先根遍历序列。之前,我们学习过树可以和二叉树进行相互转换,那么,树的遍历序列和二叉树的遍历序列是否有对应关系呢? 先将这棵树转换为二叉树,再对二叉树进行先序遍历。得到先序遍历序列,发现二叉树的先序遍历序列与树的先根遍历序列相等。

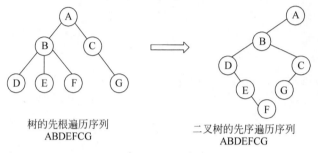

树的先根遍历序列
ABDEFCG

二叉树的先序遍历序列
ABDEFCG

图 6.32　树的先根遍历

2. 树的后根遍历(深度遍历)

若树不空,则遍历过程如下:

(1) 从左至右依次后根遍历根结点的各棵子树;

(2) 访问根结点。

以图 6.32 为例来看树的后根遍历。若树不空,则遍历过程如下:先从左至右依次后根遍历根结点的各棵子树;再访问根结点。对当前这棵树进行后根遍历,先从左至右,后根遍历根结点 A 的各棵子树,即先进行后根遍历第一棵子树,重复后根遍历过程,最先访问的是结点 D,后面依次是 E、F、B、G、C、A,得到树的后根遍历序列。那么树转换后的二叉树上哪种遍历能与其对应呢? 先对该二叉树进行中序遍历,得到的中序遍历序列为 D、E、F、B、G、C、A。显然,树的后根遍历序列与转换后的二叉树中序遍历序列相等。因为树中结点的子树可以多于两棵,所以树没有中序遍历。

现在来学习森林的先序遍历。

3. 森林的先序遍历(深度遍历)

若森林非空,则遍历过程如下:

(1) 访问第一棵树的根;

(2) 先序遍历第一棵树的根结点的子树构成的森林;

(3) 先序遍历其余的树(第二棵树,第三棵树,…)构成的森林。

如果森林非空,以图 6.33 为例,则森林的先序遍历过程如下:访问第一棵树的根;再先序遍历第一棵树的根结点的子树构成的森林;然后先序遍历其余的树,也就是第二棵树、第三棵树等构成的森林。对下方森林进行先序遍历,先访问第一棵树的根 A,再先序访问 A 的第一棵子树,由于 A 的第一棵子树只有一个结点,即访问 B。同理,依次访问 C、D、E、F、G、H、I、J,从而得到森林的先序遍历序列。如果分别对森林中的树进行先根遍历,得到每棵树的先根遍历序列如图 6.33 所示。显然,森林的先序遍历序列等于森林中每棵树的先根遍历序列的拼接。

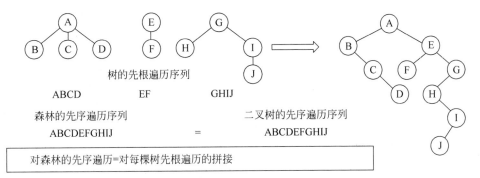

树的先根遍历序列

ABCD   EF   GHIJ

森林的先序遍历序列   二叉树的先序遍历序列

ABCDEFGHIJ   =   ABCDEFGHIJ

对森林的先序遍历=对每棵树先根遍历的拼接

图 6.33　森林的先序遍历

之前我们学习过森林和二叉树的转换，那么对转换后的二叉树进行哪种遍历，得到的遍历序列会与森林的先序遍历序列相等呢？先将森林转换为二叉树，对该二叉树进行先序遍历，得到了先序遍历序列。显然，森林的先序遍历序列与二叉树的先序遍历序列相等。

现在来学习森林的中序遍历。

4．森林的中序遍历（深度遍历）

若森林非空，则遍历过程如下：

（1）中序遍历第一棵树的根结点的子树构成的森林；

（2）访问第一棵树的根；

（3）中序遍历其余的树（第二棵树，第三棵树，…）构成的森林。

如果森林非空，以图 6.33 为例，则森林的中序遍历过程如下：先中序遍历第一棵树的根结点的子树构成的森林；再访问第一棵树的根；然后中序遍历其余的树，即第二棵树、第三棵树等构成的森林。对下方森林进行中序遍历，先中序遍历第一棵树的根结点的子树构成的森林，得到序列 B、C、D。再访问第一棵树的根 A。然后中序遍历其余的树，重复上述过程，得到序列 F、E、H、J、I、G，从而得到森林的中序遍历序列。如果分别对森林中的树进行后根遍历，得到每棵树的后根遍历序列。显然，森林的中序遍历序列等于森林中每棵树的后根遍历序列的拼接。对森林转换后的二叉树进行中序遍历，得到的中序遍历序列与森林的中序遍历序列相等。即

森林的中序遍历序列   二叉树的中序遍历序列

BCDAFEHJIG   =   BCDAFEHJIG

对森林的中序遍历=对每棵树后根遍历的拼接

现在来学习森林的后序遍历。

5．森林的后序遍历（深度遍历）

若森林非空，则遍历过程如下：

（1）后序遍历（第一棵树的根结点的子树构成的森林）；

（2）后序遍历其余的树（第二棵树，第三棵树，…）构成的森林；

（3）访问第一棵树的根。

如果森林非空，则遍历过程如下：先进行后序遍历第一棵树的根结点的子树构成的森林；再后序遍历其余的树，即第二棵树、第三棵树等构成的森林；然后访问第一棵树的根。对下方森林进行后序遍历，先进行后序遍历第一棵树的根的子树森林，得到序列 D、C、B；再后序遍历其余的树，重复这个过程，得到序列 F、J、I、H、G、E、A，从而得到森林的后序遍历

树和二叉树

序列。对转换后的二叉树进行后序遍历,得到的后序遍历序列与森林的后序遍历序列相等。在图6.33中,有

森林的后序遍历序列		二叉树的后序遍历序列
DCBFJIHGEA	=	DCBFJIHGEA

读者可能已经体会到,森林的后序遍历过程与之前的遍历过程相比较为特殊。在遍历的过程中会有一些麻烦,例如,森林中的树的结点在后序遍历时,可能被割裂成两部分;同时,对树根的访问被推迟到其余树上结点都访问完毕才进行;并且森林的后序遍历在逻辑上不自然。因此,一般不用后序遍历。

以上遍历都属于深度遍历,而森林的层次遍历是一种广度遍历。

6. 森林的层次遍历(广度遍历)

若森林非空,则遍历过程如下:

(1) 按照从左到右的顺序,依次访问森林的树中处于第一层的结点;

(2) 按照同样顺序,依次访问处于第二层中的的结点;再访问第三层……

(3) 访问最下层的结点。

以图6.34为例,遍历过程如下:若森林非空,则先按照从左到右的顺序,依次访问森林的树中处于第一层的结点;再按照同样顺序,依次访问处于第二层中的的结点;再访问第三层等;最后访问最下层的结点。图中虚线表示层次遍历的顺序。对如图6.34所示森林进行层次遍历,得到序列为AEGBCDFHIJ。森林的层次遍历在逻辑上较为简单,易于掌握。

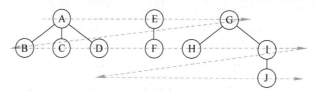

森林的层次遍历序列AEGBCDFHIJ

图6.34 森林的层次遍历

除了层次遍历以外,树和森林以及转换的二叉树在遍历上具有对应关系,如表6.2所示。掌握树、森林和二叉树的遍历,有利于更好地了解它们的逻辑结构,同时,遍历是很多算法的基础。

表6.2 遍历树、森林和二叉树的关系

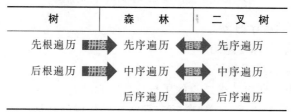

树	森 林	二 叉 树
先根遍历 拼接➡	先序遍历 ⬅相等➡	先序遍历
后根遍历 拼接➡	中序遍历 ⬅相等➡	中序遍历
	后序遍历 ⬅相等	后序遍历

6.8 二叉树的应用

【例6.1】 求二叉树的深度。

利用层次遍历算法可以直接求得二叉树的深度。

算法实现：

```
#define  MAX_NODE  50
int   search_depth(BTNode   * T)
{  BTNode   * Stack[MAX_NODE] , * p = T;
int   front = 0 , rear = 0, depth = 0, level;
/* level 总是指向访问层的最后一个结点在队列的位置 */
if   (T!= NULL)
{  Queue[++rear] = p;                        /* 根结点入队 */
level = rear;                                /* 根是第 1 层的最后一个结点 */
while (front < rear)
    {   p = Queue[++front];
        if (p -> Lchild!= NULL)
              Queue[++rear] = p;              /* 左结点入队 */
        if (p -> Rchild!= NULL)
              Queue[++rear] = p;              /* 左结点入队 */
         if (front == level)
            /* 正访问的是当前层的最后一个结点 */
            {  depth++;   level = rear;   }
     }
}
}
```

【例 6.2】 已知一棵二叉树的前序遍历序列为 EBADCFHGIKJ，中序遍历序列为 ABCDEFGHIJK，请画出该二叉树。

解题思路：前序遍历序列中第一个结点 E 必是根结点，找到根结点后再到中序遍历序列中确定左、右子树的结点值，结点 E 左边的结点序列是左子树的各个结点，结点 E 右边的结点序列是右子树的各个结点；然后再到前序遍历序列中找左、右子树的根结点，重复上述过程直到得到一棵确定的二叉树。本例所得二叉树如图 6.35 所示。

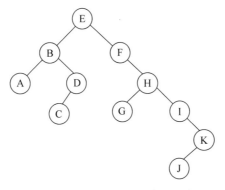

图 6.35 由前序遍历和中序遍历序列确定的二叉树

【例 6.3】 哈夫曼编码的算法实现。

（1）数据结构设计。

哈夫曼树中没有度为 1 的结点，因此 1 棵有 n 个叶子结点的哈夫曼树共有 $2n-1$ 个结点，则可存储在大小为 $2n-1$ 的一维数组中。实现编码的结点结构如图 6.36 所示。

weight	parent	lchild	rchild

图 6.36 哈夫曼编码的结点结构

weight：权值域；parent：双亲结点下标；lchild：左孩子结点下标；rchild：右孩子结点下标。

这样，求编码需从叶子结点出发走一条从叶子到根的路径，译码需从根结点出发走一条到叶子结点的路径。

结点类型定义如下：

```
#define   MAX_NODE   200                          //Max_Node > 2n−1
typedef struct
{       unsinged int weight ;                      //权值域
unsinged int parent, lchild, rchild;
} HTNode;
```

(2) 哈夫曼树的生成

算法实现如下：

```
void Create_Huffman(unsigned n, HTNode HT[], unsigned m)
                                     //创建一棵叶子结点数为 n 的哈夫曼树
{   unsigned   int   w;     int   k, j;
 for (k = 1; k < m; k++)
 {    if   (k <= n)
      {   printf("\n Please Input weight: w = ?");
          scanf("%d", &w); HT[k].weight = w;
      }                                //输入时,所有叶子结点都有权值
      else   HT[k].weight = 0;          //非叶子结点没有权值
      HT[k].parent = HT[k].lchild = HT[k].rchild = 0;
 }                                      //初始化数组 HT
 for (k = n + 1; k < m; k++)
 {    unsigned w1 = 32767, w2 = w1;
                                        //w1、w2 分别保存权值最小的两个权值
      int   p1 = 0, p2 = 0;
                                        //p1、p2 保存两个最小权值的下标
      for (j = 1; j <= k − 1; j++)
      {    if (HT[k].parent == 0)       //尚未合并
            {   if (HT[j].weight < w1)
                  {    w2 = w1; p2 = p1;
                       w1 = HT[j].weight; p1 = j;
                  }
               else if (HT[j].weight < w2)
                  {    w2 = HT[j].weight;   p2 = j;   }
            }                           //找到权值最小的两个值及其下标
 }
 HT[k].lchild = p1; HT[k].rchild = p2;
 HT[k].weight = w1 + w2;
 HT[p1].parent = k; HT[p2].parent = k;
 }
}
```

说明：生成哈夫曼树后，树的根结点的下标是 $2n-1$。

(3) 哈夫曼编码算法。

根据出现频度(权值)weight，对叶子结点的哈夫曼编码有以下两种方式：

① 从叶子结点到根逆向处理，求得每个叶子结点对应字符的哈夫曼编码。

② 从根结点开始遍历整棵二叉树，求得每个叶子结点对应字符的哈夫曼编码。

由哈夫曼树的生成过程可知，n 个叶子结点的树共有 $2n-1$ 个结点，叶子结点存储在数组 HT 中的下标值为 $1\cdots n$。编码是叶子结点的编码，只需对数组 $HT[1\cdots n]$ 的 n 个权值进行编码；每个字符的编码不同，但编码的最大长度是 n。

求编码时先设一个通用的指向字符的指针变量，求得编码后再复制。算法实现如下：

```
void Huff_coding(unsigned n, Hnode HT[], unsigned m)
                                        //m 应为 n+1，编码的最大长度 n 加 1
{   int  k, sp, fp;
    char * cd, * HC[m];
    cd = (char * )malloc(m * sizeof(char));      //动态分配求编码的工作空间
    cd[n] = '\0'                                  //编码的结束标志
    for (k = 1; k < n + 1; k++)                   //逐个求字符的编码
    {   sp = n; p = k; fp = HT[k].parent;
        for (  ; fp!= 0; p = fp, fp = HT[p].parent)
                                        //从叶子结点到根逆向求编码
            if  (HT[fp].parent == p)  cd[ -- sp] = '0';
            else   cd[ -- sp] = '1';
        HC[k] = (char * )malloc((n - sp) * sizeof(char));
                                        //为第 k 个字符分配保存编码的空间
        trcpy(HC[k], &cd[sp]);
    }
    free(cd);
}
```

本 章 小 结

（1）树状结构是一种非常重要的非线性结构，本章主要介绍了树状结构的相关概念和性质。

（2）在学习的过程中注意理解树和二叉树是两类不同的树状结构。

（3）本章涉及的算法较难理解。大部分算法都使用递归的方法来实现，在学习过程中，注意递归算法的递归调用层次。使用非递归方法实现的算法大多使用栈和队列来实现，注意栈和队列的使用。

（4）二叉树是本章学习的重点内容，二叉树的遍历操作是很多操作的基础，因此要很好地理解二叉树的遍历，并能进行应用。

（5）建立线索二叉树，可以不遍历二叉树，直接通过线索得到某个结点的前驱或后继。

（6）树、森林和二叉树之间通过转换存在一一对应的关系，遍历序列也存在着对应关系。

（7）哈夫曼编码是二叉树的一个典型应用。

知 识 拓 展

1. David Albert Huffman 与哈夫曼树

学习到这里，读者可能会问，为什么 WPL 值最小的二叉树被称为哈夫曼树？这是为了纪念这种特殊二叉树的发明人 David Albert Huffman。1951 年，Huffman 在麻省理工学院攻读博士学位，他和修读信息论课程的同学得选择是完成学期报告还是期末考试。导师出的报告题目是"查找最有效的二进制编码"。由于无法证明哪个已有编码是最有效的,Huffman放弃对已有编码的研究,转向新的探索,最终发现了基于有序频率二叉树编码的想法,并很快证明了这个方法是最有效的。Huffman使用自底向上的方法构建二叉树,避免了次优算法香农-范诺编码(Shannon-Fano coding)的自顶向下构建树这个最大弊端。1952年,Huffman在 *Proceedings of the IRE* 上发表了论文 *A method for the construction of munimum-redundancy codes*。之后,以哈夫曼树为基础的哈夫曼编码在数据压缩、图像压缩、信息高效传输和加密技术等领域都得到了广泛应用,直到今天,哈夫曼树的应用依然活跃在众多领域。这一切都源于一个学生的学期报告。

2. 用于投资的哈夫曼编码

从本质上讲,哈夫曼编码是将最宝贵的资源,也就是最短的编码,给出现概率最大的信息。除了编码外,但凡需要分配资源的工作,哈夫曼编码都有指导意义。下面来看一个利用哈夫曼编码的原理来进行资源分配的例子。假定有1亿美元可以用来进行风险投资,怎样投资效果最好? 第一种方法,平均地投入100个初创公司。基本上得到一个市场的平均回报。第二种方法,投入一家最可能的公司中。只投一家,这其实是赌博,很可能血本无归。第三种方法,利用哈夫曼编码原理投资。按照哈夫曼编码的原理,先把钱分成几部分逐步投入下去,只选那些表现好的公司,每一次投资的公司呈指数减少,而金额倍增。这种投资的回报要远远高于前两种。哈夫曼编码还可以对哪些领域有所启发? 请读者思考。

第7章 图

【本章学习目标】

本章介绍了图的基本概念、术语，以及使用邻接矩阵和邻接表实现图的存储的方法，通过实例引出概念，并在两种存储结构上使用 C 语言实现其相关的操作算法，包括图的遍历算法、构造最小生成树、求最短路径和进行拓扑排序等，同时进行时间复杂度的分析。通过本章的学习，要求：

- 了解图的基本概念和相关的术语；
- 熟练掌握图的邻接矩阵和邻接表以及图的深度遍历和广度遍历算法；
- 能够使用 Prim 和 Kruscal 算法构造最小生成树；
- 熟练掌握求某一源点到其余各顶点的最短路径的 Dijkstra 算法；
- 了解求每一对顶点之间的最短路径的 Floyd 算法；
- 熟练掌握拓扑排序的方法；
- 熟练掌握求关键路径的方法。

7.1 图的定义和基本术语

7.1.1 图的引例

假设有 6 个城市(1、2、3、4、5、6)如图 7.1 所示，已知每对城市间交通线的建造费用，要求建造一个连接 6 个城市的交通网，使任意两个城市之间都可以直接或间接到达。若要求总的建造费用最小，那么该如何建造这几个城市间的交通网呢？

以这 6 个城市为顶点，以交通线为边，边上的数值为建造交通线的费用，这样就构成了一个图的实例，求总的建造费用最小的交通网就是著名的求图的最小生成树问题。

图(Graph)是由欧拉(L. Euler)在 1736 年首先引进的另一类重要的非线性结构，可称为图状结构或网状结构。图状结构比树状结构更复杂、更常见，可以把前面讲到的线性结构和树状结构都看成简单的图状结构。

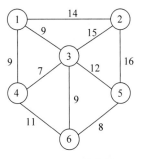

图 7.1 图的实例

在树状结构中，结点之间具有分支层次关系，每一层上的结点至多只能和上一层中的一个结点相关，但可能和下层的多个结点相关；而在图状结构中，任意两个结点之间都可能相关，即结点之间的邻接关系可以是任意的。图状结构可以描述各种复杂的数据对象，因此被广泛地应用于许多科学技术领域,如工程计划分析、统计力学、电子线路分析、寻找最短路径、语言学等。这就给计算机科学提出了一项重要的课题——如何在计算机中表示和处理图。关于图的理论是数学的研究内容,本章只介绍图的基本概念、图在计算机中的存储结构及有关图的常用算法等。

7.1.2 图的定义

(1) 图:图 G 由集合 V 和 E 组成,记为 G=(V,E),图中的结点又称为顶点,其中 V 是顶点的非空有穷集合,相关的顶点的偶对称为边,E 是边的有穷集合。

(2) 无向图:在图 G 中,如果代表边的顶点偶对是无序的,则称 G 为无向图(Undirected Graph)。把无向图中的无序偶对用圆括号括起来,用以表示一条边。例如(v_i, v_j)代表顶点 v_i 与 v_j 之间的一条无向边。显然,(v_i,v_j)和(v_j,v_i)所代表的是同一条边。图 7.2(a)是无向图,其顶点集合和边集如下:

$$V = \{v_1,v_2,v_3,v_4\}$$
$$E = \{(v_1,v_2),(v_1,v_3),(v_1,v_4),(v_2,v_3),(v_2,v_4),(v_3,v_4)\}$$

(3) 有向图:若图中代表边的偶对是有序的,则称 G 为有向图(Directed Graph)。有向图中的边又称弧(Arc)。用一对尖括号把有序偶对括起来,用以表示一条有向边(即弧)。例如$<v_i, v_j>$表示从顶点 v_i 到顶点 v_j 的一条弧,顶点 v_i 称为$<v_i,v_j>$的尾(Tail),v_j 称为$<v_i,v_j>$的头(Head),并用由尾指向头的箭头来形象地表示一条弧。显然,$<v_i,v_j>$和$<v_j,v_i>$是两条不同的弧。图 7.2(b)为一有向图,其顶点集合和边集如下:

$$V = \{v_1,v_2,v_3,v_4\}$$
$$E = \{<v_1,v_2>, <v_1,v_3>, <v_1,v_4>, <v_2,v_3>\}$$

注意:若$<v_i,v_j>$或$<v_j,v_i>$是 E(G)中的一条边,则应满足 $v_i \neq v_j$。

(4) 无向完全图:在一个具有 n 个顶点的无向图中,若每一个顶点与其他 $n-1$ 个顶点之间都有边相连,则共有 $n(n-1)/2$ 条边,这是任何具有 n 个顶点的无向图可能有的最大边数。一个拥有 $n(n-1)/2$ 条边的 n 个顶点的无向图,称为无向完全图。例如,图 7.2(a)是有 4 个顶点的无向完全图。

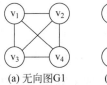

(a) 无向图G1   (b) 有向图G2

图 7.2 图的示例

(5) 有向完全图:在一个具有 n 个顶点的有向图中,最多可能有 $n(n-1)$ 条弧,具有 $n(n-1)$ 条弧的 n 个顶点的有向图称为有向完全图。请思考图 7.2(b)是有向完全图吗?

(6) 子图:对于图 G=(V,E)、$G'=(V',E')$,若有 $V' \in V$、$E' \in E$,则称图 G' 是 G 的一个子图。图 7.3 给出了图 7.2 的部分子图。

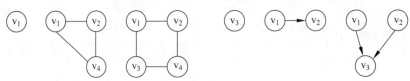

(a) 图7.2(a)的一些子图   (b) 图7.2(b)的一些子图

图 7.3 子图示例

7.1.3 图的基本术语

(1) **邻接**：若(v_1,v_2)是$E(G)$中的一条边,则称顶点v_1和v_2是相邻接(Adjacent)的顶点,而称边(v_1,v_2)是依附于顶点v_1和v_2的边。例如,在图7.2(a)中,与顶点v_1相邻接的顶点是v_2、v_3和v_4；图7.2(b)中$<v_1,v_2>$是有向图的一条弧,则称顶点v_1邻接至顶点v_2,顶点v_2邻接自顶点v_1,弧$<v_1,v_2>$依附于顶点v_1和v_2。

(2) **路径**：在图G中,从顶点v_p到顶点v_g的路径(Path)是顶点序列$(v_p,v_{i1},v_{i2},\cdots,v_{in},v_g)$,且$(v_p,v_{i1}),(v_{i1},v_{i2}),\cdots,(v_{in},v_g)$是$E(G)$中的边。若$G$是有向图,则路径也是有向的,由弧$<v_p,v_{i1}>,<v_{i1},v_{i2}>,\cdots,<v_{in},v_g>$组成。

(3) **路径长度**：路径上的边数称为路径长度。

(4) **简单路径**：在一条路径中,如果除了第一个顶点和最后一个顶点外,其余顶点都各不相同,则称这样的路径为简单路径。例如,图7.2(a)中,由边(v_1,v_2)、(v_2,v_4)、(v_4,v_3)构成的从顶点v_1到顶点v_3的路径可以写成序列(v_1,v_2,v_4,v_3)。路径(v_1,v_2,v_4,v_3)和(v_1,v_2,v_4,v_2)都是长度为3的路径。显然,前者是一条简单路径,而后者不是。

(5) **回路或环**：如果路径的起点和终点相同(即$v_p=v_q$),则称此路径为回路或环。

(6) **简单回路或者简单环**：序列中除第一个顶点与最后一个顶点之外,其他顶点不重复出现的回路为简单回路或者简单环。

(7) **顶点的度**：顶点的度是指依附于某顶点v_i的边数,通常记为$TD(v_i)$。在有向图中,要区别顶点的入度和出度的概念。所谓顶点v_i的入度是指以v_i为终点的弧的数目,记为$ID(v_i)$；所谓顶点v_i的出度是指以v_i为始点的弧的数目,记为$OD(v_i)$。显然

$$TD(v_i)=ID(v_i)+OD(v_i)$$

例如,图7.2(a)中顶点v_1的度$TD(v_1)=3$,图7.2(b)中顶点v_2的入度$ID(v_2)=1$,出度$OD(v_2)=1$,$TD(v_2)=2$。可以证明,对于具有n个顶点、e条边的图,顶点v_i的度$TD(v_i)$与顶点的个数及边的数目满足关系：

$$2e=\sum_{i=1}^{n}TD(v_i)$$

(8) **连通**：若从顶点v_i到顶点$v_j(i\neq j)$有路径,则v_i和v_j是连通的。

(9) **连通图**：如果无向图中任意两个顶点v_i和v_j都是连通的,则称此无向图是连通图。图7.2(a)是连通图。而图7.4(a)则是非连通图,但它有两个连通分量,如图7.4(b)所示。所谓**连通分量**,指的是无向图中的极大连通子图。

(10) **强连通图**：对于有向图来说,图中任意一对顶点v_i和$v_j(i\neq j)$均有从v_i到v_j及从v_j到v_i的有向路径,则称该有向图是强连通图。有向图中的极大强连通子图称为有向图的**强连通分量**。图7.2(b)不是强连通图,那么图7.5是图7.2(b)的两个强连通分量吗?请读者分析回答。如果有向图不考虑方向时是连通的,而考虑方向时是不连通的,则称该有向图是**弱连通图**。

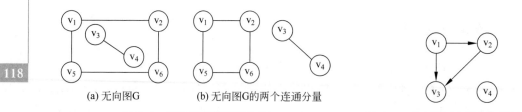

(a) 无向图G　　　　　(b) 无向图G的两个连通分量

图 7.4　无向图及其连通分量　　　　　图 7.5　有向图 G2 的 2 个强连通分量

7.2　图的存储结构

图的存储结构比较多,对图的存储结构的选择取决于具体的应用和欲施加的操作。下面介绍几种常用的存储结构。

7.2.1　数组表示法

1. 邻接矩阵

设 $G=(V,E)$ 是一个具有 $n(n \geqslant 1)$ 个顶点的图,用一个一维数组存放图中所有的顶点数据,用一个二维数组存放顶点间关系(边或弧)的数据,这个二维数组称为邻接矩阵(Adjacency Matrix)。邻接矩阵又分为有向图邻接矩阵和无向图邻接矩阵。G 的邻接矩阵是一个具有下列性质的 n 阶方阵:

$$A[i][j]=\begin{cases} 1, & 若(v_i,v_j) 或 <v_i,v_j> \in E(G) \\ 0, & 若(v_i,v_j) 或 <v_i,v_j> \notin E(G) \end{cases}$$

即若 (v_i,v_j) 或 $<v_i,v_j>$ 在 E(G) 之中时,则 $A[i][j]=1$,否则 $A[i][j]=0$。例如,图 7.2 的邻接矩阵如图 7.6 所示。

$$
\begin{array}{c}
\quad\quad 1\ 2\ 3\ 4 \\
(1)\ \begin{bmatrix} 0 & 1 & 1 & 1 \\ 1 & 0 & 1 & 1 \\ 1 & 1 & 0 & 1 \\ 1 & 1 & 1 & 0 \end{bmatrix}
\end{array}
\qquad
\begin{array}{c}
\quad\quad 1\ 2\ 3\ 4 \\
(1)\ \begin{bmatrix} 0 & 1 & 1 & 1 \\ 0 & 0 & 1 & 0 \\ 0 & 0 & 0 & 0 \\ 0 & 0 & 0 & 0 \end{bmatrix}
\end{array}
$$

　　　　(a) 图7.2(a)无向图的邻接矩阵　　　(b) 图7.2(b)有向图的邻接矩阵

图 7.6　图的邻接矩阵

用邻接矩阵来存储图,对应的结构使用 C 语言描述如下:

```
typedef char vextype;                          /* 顶点的数据类型 */
typedef struct
    {vextype vex[n+1];
     int arcs[n+1][n+1];
     }graph;
```

下面给出建立无向图的邻接矩阵的算法:

```
void creatgraph(graph * ga)                     /* 建立无向图 */
    {int   i,j,k;
        for(i=1;i<=n;i++) ga->vex[i]=getchar();   /* 读入顶点信息 */
        for(i=1;i<=n;i++)
```

```
        for(j = 1;j <= n;j++) ga -> arcs[i][j] = 0;          /* 邻接矩阵初始化 */
     for(k = 1;k <= e;k++)                                    /* 读入 e 条边 */
     {scanf{" % d % d",&i,&j};ga -> arcs[i][j] = 1;
      ga -> arcs[j][i] = 1;
     }
    }                                                         /* creatgraph */
```

2. 特点

(1) 无向图的邻接矩阵一定是对称的,而有向图的邻接矩阵不一定对称。因此,用邻接矩阵来表示一个具有 n 个顶点的有向图时需要 n^2 个存储单元来存储邻接矩阵;对有 n 个顶点的无向图则只须存入上(下)三角形,故只需 $n(n+1)/2$ 个存储单元。

(2) 对于无向图,邻接矩阵的第 i 行(或第 i 列)中非 0 元素的个数正好是第 i 个顶点的度 $TD(v_i)$;对于有向图,邻接矩阵的第 i 行(或第 i 列)非 0 元素的个数正好是第 i 个顶点的出度 $OD(v_i)$(或入度 $ID(v_i)$)。

(3) 用邻接矩阵表示图,很容易确定图中任意两个顶点间是否有边相连。但是,如果要用邻接矩阵来检测图 G 中共有多少条边,则必须按行、列对每个元素进行检测。这样所花的时间是较多的,所以用邻接矩阵来表示图也有局限性。

鉴于图的邻接矩阵表示法的局限性,提出图的另一种存储表示——邻接表。

7.2.2 邻接表

1. 邻接表简介

图的邻接表(Adjacency List)存储结构是一种顺序分配和链式分配相结合的存储结构。它包括两部分:一部分是链表;另一部分是向量。

在链表部分中共有 n(n 为顶点数)个链表,即每个顶点对应一个链表。每个链表由一个表头结点(见图 7.7(a))和若干表结点(见图 7.7(b))组成。表头结点用来指示第 i 个顶点 v_i 所对应的链表,表结点由顶点域 vertex 和链域 link 组成。顶点域指示了与 v_i 相邻接的顶点的序号,所以一个表结点实际上代表了一条依附于 v_i 的边;链域指示了依附于 v_i 的下一条边的结点。第 i 个链表就表示了依附于顶点 v_i 的所有的边。对于有向图来说,第 i 个链表就表示了从 v_i 发出的所有的弧。邻接链表的另一部分是一个向量,用来存储 n 个结点。向量的下标指示了顶点的序号,这样就可以随机地访问任意一个链表。

data	first

(a) 表头结点结构

vertex	link

(b) 表结点结构

图 7.7 邻接表的结点结构

链表结点的类型可定义如下:

```
typedef struct anode
{
    int vertex;
    struct anode * link;
}ANODE;
```

表头结点类型及存储表示描述如下:

```
#define M 30
typedef struct vnode
```

```
{
    anytype data;
    ANODE  * first;
}VNODE;
VNODE adjlist[M];
```

例如，对于图 7.2，其邻接表如图 7.8 所示。

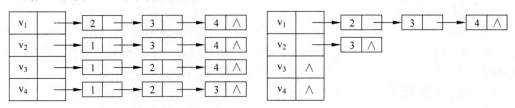

(a) 图7.2(a)无向图的邻接表   (b) 图7.2(b)有向图的邻接表

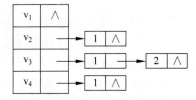

(c) 图7.2(b)有向图的逆邻接表

图 7.8   邻接表示例

下面给出建立无向图邻接链表的算法。

算法的基本思想：先将表头结点数组的指针域 first 置为空，然后每当输入一条边 (v_i, v_j)，就相应地为其所依附的两个顶点 v_j 和 v_i 建立两个表结点，并分别把顶点 v_j 的表结点插到第 i 个链表中，把顶点 v_i 的表结点插到第 j 个链表中，当图中所有的边输入完毕后，用(0,0)作为结束标志。现用 C 语言描述如下：

```
void create_adjlist(VNODE adjlist[], int n)
{/ * 依次输入无向图所有的边(vi,vj),建立无向图的邻接表.n 为图中的顶点个数 * /
    ANODE  * p;
    int i,j;
    for (i = 1;i < = n;i++)
       adjlist[i]. first = NULL;
       printf(" vi,vj = ");
       scanf(" % d, % d",&i,&j);
       while((i > 0)&&(j > 0))
         {p = (ANODE  * )malloc(sizeof(ANODE));
         p -> vertex = j;p -> link = adjlist[i].first;adjlist[i].first = p;
         p = (ANODE  * )malloc(sizeof(ANODE));
         p -> vertex = i;p -> link = adjlist[j].first;adjlist[j].first = p;
         scanf(" % d, % d",&i,&j);
         }
        }
```

在无向图的邻接表中，顶点 v_i 的度恰为第 i 个链表中的结点数；而在有向图中，第 i 个链表中的结点个数只是顶点 v_i 的出度，为求入度，必须遍历整个邻接表。在所有链接表中其邻接点域的值为 i 的结点的个数是顶点 v_i 的入度。有时，为了便于确定顶点的入度或以顶点 v_i 为头的弧，可以建立一个有向图的逆邻接表，即对每个顶点 v_i 建立一个链接以 v_i 为头的弧的表,例如图 7.8(c)所示为有向图的逆邻接表。

2. 特点

(1) 无向图中,第 i 个链表中的表结点数是顶点 v_i 的度;有向图中,第 i 个链表中的表结点数是顶点 v_i 的出度。

(2) 若无向图有 n 个顶点、e 条边,则邻接链表需 n 个表头结点和 $2e$ 个表结点。每个表结点有两个域。显然,对于边很少的图,用邻接表比用邻接矩阵要节省存储单元。

(3) 在邻接表中,要确定两个顶点 v_i 和 v_j 之间是否有边或弧相连,需要遍历第 i 个或第 j 个单链表,不像邻接矩阵那样能方便地对顶点进行随机访问。

7.2.3　十字链表

十字链表(Orthogonal List)是有向图的另一种链式存储结构。它可以看成将有向图的邻接表和逆邻接表结合起来的一种链表。在十字链表中,对应于有向图中的每一条弧有一个结点,对应于每个顶点也有一个结点。这些结点的结构如图 7.9 所示。

(a) 弧结点结构　　　　　　　(b) 顶点结点结构

图 7.9　十字链表的结点结构

在弧结点中有 5 个域,其中尾域 tailvex 和头域 headvex 分别指示弧尾和弧头这两个顶点在图中的位置,链域 hlink 指向弧头相同的下一条弧,而链域 tlink 指向弧尾相同的下一条弧,info 域指向该弧的相关信息。弧头相同的弧在同一链表上,弧尾相同的弧也在同一链表上。它们的头结点即为顶点结点,它由三个域组成,其中 data 域存储和顶点相关的信息,如顶点的名称等;firstin 和 firstout 为两个链域,分别指向以该顶点为弧头或弧尾的第一个弧结点。例如,对于图 7.10(a)所示的有向图,其十字链表如图 7.10(b)所示。若将有向图的邻接矩阵看成稀疏矩阵,则十字链表也可以看成邻接矩阵的链表存储结构,在图的十字链表中,弧结点所在的链表非循环链表,结点之间相对位置自然形成,不一定按顶点序号有序,表头结点即顶点结点,它们之间不连接,而是顺序存储。

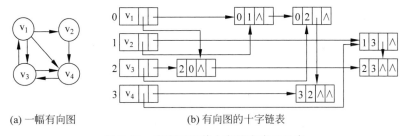

(a) 一幅有向图　　　　　　　(b) 有向图的十字链表

图 7.10　有向图及其十字链表表示示意

有向图的十字链表存储表示的形式说明如下:

```
#define MAX_VERTEX_NUM 20
typedef struct ArcBox {
    int          tailvex,headvex;        /* 该弧的尾和头顶点的位置 */
    struct ArcBox  * hlink, * tlink;     /* 分别为弧头相同和弧尾相同的弧的链域 */
    InfoType     * info;                 /* 该弧相关信息的指针 */
}ArcBox;
```

```
typedef struct VexNode {
  VertexType  data;
  ArcBox      * firstin, * firstout;      /* 分别指向该顶点第一条入弧和出弧 */
}VexNode;
typedef struct {
  VexNode   xlist[MAX_VERTEX_NUM];        /* 表头向量 */
  Int   vexnum,arcnum;                    /* 有向图的顶点数和弧数 */
}OLGraph;
```

下面给出建立一个有向图的十字链表存储表示的算法。通过该算法，只要输入 n 个顶点的信息和 e 条弧的信息，便可建立该有向图的十字链表，其算法内容如下。

```
Status CreateDG(LOGraph &G) {
//采用十字链表表示，构造有向图 G(G.kind = DG)
scanf(&( * G-> brcnum),&( * G-> arcnum),&IncInfo);        /* IncInfo 为 0 则各弧不含其他信息 */
for (i = 0;i < * G-> vexnum;++i) {                        /* 构造表头向量 */
    scanf(&(G-> xlist[i].data);                           /* 输入顶点值 */
    G.xlist[i].firstin = NULL; G.xlist[i].firstout = NULL;      /* 初始化指针 */
}
for(k = 0;k < G.arcnum;++k) {                             /* 输入各弧并构造十字链表 */
    scanf(&v1,&v2);                                       /* 输入一条弧的始点和终点 */
    i = LocateVex( * G,v1); j = LocateVex( * G,v2);       /* 确定 v1 和 v2 在 G 中的位置 */
    p = (ArcBox * ) malloc(sizeof(ArcBox));               /* 假定有足够空间 */
     * p = {i,j, * G-> xlist[j].firstin, * G-> xlist[i].firstout,NULL}     /* 对弧结点赋值 */
       /* {tailvex, headvex, hlink, tlink, info} */
    G.xlist[j].firstin = G.xlist[i].firstout = p;         /* 完成在入弧和出弧链头的插入 */
    if (IncInfo) Input( * p-> info);                      /* 若弧含有相关信息,则输入 */
}
}                                                        /* CreateDG */
```

在十字链表中既容易找到以 v_i 为尾的弧，也容易找到以 v_i 为头的弧，因而容易求得顶点的出度和入度（若需要，可在建立十字链表的同时求出）。同时，由上述算法可知，建立十字链表和建立邻接表的时间复杂度是相同的。在某些有向图的应用中，十字链表是很有用的工具。

十字链表的特点：在十字链表中，对应于有向图中每一条弧都有一个结点，对应于每个定顶点也有一个结点。十字链表之于有向图，类似于邻接表之于无向图。

7.2.4 邻接多重表

邻接多重表（Adjacency Multilist）是无向图的另一种链式存储结构。它的结构与十字链表类似，在邻接多重表中，每一条边用一个结点表示，它由 6 个域组成，如图 7.11(a)所示。其中，mark 为标志域，用来标记边是否被搜索过；ivex、jvex 为边的两个顶点在图中的位置；ilink 指向下一条依附于顶点 ivex 的边；jlink 指向下一条依附于顶点 jvex 的边；info 为指向和边相关的各种信息的指针域。每个顶点也用一个结点表示，由两个域组成，如图 7.11(b)所示，data 存储和该顶点相关的信息，firstdge 指出第一条依附于该顶点的边。

图 7.12(b)所示为无向图 7.12(a)的邻接多重表。在这个邻接多重表中，所有依附于同一顶点的边串联在同一链表中，由于每条边依附于两个顶点，因此每个边结点同时链接在两个链表中。由此可见，邻接多重表与邻接表的差别就在于同一条边在邻接表中用两个结点

mark	ivex	ilink	jvex	jlink	info

(a) 边的结构

data	firstdge

(b) 顶点结构

图 7.11　邻接多重表的结点结构

表示,而在邻接多重表中只用一个结点表示。除此之外,邻接多重表所需的存储量以及各种基本操作的实现都与邻接表相似。

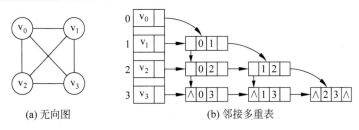

(a) 无向图　　　　　　(b) 邻接多重表

图 7.12　无向图的邻接多重表

邻接多重表的类型说明如下:

```
// ======== 无向图的邻接多重表存储表示 ========
#define MAX_VERTEX_NUM 20
typedef enum{unvisited,visited}VisitIf;
typedef struct EBox
{
    VisitIf mark;                  /*访问标记 */
    int ivex,jvex;                 /*该边依附的两个顶点的位置 */
    struct EBox * ilink, * jlink;  /*分别指向依附这两个顶点的下一条边 */
    InfoType * info;               /*该边的信息指针 */
}EBox;
typedef struct
{
    VertexType data;
    EBox * firstedge;              /* 指向第一条依附该顶点的边 */
}VexBox;
typedef struct
{
    VexBox adjmulist[MAX_VERTEX_NUM];
    int vexnum,edgenum;            /* 无向图的当前顶点数和边数 */
}AMLGraph;
```

在邻接多重表中,所有依附于同一个顶点的边串联在同一链表中,由于每边依附于两个顶点,因此每个边结点同时链接在两个链接表中。在邻接多重表上的各种基本操作的实现也和邻接表相似。

7.3　图　的　遍　历

与树的遍历类似,图的遍历就是从图的某个顶点出发,走遍图中其余的所有顶点。若给定一个无向图 G＝(V,E)和顶点集合 V(G)中的任一顶点 v,当 G 是连通图时,则从 v 出发,顺着 G 中的某些边可以访问到图中的所有顶点,且每个顶点只被访问一次。这个过程叫图的遍历(Traversing Graph)。

图的遍历比树的遍历复杂得多。由于图可能存有回路,故在访问了某个顶点后,有可能顺着一条回路再次访问到一个被访问过的顶点。例如,对于图 7.1,在访问了顶点 1 后,顺着(1,2,3,1)或(1,3,4,1)或(1,2,3,4,1)等多条路径都可再次访问到顶点 1。因此,在遍历过程中,必须标记每个被访问过的顶点,以免某个顶点被访问多次。为此,可定义一个标志数组 visited[N],数组元素的初始状态为 0,一旦顶点 v_i 被访问,就置 visited[i]=1。

图的遍历方法通常有两种,即深度优先搜索法和广度优先搜索法。

7.3.1 深度优先搜索

深度优先搜索遍历(Depth First Search,DFS)类似于树的前根遍历,其基本思想是:

(1) 假定图中某个顶点 v_i 为出发点,首先访问;

(2) 任意选择一个 v_i 未访问的邻接点 v_j 进行访问;

(3) 重复第(2)步,直至图中所有顶点都被访问过,若到达的某顶点不存在未被访问过的邻接顶点时,则一直退回到最近被访问过的且存在未被访问过邻接顶点的那个顶点。

显然,图的深度优先搜索是一个递归过程。

现以图 7.13(a)为例说明深度优先搜索过程,过程如图 7.13(b)所示。假定 v_1 是出发点,首先访问顶点 v_1。因 v_1 有两个邻接点 v_2、v_3 均未被访问过,可以选择 v_2 作为新的出发点,访问 v_2 之后,再找 v_2 的未访问过的邻接点。同 v_2 邻接的有 v_1、v_4、v_5,其中 v_1 已被访问过,而 v_4、v_5 尚未被访问过,可以选择 v_4 作为新的出发点。重复上述搜索过程,继续依次访问 v_8、v_5。访问 v_5 之后,由于与 v_5 相邻的顶点均已被访问过,搜索退回到 v_8。由于 v_8、v_4、v_2 都是已被访问的邻接点,因此搜索过程连续地从 v_8 退回到 v_4,再退回到 v_2,最后退回到 v_1。这时选择 v_1 的未被访问过的邻接点 v_3,继续往下搜索,依次访问 v_3、v_6、v_7,从而遍历了图中的全部顶点。在这个过程中得到的顶点的访问序列为 $v_1 \rightarrow v_2 \rightarrow v_4 \rightarrow v_8 \rightarrow v_5 \rightarrow v_3 \rightarrow v_6 \rightarrow v_7$。

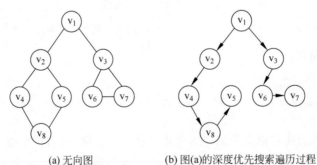

(a) 无向图   (b) 图(a)的深度优先搜索遍历过程

图 7.13   深度优先搜索遍历过程

下面以邻接表作为图的存储结构给出具体算法。

```
struct ArcNode                    /* 定义边结点 */
{int adjvex;
 struct ArcNode * nextarc;
 };
struct Vnode                      /* 定义顶点结点 */
```

```
    {int data;
     struct ArcNode * firstarc;
    };
void dfs(struct Vnode A[MaxSize])
{struct ArcNode * p, * ar[MaxSize];
  /* ar[MaxSize]作为顺序栈,存放遍历过程中边结点的地址 */
  int x, i, y, top = - 1;
  int visited[MaxSize];                    /* 用作存放已遍历过顶点的标记 */
  for (i = 0; i < n; i++) visited[i] = 0;
  printf(" \ninput x");
  scanf(" % d", &x);
  printf(" % d", x);
  visited[x - 1] = 1;
  p = A[x - 1]. firstarc;
        /* 下一个要遍历的顶点所关联的边结点,向量表的下标从 0 开始 */
  while((p)||(top > = 0))
     {if(!p) {p = ar[top]; top -- ;}
      y = p - > adjvex;
      if(visited[y - 1] == 0)
          {visited[y - 1] = 1;
  /* 若未遍历过,则遍历,并且把一个顶点进栈,从本顶点出发继续按深度优先遍历 */
           printf(" - > % d", y);
           p = p - > nextarc;
           if (p) {top++; ar[top] = p;}
           p = A[y - 1]. firstarc;
           }
        else p = p - > nextarc;
      }
}/ * dfs end * /
```

由上述可知,遍历图的过程实质上是对每个顶点搜索邻接点的过程。故用邻接矩阵表示图时,搜索一个顶点的所有邻接点需花费 $O(n)$ 时间,则从 n 个顶点出发搜索的时间应为 $O(n^2)$,即 DFS 算法的时间复杂度为 $O(n^2)$;如果使用邻接表表示图时,其 DFS 算法的时间复杂度为 $O(n+e)$,此处 e 为无向图中边的数目或有向图中弧的数目。

7.3.2 广度优先搜索遍历

广度优先搜索遍历类似于树的按层次遍历,其基本思想是:从图中某个顶点 v_i 出发,在访问了 v_i 之后依次访问 v_i 的所有邻接点;然后分别从这些邻接点出发按广度优先搜索遍历图的其他顶点,直至所有顶点都被访问过。

下面以图 7.13(a)为例说明广度优先搜索的过程。首先从起点 v_1 出发,访问 v_1。v_1 有两个未曾访问的邻接点 v_2、v_3,先访问 v_2,再访问 v_3;然后访问 v_2 的未曾访问的邻接点 v_4、v_5 及 v_3 未曾访问过的邻接点 v_6、v_7,最后访问 v_4 的未曾访问过的邻接点 v_8。至此图中所有顶点均已被访问过。得到的顶点访问序列为 $v_1 \rightarrow v_2 \rightarrow v_3 \rightarrow v_4 \rightarrow v_5 \rightarrow v_6 \rightarrow v_7 \rightarrow v_8$。

注意:在广度优先搜索中,若对 v_i 的访问先于 v_j,则对 v_i 邻接点的访问也先于对 v_j 邻接点的访问。因此,可采用队列来暂存那些刚被访问过但可能还有未访问的邻接点的顶点。现在,以邻接矩阵作为图的存储结构,给出广度优先搜索遍历算法。

```
void bfs(GRAPH g, int k)              /* 从 vk 出发广度优先遍历图 G,G 用邻接矩阵表示 */
{   r = 0; f = 0;                      /* 置空队列 qu[],f 和 r 分别是头指针和尾指针 */
```

图

```
printf(" % c\n",g.vexs[k]);                /* 访问出发点 vk */
visited[k] = 1;                            /* 标记 vk 已访问过 */
r++;qu[r] = k;                             /* 已访问过的顶点(序号)入队列 */
while(r!= f)                               /* 队非空时执行 */
{    f++;i = qu[f];                        /* 队头元素序号出队列 */
    for(j = 1;j <= n;j++)
            if((g.arcs[i][j] == 1)&&(!visited[j]))
        {  printf(" % c\n",g.vexs[j]);     /* 访问 vi 的未曾访问的邻接点 vj */
        visited[j] = 1;
        r++;qu[r] = j;                      /* 访问过的顶点入队列 */
        }/ * if */
    }/ * while */
}/ * bfs */
```

分析上述过程,每个顶点进一次队列,所以算法 BFS 的外循环次数、内循环次数均为 n 次,故算法 BFS 的时间复杂度为 $O(n^2)$;若采用邻接表存储结构,则广度优先搜索遍历图的时间复杂度与深度优先遍历是相同的。

7.4 图的连通性问题

求图的连通分量和生成树问题,都是图的遍历的应用实例。

7.4.1 无向图的连通分量和生成树

1. 无向图的连通分量

作为遍历图的应用举例,下面讨论如何求图的连通分量。无向图中的极大连通子图称为连通分量。求图的连通分量的目的是确定从图中的一个顶点是否能到达图中的另一个顶点,也就是说,图中任意两个顶点之间是否有路径可达。这个问题从图上可以直观地看出答案,然而,一旦把图存入计算机中,答案就不大清楚了。

对于连通图,从图中任一顶点出发遍历图,可以访问到图的所有顶点,即连通图中任意两顶点间都是有路径可达的。

对于非连通图,从图中某个顶点 v 出发遍历图,只能访问到包含顶点 v 的那个连通分量中的所有顶点,而访问不到别的连通分量中的顶点。这就是说,在连通分量中的任意一对顶点之间都有路径,但是如果 v_i 和 v_j 分别处于图的不同连通分量之中,则图中就没有从 v_i 到 v_j 的路径,即从 v_i 不可达 v_j。因此,只要求出图的所有连通分量,就可以知道图中任意两顶点之间是否有路径可达。

2. 生成树

设图 G=(V,E)是个连通图,当从图中任意一顶点出发遍历图 G 时,将边集 E(G)分成两个集合 A(G)和 B(G)。其中 A(G)是遍历图时所经过的边的集合,B(G)是遍历图时未经过的边的集合。显然,$G' = (V,A)$是图 G 的子图。我们称子图 G′是连通图 G 的生成树(Spanning Tree)。

如对图 7.13(a),按深度和广度优先搜索法进行遍历就可以得到图 7.14 所示的两种不同的生成树,并分别称为深度优先生成树和广度优先生成树。因此图的生成树是不唯一的。

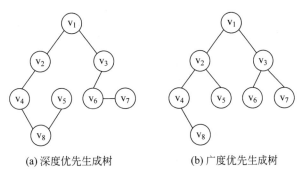

(a)深度优先生成树   (b)广度优先生成树

图 7.14 生成树示例

对于有 n 个顶点的连通图,至少有 $n-1$ 条边,而生成树中恰好有 $n-1$ 条边,所以连通图的生成树是该图的极小连通子图。

7.4.2 有向图的强连通分量

有向图中的极大强连通子图称为该有向图的强连通分量。

对于非连通图,若从图的每个连通分量中的一个顶点出发遍历图,就可以得到图的所有连通分量。因此,只要对图中的每个顶点进行检测,若已被访问过,则说明该顶点已落入图中某个已求得的连通分量中;若未曾访问过,则从该顶点出发按 DFS 或 BFS 遍历图,便可求得图的另一个连通分量。

7.4.3 最小生成树

1. 网络的概念

若将图的每条边都赋上一个权值,则称这种带权的图为网络。通常权是具有某种意义的数,例如可以表示两个顶点之间的距离、耗费等。图 7.15 所示是两个网络的例子。

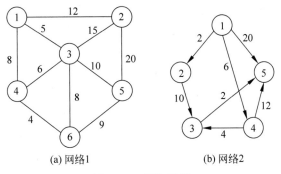

(a)网络1   (b)网络2

图 7.15 网络示例

若 $G=(V,E)$ 是网,则邻接矩阵可定义为:

$$A[i][j]=\begin{cases} w_{ij}, & 若(v_i,v_j) 或 <v_i,v_j>\in E(G) \\ \infty, & 若(v_i,v_j) 或 <v_i,v_j>\notin E(G) \\ 0, & 若 i=j \end{cases}$$

其中 w_{ij} 表示边上的权值;∞ 表示一个计算机允许的、大于所有边上权值的数。

例如,图 7.15 的邻接矩阵如图 7.16 所示。

$$
\begin{array}{c}
\begin{array}{cccccc} 1 & 2 & 3 & 4 & 5 & 6 \end{array} \\
\begin{array}{c}
(1) \\ (2) \\ (3) \\ (4) \\ (5) \\ (6)
\end{array}
\begin{bmatrix}
0 & 12 & 5 & 8 & \infty & \infty \\
12 & 0 & 15 & \infty & 20 & \infty \\
5 & 15 & 0 & 6 & 10 & 8 \\
8 & \infty & 6 & 0 & \infty & 4 \\
\infty & 20 & 10 & \infty & 0 & 9 \\
\infty & \infty & 8 & 4 & 9 & 0
\end{bmatrix}
\end{array}
\qquad
\begin{array}{c}
\begin{array}{ccccc} 1 & 2 & 3 & 4 & 5 \end{array} \\
\begin{array}{c}
(1) \\ (2) \\ (3) \\ (4) \\ (5)
\end{array}
\begin{bmatrix}
0 & 2 & \infty & 6 & 20 \\
\infty & 0 & 10 & \infty & \infty \\
\infty & \infty & 0 & \infty & 2 \\
\infty & \infty & 4 & 0 & 12 \\
\infty & \infty & \infty & \infty & 0
\end{bmatrix}
\end{array}
$$

(a) 无向网络邻接矩阵　　　　　　　(b) 有向网络邻接矩阵

图 7.16　网络的邻接矩阵示例

2. 最小生成树的定义

如果连通图是一个网络,称该网络中所有生成树中权值总和最小的生成树为最小生成树(Minimum Cost Spanning Tree,也称最小代价生成树)。

图 7.17 中给出了图 7.15(a) 的几棵生成树。其中图 7.17(a) 的权为 46,图 7.17(b) 的权为 53,图 7.17(c) 的权为 36,可以证明图 7.17(c) 为一棵最小生成树。

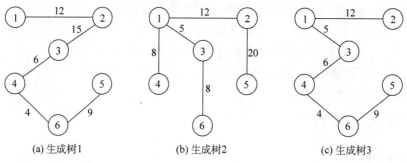

(a) 生成树1　　　　　　(b) 生成树2　　　　　　(c) 生成树3

图 7.17　最小生成树

那么,为什么要求网络的最小生成树呢?

求网络的最小生成树是一个具有重大实际意义的问题。例如,要求沟通 n 个城市之间的通信线路。可以把 n 个城市看作图的 n 个顶点,各个城市之间的通信线路看作边,相应的建设花费作为边的权,这样就构成了一个网络。由于在 n 个城市之间,可行线路有$(n \times (n-1))/2$ 条,那么选择其中的 $n-1$ 条线路(边)在 n 个城市间建成全都能相互通信的网,并且使总的建设花费最小,这就是求该网络的最小生成树问题。

构造最小生成树的方法很多,其中大多数算法都利用了 MST 性质。

MST 性质:设 $G=(V,E)$ 是一个连通图,$T=(U,TE)$ 是正在构造的最小生成树。若边(u,v) 是 G 中所有一端在 U 中而另一端在$(U-T)$中且具有最小权值的一条边,则存在一棵包含边(u,v)的最小生成树。(证明略)

Prim 算法和 Kruskal 算法就是利用 MST 性质构造最小生成树的两种常用算法。

3. 普里姆(Prim)算法

基本思想如下:假设 $G=(V,E)$ 是连通网,$T=(U,TE)$ 为欲构造的最小生成树。

(1) 设 U(T) 和 TE(T) 的初值均为空;

(2) 从顶点集 V(G) 中任取一顶点 v_i 加入顶点集 U(T) 中;

(3) 从与 U(T) 中各顶点相关联的所有边中,选取一条权值最小的边(v_i,v_j),其中 $v_i \in$ U(T),$v_j \in$ E(T)−U(T);

(4) 将边(v_i, v_j)并入 TE(T),同时将 v_i 并入 U(T);

(5) 若 U(T)已满 n 个顶点则算法终止,否则转(3)。

连通网用邻接矩阵 net 表示,若两个顶点之间不存在边,用一个权值大于任何边上权值的较大数 max 来表示不存在的边的长度。

数据类型定义和 Prim 算法描述如下:

```
typedef struct
{
    int begin,end;                    /* 边的起点和终点 */
    float length;                     /* 边的权值 */
}edge
float net[n][n];                      /* 连通网的带权邻接矩阵 */
edge tree[n-1];                       /* 生成树 */
void Prim(void)
{ /* 构造网 net 的最小生成树,u0 = 1 为构造出发点 */
    int j,k,m,v,min,max = 10000;
    float d;
    edge e;
    for(j = 1;j < n;j++)              /* 初始化 tree[n-1] */
    {   tree[j-1].begin = 1;          /* 顶点 1 并入 U */
        tree[j-1].end = j + 1
        tree[j-1].length = net[0][j];
    }
    for(k = 0;k < n-1;k++)            /* 求第 k+1 条边 */
    {   min = max;
        for(j = k;j < n-1;j++)
            if(tree[j].length < min)
            {   min = tree[j].length;
                m = j
            }
        e = tree[m];tree[m] = tree[k];tree[k] = e;
        v = tree[k].end;             /* v∈U */
        for(j = k+1;j < n-1;j++)      /* 在新的顶点 v 并入 U 之后更新 tree[n-1] */
        {   d = net[v-1][tree[j].end-1];
            if(d < tree[j].length)
            {   tree[j].length = d;
                tree[j].begin = v;
            }
        }
    }
    for(j = 0;j < n-1;j++)
        printf(" %d%d%f\n",tree[j].begin,tree[j].end,tree[j].length);
}/* Prim */
```

求图 7.15(a)中网的最小生成树的 Prim 算法的执行过程如图 7.18 所示。

图 7.18(a)为一个网,此时 U={1},V-U={2,3,4,5,6};在和 1 相关联的所有边中,(1,3)为权值最小的边,因此取(1,3)为最小生成树的第一条边,如图 7.18(b)所示;此时 U={1,3},V-U={2,4,5,6},在和 1、3 相关联的所有边中,(3,4)为权值最小的边,取(3,4)为最小生成树的第二条边,如图 7.18(c)所示;现在 U={1,3,4},V-U={2,5,6},在和 1、3、4 相关联的所有边中,(4,6)的权值最小,取(4,6)为最小生成树的第三条边,如图 7.18(d)所示;这样,U={1,3,4,6},V-U={2,5},在所有和 1、3、4、6 相关联的边中,(6,5)为权值

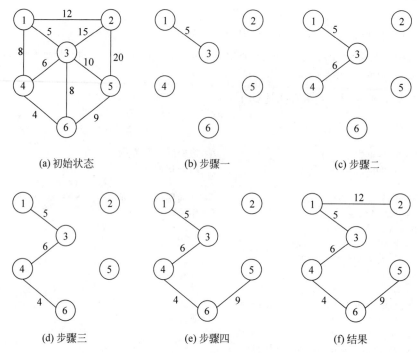

图 7.18　Prim 算法构造最小生成树过程

最小的边，取(6,5)为最小生成树的第 4 条边，如图 7.18(e)所示；U={1,3,4,6,5}，V−U={2}，U 中顶点和 2 相关联的权值最小的边为(1,2)，取(1,2)为最小生成树的第 5 条边，如图 7.18(f)所示，则图 7.18(f)为最终得到的最小生成树。

　　Prim 算法初始化时，其时间复杂度为 $O(n)$，但 k 循环内有两个循环语句，故这个循环的总时间为 $O(n^2)$，所以整个算法的时间复杂度是 $O(n^2)$。Prim 算法的运算量与网的边数无关，因此适合于求边稠密的网的最小生成树。

4. 克鲁斯卡尔(Kruskal)算法

　　构造最小生成树的另一个算法是一种按权值递增的次序来构造最小生成树的方法，是由 Kruskal 提出的。

　　基本思想：假设 G=(V,E)是连通网，T=(U,TE)为欲构造的最小生成树。

　　(1) 初始时 U=V，TE=Φ，即 T 包含网 G 的全部顶点；

　　(2) 把 G 的边按权值升序排列；

　　(3) 从中选取权值最小边(u,v)，若(u,v)并入 T 后不产生回路，则将(u,v)并入 T 中；重复此过程直到选出 $n-1$ 条边为止。

　　此算法可以简单描述如下：

```
T = (V,Φ);
while(T中所有边数< n-1)
{从 E 中选取当前最短边(u,v);
从 E 中删去边(u,v);
if((u,v)并入 T 之后不产生回路)将(u,v)并入 T 中; }
```

　　按此算法思想对图 7.15(a)进行处理，逐步形成最小生成树的过程如图 7.19 所示。

　　可以证明 Kruskal 算法的时间复杂度是 $O(e)$，其中 e 是图 G 的边数。

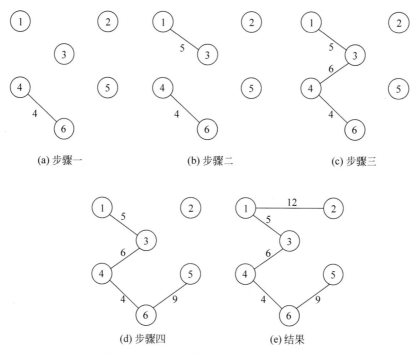

(a) 步骤一   (b) 步骤二   (c) 步骤三

(d) 步骤四   (e) 结果

图 7.19　Kruskal 算法构造最小生成树过程

7.4.4　关结点和重连通分量

（1）关结点（Articulation Point）：如果在删去顶点 v 以及和 v 相关联的各边之后，将图的一个连通分量分割成两个或两个以上的连通分量，则称顶点 v 为该图的一个关结点。

（2）重连通图（Biconnected Graph）：一个没有关结点的连通图称为重连通图。

在重连通图上任意一对顶点之间至少存在两条路径，则在删去某一个顶点以及依附于该顶点的各边时也不会破坏图的连通性。若在连通图上至少删去 k 个顶点才能破坏图的连通性，则称此图的连通度为 k。由此可见，一个图的连通度越高，其可靠性也就越高。关结点和重连通图在实际生活中有很多应用，如通信网络、航空网络、集成电路、运输网络等。

7.5　有向无环图及其应用

一个无环的有向图称为有向无环图（Directed Acycline Graph），简称 DAG。它是一类比有向树更一般的特殊有向图。常被用来描述含有公共子式的表达式，也是表述一项工程或系统进行过程的有效工具。一般的工程（Project）都可分为若干子工程，即活动（Activity），这些子工程之间通常受一定条件的约束，例如某个子工程必须在另一个子工程完成之后才能开始。对于整个工程或系统来说，人们最关心的问题是工程能否顺利进行以及如何使工程尽早完成。对应于有向图，即为进行拓扑排序和关键路径的操作。下面将这个问题分两方面分别讨论。

7.5.1 拓扑排序

拓扑排序（Topological Sort）即由某个集合上的一个偏序得到该集合上的一个全序。

1. AOV网

所有的工程或者某种流程都可以分为若干小的工程或者阶段，称这些小的工程或阶段为"活动"。若以图中的顶点来表示活动，有向边表示活动之间的优先关系，则这样的有向图为 AOV 网（Activity On Vertex network）。在 AOV 网中，若从顶点 v_i 到顶点 v_j 之间存在一条有向路径，称顶点 v_i 是顶点 v_j 的前驱，或者称顶点 v_j 是顶点 v_i 的后继。若$<v_i,v_j>$是图中的弧，则称顶点 v_i 是顶点 v_j 的直接前驱，顶点 v_j 是顶点 v_i 的直接后继。

AOV 网中的弧表示了活动之间存在的制约关系。例如，计算机专业的学生必须完成一系列规定的专业基础课和专业课才能毕业，这个过程就可以被看成一个大的工程，而活动就是学习每门课程。我们不妨把这些课程的名称与相应的代号列于表 7.1 中。其中 C_1、C_{13} 是独立于其他课程的基础课，而有的课却需要有先行课（如学完数据结构才能学算法分析），前提条件规定了课程之间的优先关系。这种优先关系可用如图 7.20 所示的有向图来表示。其中，顶点表示课程，有向边表示前提条件。若课程 v_i 为课程 v_j 的先行课，则必然存在有向边$<v_i,v_j>$。

表 7.1　计算机专业的学生必须完成课程的名称与相应代号

课程代号	课　程　名	先行课程名	课程代号	课　程　名	先行课程名
C_1	计算机基础	无	C_9	算法分析	C_3
C_2	程序设计	C_1、C_{14}	C_{10}	Java	C_3、C_4
C_3	数据结构	C_1、C_{14}	C_{11}	编译系统	C_{10}
C_4	汇编语言	C_1、C_{13}	C_{12}	操作系统	C_{11}
C_5	自动控制	C_{15}	C_{13}	专业英语	无
C_6	人工智能	C_3	C_{14}	微积分	C_{13}
C_7	图形学	C_3、C_4、C_{10}	C_{15}	线性代数	C_{14}
C_8	微机原理	C_4			

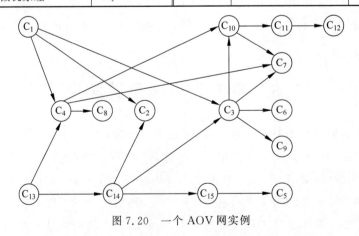

图 7.20　一个 AOV 网实例

显然，任何一个可执行程序也可以划分为若干程序段（或若干语句），由这些程序段组成的流程图也是一个 AOV 网。

2. 拓扑排序

对于 AOV 网，一项十分重要和有意义的工作是分析由网所表示的工程是否可行，也就是判断网中是否存在有向回路。因为网中的弧所表示的优先关系是可传递的，若网中存在有向回路，则回路上的顶点所代表的活动将以其自身为先决条件，即在这些活动开始之前，它们已经完成。显然，这是不可能的，是荒谬的。因此，AOV 网中不能出现有向回路，否则它所表示的工程将是不可行的，它所表示的程序将出现死循环。

对于给定的一个 AOV 网，应首先判断其中是否存在有向回路。检测有向回路的办法是构造 AOV 网中所有顶点的线性序列 $(\cdots,v_i,\cdots,v_k,\cdots,v_j,\cdots)$。这种线性序列具有这样的性质：在网中，若顶点 v_i 是顶点 v_j 的前驱，则在线性序列中，v_i 的位置应在 v_j 的前面；对于网中没有优先关系的两个顶点即没有弧相连的顶点间，例如 v_i 和 v_k 之间，也建立起先后关系，或者 v_i 在前，或者 v_k 在前。把具有这种性质的线性序列称为拓扑有序序列。对 AOV 网构造拓扑有序序列的运算称为拓扑排序。

若 AOV 网有环，则找不到该网的拓扑有序序列。反之，任何无环有向图，其所有顶点都可以排在一个拓扑有序序列中。一个 AOV 网的拓扑有序序列不是唯一的。例如，图 7.20 的两种拓扑有序序列如下：

$$(C_1,C_{13},C_4,C_8,C_{14},C_{15},C_2,C_3,C_{10},C_{11},C_{12},C_9,C_6,C_7,C_5)$$
$$(C_1,C_{13},C_4,C_8,C_{14},C_{15},C_5,C_2,C_3,C_{10},C_7,C_{11},C_{12},C_6,C_9)$$

对 AOV 网进行拓扑排序的方法和步骤如下：

(1) 从 AOV 网中选择一个没有前驱的顶点（该顶点的入度为 0）并且输出它；

(2) 从网中删去该顶点，并且删去该顶点发出的全部有向边；

(3) 重复上述两步，直到剩余网中不再存在没有前驱的顶点为止。

操作的结果有两种：一种是网中全部顶点都被输出，这说明网中不存在有向回路，拓扑排序成功；另一种是网中顶点未被全部输出，剩余的顶点均有前趋顶点，这说明网中存在有向回路，不存在拓扑有序序列。图 7.21 给出了一个 AOV 网实施上述步骤的例子。这样得到一个拓扑序列 $(1,2,4,3,5)$。

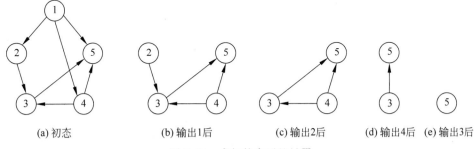

(a) 初态 　　(b) 输出1后 　　(c) 输出2后 　　(d) 输出4后　(e) 输出3后

图 7.21　求拓扑序列的过程

为了实现上述思想，我们采用邻接表作为给定的 AOV 网的存储结构，在表头结点增设一个入度域，以存放各个顶点当前的入度值，每个点的入度域的值都在邻接表动态生成过程中累计得到，由图 7.21 的 AOV 网生成的邻接表如图 7.22(a) 所示。

为了避免在每一步选入度为 0 的顶点时重复扫描表头数组，将表头数组中入度为 0 的顶点域作为链栈域，存放入度为 0 的顶点序号，如图 7.22(b) 所示。

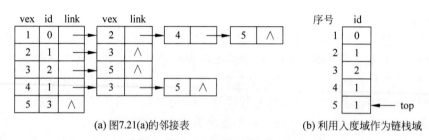

(a) 图7.21(a)的邻接表　　　　　　　　(b) 利用入度域作为链栈域

图 7.22　AOV 网的邻接表表示

根据上面的叙述，得到以邻接链表作为存储结构的拓扑排序算法如下：

（1）扫描顶点表，将入度为 0 的顶点入栈；

（2）

```
while(栈非空)
{将栈顶点 vⱼ 弹出并输出之；
在邻接链表中查找 vⱼ 的直接后继 vₖ，把 vₖ 的入度减 1，若 vₖ 的入度为 0 则进栈；}
```

（3）若输出的顶点数小于 n，则输出"有回路"；否则拓扑排序正常结束。

下面给出拓扑排序算法。

```c
typedef struct node
{
    int vex;
    struct node link;
}edgenode
typedef struct vnode
{
    int id;
    struct node link;
}vexnode;
void toposort(vexnode dig[])            /* AOV 网的邻接表 */
{
    edgenode * p;
    top = 0;m = 0;
    for(i = 1;i < n + 1;i++)             /* 入度为 0 的顶点进栈 */
        if(dig[i].id == 0){dig[i].id = top; top = i;}
    while(top > 0)
    {   j = top;top = dig[top].id;
        printf(" % d",j);                /* 删除入度为 0 的顶点并输出 */
        m++;p = dig[j].link;
        while (p!= NULL)
        {   k = p - > vex;
            dig[k].id -- ;                /* 把以 vⱼ 为尾的弧的头顶点 vₖ 的入度减 1 */
            if(dig[k] == 0){dig[k].id = top;top = k;}
            p = p - > link;
        }
    }
    if(m < n)printf(" \n The network has a cycle. \n");
}/* toposort */
```

根据此算法对图 7.22 所示的邻接表进行处理，所得拓扑有序序列为(1,2,4,3,5)。

对一个具有 n 个顶点、e 条边的网来说，初始建立入度为 0 的顶点栈，要检查所有顶点一次,执行时间为$O(n)$;排序中,若 AOV 网无回路,则每个顶点入、出栈各一次,每个表结点被检查一次,因而执行时间是$O(n+e)$。所以,整个算法的时间复杂度是$O(n+e)$。

7.5.2 关键路径

与 AOV 网相对应的是 AOE 网。若在带权的有向图中,以顶点表示事件,以有向边表示活动,边上的权值表示活动的开销(如该活动持续的时间),则此带权的有向图称为边表示活动的网,简称 AOE 网。

关键路径(Critical Path):从开始结点到完成结点的路径长度中最长的路径。

关键活动:关键路径上的所有活动。

求关键路径的步骤如下。

(1) 从开始顶点出发,计算各事件的最早开始时间,令 ve(1)=0,按拓扑有序求其余各顶点的最早开始时间。

$$ve[k] = \max\{ve[j] + dut()\} \quad j \in T$$

其中 T 是以顶点 v_k 为头的所有弧的尾顶点的集合($2 \leqslant k \leqslant n$)。如果得到的拓扑有序序列中的顶点个数小于网中的顶点数 n,则说明该网中存在回路,不能求关键路径,算法终止,否则继续执行步骤(2)。

(2) 从结束顶点 v_n 出发,计算各事件的最晚开始时间。令 vl[n]=ve[n],按拓扑逆序求其余各顶点的最晚开始时间。

$$vl[j] = \min\{vl[k] - dut()\} \quad k \in S$$

其中 S 是以顶点 v_j 为尾的所有弧的头顶点的集合($1 \leqslant j \leqslant n-1$)。

(3) 根据各事件的 ve 值和 vl 值,求每个活动的最早开始时间 $e[i] = ve[j]$、最晚开始时间 $vl[i] = vl(k) - dut(<j,k>)$,满足 $e(i) = l(i)$ 条件的所有活动即为关键活动。

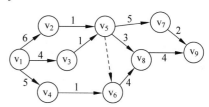

图 7.23　某工程的 AOE 网

例如,某工程的 AOE 网如图 7.23 所示,求①整个工程完工需要多长时间;②关键路径。说明:图中的虚线仅表示事件的先后关系,不代表具体活动。

分析:按照拓扑有序排列顶点,然后"从前往后"计算事件的最早发生时间得到总时间,再"从后往前"计算事件的最晚发生时间,最后计算活动的最早和最晚开始时间得到关键活动和关键路径。

表 7.2　关键路径

事件	最早发生时间 ve	最晚发生时间 vl	活动	最早开始时间 e	最晚开始时间 l
v_1	0	0	a(1,2)	0	0
v_2	6	6	a(1,3)	0	2
v_3	4	6	a(1,4)	0	1
v_4	5	6	a(2,5)	6	6
v_5	7	7	a(3,5)	4	6
v_6	7	7	a(4,6)	5	6
v_7	12	13	a(5,6)	7	7

事件	最早发生时间 ve	最晚发生时间 vl	活动	最早开始时间 e	最晚开始时间 l
v_8	11	11	a(5,7)	7	8
v_9	15	15	a(5,8)	7	8
			a(6,8)	7	7
			a(7,9)	12	13
			a(8,9)	11	11

所以,工程完工需要的时间为15,关键路径是 1→2→5→6→8→9。

7.6 最短路径

关于图中两个顶点间的最短路径问题,是图结构的又一项重要的实际应用。例如,若用顶点表示城市,边表示城市间的公路,则由这些顶点和边组成的图便可用来表示沟通各城市的公路网,并且还可以对边加上权值,用以表示两城市间的距离、走过这段公路所需要的时间,或者这段路程的车票票价等。对于驾驶员或乘客来说,若他要从 A 城前往 B 城,自然需要知道下列问题:

(1) 从 A 城到 B 城有公路吗?

(2) 从 A 城到 B 城若有多条公路,那么哪一条公路最短、行车时间最少,或车费最省?

这就是我们将要讨论的最短路径问题。注意,这里所说的路径长度是指路径上各边的权值之和,而不是边的数目。考虑单向公路的方向性,我们讨论有向图,并且把路径的起始顶点称为源点,把路径的最后一个顶点称为终点。

7.6.1 求某一源点到其余各顶点的最短路径

设有一个有向图 G＝(V,E),图 G 中各条边上的权由一个权函数 WG(e)给定,源点已知。问题是求从源点到图中其余各顶点间的最短路径。

现以图 7.24(a)中的有向图为例,图中各条边上所标的数字为边具有的权值。若 v_0 为源点,则从 v_0 到 v_1 的最短路径是＜v_0,v_2,v_3,v_1＞,其长度为 2＋3＋4＝9。虽然这条路径由三条边组成,但它仍然比路径＜v_0,v_1＞要短,＜v_0,v_1＞的长度为 10。从 v_0 到 v_2 的最短路径是＜v_0,v_2＞,长度为 2。从 v_0 到 v_3 的最短路径是＜v_0,v_2,v_3＞,长度为 5。从 v_0 到 v_4 的最短路径是＜v_0,v_4＞,长度为 9。

图 7.24(b)所示为从 v_0 到 v_1、v_2、v_3、v_4 的最短路径。

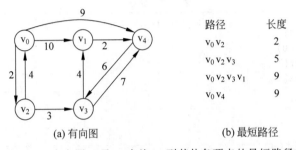

路径	长度
v_0 v_2	2
v_0 v_2 v_3	5
v_0 v_2 v_3 v_1	9
v_0 v_4	9

(a) 有向图　　　　　　(b) 最短路径

图 7.24　有向图 G 及 G 中从 v_0 到其他各顶点的最短路径

对于如何确定有向图的最短路径,迪杰斯特拉(Dijkstra)于 1959 年提出了一个新算法,这个算法的基本思想是:把图中所有顶点分成两组,第一组为已确定了最短路径的顶点,第二组为尚未确定最短路径的顶点,按最短路径长度非递减次序逐个把第二组中的顶点加到第一组中去,直至把从源点出发可以到达的所有顶点都加到第一组中为止。在此过程中,始终保持从源点到第一组中各顶点的最短路径长度都不大于从源点到第二组的任何顶点的最短路径长度。一般认为这是求最短路径的一个较有效的算法。下面就来具体介绍这个算法。

假设有向图 G 的 n 个顶点为 $1 \sim n$,并用邻接矩阵 cost 表示,若 $<v_i, v_j>$ 是图 G 中的边,则 cost$[i][j]$ 的值等于边所带的权;若 $<v_i, v_j>$ 不是图 G 中的边,则 cost$[i][j]$ 等于一个很大的数,用 ∞ 表示;若 $i=j$,则 cost$[i][j]=0$。另外,设置三个数组 S$[n]$、dist$[n]$、pre$[n]$。S 用以标记那些已经找到最短路径的顶点,若 S$[i-1]=1$,则表示已经找到源点到顶点 i 的最短路径;若 S$[i-1]=0$,则表示从源点到顶点 i 的最短路径尚未求得。dist$[i-1]$ 用来记录源点到顶点 i 的最短路径。pre$[i-1]$ 表示从源点到顶点 i 的最短路径上该点的前驱顶点,若从源点到该顶点无路径,则用 0 作为其前一个顶点序号。算法描述如下:

```
void Dijkstra(float cost[ ][n], int v)
{ /* 求源点 v 到其余顶点的最短路径及其长度,cost 为有向网的带权邻接矩阵 */
    /* 设 max 值为 32 767,代表一个很大的数 */
    v1 = v - 1;
    for(i = 0; i < n; i++)
    {   dist[i] = cost[v1][i];                          /* 初始化 dist */
        if(dist[i] < max)pre[i] = v; else pre[i] = 0;
    }
    pre[v1] = 0;
    for(i = 0; i < n; i++)
        S[i] = 0                                        /* 第一组开始为空集 */
    S[v1] = 1;                                          /* 源点 v 并入第一组 */
    for(j = 0; j < n; j++)                              /* 扩充第一组 */
    {   min = max;
        for(j = 0; j < n; j++)
            if(!S[j]&&(dist[j] < min)){min = dist[j]; k = j;}
        S[k] = 1;                                       /* 将 k + 1 加入第一组 */
        for(j = 0; j < n; j++)
            if(!S[j]&&(dist[j] > dist[k] + cost[k][j]))      /* 修正第二组各顶点的距离值 */
            {   dist[j] = dist[k] + cost[k][j]; pre[j] = k + 1;}/* k + 1 是 j + 1 的前驱 */
    }                                                   /* 所有顶点均已扩充到 S 中 */
    for(j = 0; j < n; j++)                              /* 打印结果 */
    {   printf(" % f\n% d", dist[i], i + 1);
        p = pre[i];
        while(p!= 0)                                    /* 继续找前驱顶点 */
        {   printf(" < % d", p);
            p = pre[p - 1];
        }
    }
}/* Dijkstra */
```

例如,求图 7.24(a)所示的有向网的单源最短路径,若源点为 v_0,邻接矩阵 cost 如图 7.25 所示,则运算执行过程中 S、dist 及 pre 的变化状况如表 7.3 所示。

第 7 章

图

$$
\begin{array}{c@{\quad}c}
& \begin{array}{ccccc} 1 & 2 & 3 & 4 & 5 \end{array} \\
\begin{array}{c}(1)\\(2)\\(3)\\(4)\\(5)\end{array} &
\begin{bmatrix}
0 & 10 & 2 & \infty & 9 \\
\infty & 0 & \infty & \infty & 2 \\
4 & \infty & 0 & 3 & \infty \\
\infty & 4 & \infty & 0 & 7 \\
\infty & \infty & \infty & 6 & 0
\end{bmatrix}
\end{array}
$$

图 7.25 图 7.24(a)中有向图的邻接矩阵

表 7.3 Dijkstra 算法的动态执行情况

循环	S	k+1	dist[0]···dist[4]					pre[0]···pre[4]				
初始化	{1}	—	0	10	2	max	9	0	1	1	0	1
1	{1,3}	3	0	10	2	5	9	0	1	1	3	1
2	{1,3,4}	4	0	9	2	5	9	0	4	1	3	1
3	{1,3,4,2}	2	0	9	2	5	9	0	4	1	3	1
4	{1,3,4,2,5}	5	0	9	2	5	9	0	4	1	3	1

由表 7.3 容易看出,Dijkstra 算法的时间复杂度为 $O(n^2)$。

7.6.2 每一对顶点之间的最短路径

假设有一张铁路运输网络,边(v_i,v_j)上的权表示从站点 v_i 到站点 v_j 的票价。现在要造一份火车票价表,标明任意一个站到另一个站所需的最少票价。这就是求每对顶点间最短路径问题的一个实例,解决该问题有以下两种方法。

方法一:每次以图中的一个顶点作为源点,反复调用 Dijkstra 算法,便可求得图中每一对顶点间的最短路径。对有 n 个顶点的有向图,执行 Dijkstra 算法一次需时间 $O(n^2)$,现要调用 n 次,故总所需时间为 $O(n^3)$。

方法二:1962 年,弗洛伊德(Floyd)提出了另一种算法。

基本思想:在从任一顶点 v_i 到 v_j 的路径上,每次增加一个顶点 $v_k(k=0,1,2,\cdots,n-1)$,然后比较增加 v_k 后的路径是否比原来的路径短,取其中短者作为从 v_i 到 v_j 的当前最短路径。当 k 从取值 0 到取值 $n-1$,经过 n 次这样的比较后,最终求得的就是任意两顶点 v_i 到 v_j 间的最短路径。

这种算法仍用邻接矩阵 cost 表示带权有向图。如果从 v_i 到 v_j 有弧,则从 v_i 到 v_j 存在一条长度为 $cost[i][j]$ 的路径,该路径不一定是最短路径,需要进行 n 次试探。首先考虑路径(v_i,v_0,v_j)是否存在,即判别弧$<v_i,v_0>$和$<v_0,v_j>$是否存在,如果存在,则比较$<v_i,v_1,v_j>$和$<v_i,v_j>$的路径长度,取较短者为从 v_i 到 v_j 的中间顶点序号不大于 0 的最短路径。在路径上再增加一个顶点 v_1,若$(v_i,\cdots,v_1)$和$(v_1,\cdots,v_j)$分别是当前找到的中间顶点序号不大于 0 的最短路径,则$(v_i,\cdots,v_1,\cdots,v_j)$就有可能是从 v_i 到 v_j 的中间顶点的序号不大于 1 的最短路径。将它和已经得到的从 v_i 到 v_j 的中间顶点序号不大于 0 的最短路径相比较,从中选出长度较短者作为从 v_i 到 v_j 的中间顶点序号不大于 1 的最短路径之后,再增加一个顶点 v_2,继续进行试探,以此类推。在一般情况下,若$(v_i,\cdots,v_k)$和$(v_k,\cdots,v_j)$分别是从 v_i 到 v_k 和从 v_k 到 v_j 的中间顶点序号不大于 $k-1$ 的最短路径,则将$(v_i,\cdots,v_k,\cdots,v_j)$和已经得到的 v_i 到 v_j 且中间顶点序号不大于 $k-1$ 的最短路径相比较,取其长度较短者

作为从 v_i 到 v_j 的中间顶点序号不大于 k 的最短路径。如此重复,经过 n 次比较后,最后求得的必是从 v_i 到 v_j 的最短路径。用此方法,可同时求得每对顶点间的最短路径。

综上所述,Floyd 算法的基本思想是递推地产生一个矩阵序列:$A^{(-1)}$,$A^{(0)}$,$A^{(1)}$,…$A^{(k)}$,…$A^{(n-1)}$,其中:

$$A^{(-1)}[i][j] = \text{cost}[i][j]$$
$$A^{(k)}[i][j] = \text{Min}\{A^{(k-1)}[i][j], A^{(k-1)}[i][k] + A^{(k-1)}[k][j]\}\,(1 \leqslant k \leqslant n-1)$$

由上述公式可以看出,$A^{(1)}[i][j]$ 是从 v_i 到 v_j 中间顶点序号不大于 1 的最短路径长度;$A^{(k)}[i][j]$ 是从 v_i 到 v_j 中间顶点序号不大于 k 的最短路径长度;$A^{(n-1)}[i][j]$ 是从 v_i 到 v_j 的最短路径长度。还设置一个矩阵 path,path$[i][j]$ 是从 v_i 到 v_j 中间顶点序号不大于 k 的最短路径上 v_i 的一个邻接顶点的序号,约定若 v_i 到 v_j 无路径时 path$[i][j]=0$。由 path$[i][j]$ 的值,可以得到从 v_i 到 v_j 的最短路径。算法描述如下:

```
int path[n][n]                              /* 路径矩阵 */
void Floyd(float A[][n],cost[][n]);
{ /* A 是路径长度矩阵,cost 是有向网 G,max = 32 767 代表一个很大的数 */
for(i = 0;i < n;i++)                        /* 设置 A 和 path 的初值 */
    for(j = 0;j < n;j++)
    {   if(cost[i][j]< max)path[i][j] = j;  /* j 是 i 的后继 */
        else {path[i][j] = 0;A[i][j] = cost[i][j];
    }
for(k = 0;k < n;k++)
    /* 做 n 次迭代,每次均试图将顶点 k 扩充到当前求得的从 i 到 j 的最短路径上 */
  for(i = 0;i < n;i++)
    for(j = 0;j < n;j++)
        if(A[i][j]>(A[i][k] + A[k][j]))     /* 修改长度和路径 */
        {   A[i][j] = A[i][k] + A[k][j];path[i][j] = path[i][k];}
for(i = 0;i < n;i++)                        /* 输出所有顶点对 i,j 之间的最短路径的长度及路径 */
  for(j = 0;j < n;j++)
  {   printf(" % f",A[i][j]);               /* 输出最短路径的长度 */
      next = path[i][j];                    /* next 为起点 i 的后继顶点 */
      if(next == 0)                         /* i 无后继表示最短路径不存在 */
        printf(" % d to % d no path.\n",i + 1,j + 1);
      else                                  /* 最短路径存在 */
      {   printf(" % d",i + 1);
          while(next!= j + 1)               /* 打印后继顶点,然后寻找下一个后继顶点 */
          {   printf(" -> % d",.next);next = path[next - 1][j];}
          printf(" ->% d\n",j + 1);
      }/* else */                           /* 打印终点 */
  }/* for */
}/* Floyd */
```

以图 7.24(a)中的有向网络为例实施上述算法,迭代过程中 A 和 path 的变化及其最终输出的结果见图 7.26。其中 $A^{(-1)} = \text{cost}$,∞ 在机内表示为 max。对此例而言,迭代时有 $A^{(4)} = A^{(3)}$、path$_5$ = path$_4$,因此表中省略了 $A^{(4)}$ 和 path$_5$。算法输出的结果是由最终的路径长度矩阵 $A^{(4)}$ 和路径矩阵 path$_5$ 求得的。

图

$$A^{(-1)}=\begin{bmatrix} 0 & 10 & 2 & \infty & 9 \\ \infty & 0 & \infty & \infty & 2 \\ 4 & \infty & 0 & 3 & \infty \\ \infty & 4 & \infty & 0 & 7 \\ \infty & \infty & \infty & 6 & 0 \end{bmatrix} \qquad path_0=\begin{bmatrix} 0 & 1 & 2 & 0 & 4 \\ 0 & 1 & 2 & 0 & 4 \\ 0 & 0 & 2 & 3 & 0 \\ 0 & 1 & 0 & 3 & 4 \\ 0 & 0 & 0 & 3 & 4 \end{bmatrix}$$

$$A^{(0)}=\begin{bmatrix} 0 & 10 & 2 & \infty & 9 \\ \infty & 0 & 3 & \infty & 2 \\ 4 & 14 & 0 & 3 & 13 \\ \infty & 4 & \infty & 0 & 7 \\ \infty & \infty & \infty & 6 & 0 \end{bmatrix} \qquad path_1=\begin{bmatrix} 0 & 1 & 2 & 0 & 4 \\ 0 & 1 & 2 & 0 & 4 \\ 0 & 0 & 2 & 3 & 0 \\ 0 & 1 & 0 & 3 & 4 \\ 0 & 0 & 0 & 3 & 4 \end{bmatrix}$$

$$A^{(1)}=\begin{bmatrix} 0 & 10 & 2 & \infty & 9 \\ \infty & 0 & 3 & \infty & 2 \\ 4 & 14 & 0 & 3 & 13 \\ \infty & 4 & 7 & 0 & 6 \\ \infty & \infty & \infty & 6 & 0 \end{bmatrix} \qquad path_2=\begin{bmatrix} 0 & 1 & 2 & 0 & 4 \\ 0 & 1 & 2 & 0 & 4 \\ 0 & 0 & 2 & 3 & 0 \\ 0 & 1 & 1 & 3 & 1 \\ 0 & 0 & 0 & 3 & 4 \end{bmatrix}$$

$$A^{(2)}=\begin{bmatrix} 0 & 10 & 2 & 5 & 9 \\ 7 & 0 & 3 & 6 & 2 \\ 4 & 14 & 0 & 3 & 13 \\ 11 & 4 & 7 & 0 & 6 \\ \infty & \infty & \infty & 6 & 0 \end{bmatrix} \qquad path_3=\begin{bmatrix} 0 & 1 & 2 & 2 & 4 \\ 2 & 1 & 2 & 2 & 4 \\ 0 & 0 & 2 & 3 & 0 \\ 1 & 1 & 1 & 3 & 1 \\ 0 & 0 & 0 & 3 & 4 \end{bmatrix}$$

0	$v_0 \rightarrow v_0$
9	$v_0 \rightarrow v_2 \rightarrow v_3 \rightarrow v_1$
2	$v_0 \rightarrow v_2$
5	$v_0 \rightarrow v_2 \rightarrow v_3$
9	$v_0 \rightarrow v_4$
...	
17	$v_4 \rightarrow v_3 \rightarrow v_1 \rightarrow v_2 \rightarrow v_0$
10	$v_4 \rightarrow v_3 \rightarrow v_1$
13	$v_4 \rightarrow v_3 \rightarrow v_1 \rightarrow v_2$
6	$v_4 \rightarrow v_3$
0	$v_4 \rightarrow v_4$

$$A^{(3)}=\begin{bmatrix} 0 & 9 & 2 & 5 & 9 \\ 7 & 0 & 3 & 6 & 2 \\ 4 & 7 & 0 & 3 & 9 \\ 11 & 4 & 7 & 0 & 6 \\ 17 & 10 & 13 & 6 & 0 \end{bmatrix} \qquad path_4=\begin{bmatrix} 0 & 2 & 2 & 2 & 4 \\ 2 & 1 & 2 & 2 & 4 \\ 0 & 3 & 2 & 3 & 3 \\ 1 & 1 & 1 & 3 & 1 \\ 3 & 3 & 3 & 3 & 4 \end{bmatrix}$$

(a) 路径长度矩阵序列   (b) 路径矩阵序列   (c) 输出结果

图 7.26 Floyd 算法的迭代过程和输出结果

7.7 图 的 应 用

【例 7.1】 城市之间运送货物的方案选择。

已知某省 8 个城市（A、B、C、D、E、F、G、H）公路交通路线分布如图 7.27 所示。现有一辆货车从 A 市出发，给其他 7 个城市运送货物，请给出到达各个城市的一组顺序。

算法分析：该问题主要是求一条从 A 市出发到达各城市的一组序列，可用数据结构的

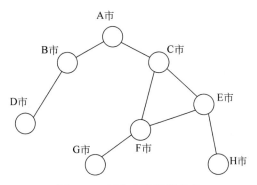

图 7.27 城市公路路线分布

图的存储和遍历来解决该问题。创建各城市连接图,利用图的遍历算法就可求出一条到其他各城市的序列。图可用邻接矩阵和邻接表来存储,利用图创建算法实现城市公路交通网的存储,再利用图的深度优先遍历算法或图的广度优先遍历算法就可解决该问题。算法的具体实现如下。

(1) 类型定义。

```
#define VexNum 20                    /* 最多顶点个数 */
#define LEN 9                        /* 顶点名称的最大长度加 1 */
typedef char VexType[LEN];           /* 顶点数据类型 */
typedef int EdgeType;                /* 边数据类型 */
typedef struct
{   VexType vext[VexNum];
    EdgeType arcs[VexNum][VexNum];
    int vexnum,arcnum;               /* 顶点个数和边数 */
}Mgraph;                             /* 图的邻接矩阵表示结构 */
```

(2) 算法。

本例的图为无向图,采用邻接矩阵表示它,用深度优先搜索遍历算法得到各个城市的一个序列。

```
Mgraph Create_Mgraph()
{   /* 邻接矩阵表示的无向图的创建 */
    int i,j,k;
    Mgraph G;
    printf(" \nInput vex number: ");
    scanf(" % d",&G.vexnum);          /* 输入顶点数 */
    printf(" Input Edge number: ");
    scanf(" % d",&G.arcnum);          /* 输入边数 */
    printf(" Input % d vexs information such as Muqi kule kashi\n",G.vexnum);
    for(i = 0;i < G.vexnum;i++)
        scanf(" % s",G.vexs[i]);      /* 输入顶点 i 的信息 */
    for(i = 0;j < VexNum;i++)
        for(j = 0;j < VexNum;j++)
            G.arcs[i][j] = 0;         /* 图的邻接矩阵初始化 */
    for(k = 0;k < G.arcnum;k++)
    { printf(" Input % d the edge (i,j) such as 3,5: ",k + 1);
      scanf(" % d, % d",&i,&j);       /* 输入图形的边的信息 */
      while(i < 1 || i > G.vexnum || j < 1 || j > G.vexnum)
    }
```

```
        printf(" Input %d the edge (i,j) such as 3,5: ",k + 1);
        scanf(" %d,%d",&i,&j);              /* 输入图的边的信息 */
        while (i < 1 || i > G.vexnum || j < 1 || j > G.vexnum)
        {  printf(" Error Vex Number,Retry,i,j: ");
           scanf(" %d,%d",&i,&j);           /* 输入对应边顶点序对 */
        }
        G.arcs[i - 1][j - 1] = 1;
        G.arcs[j - 1][i - 1] = 1;
        }
        return G;
    }
void DFS_M(Mgraph G,int i)
{   /* 邻接矩阵表示图进行深度优先遍历,从顶点 i 开始遍历 */
    int j;
    printf(" %s, ",G.vexs[i]);
    visited[i] = 1;
    for(j = 0;j < G.vexnum;j++)
        if((G.arcs[i][j] == 1)&&(!visited[j]))
            DFS_M(G,j);
}
```

【例 7.2】 乡村公路网建设最经济方案的选择。

有 6 个村(A、B、C、D、E、F)如图 7.28 所示,已知每两个村之间交通线的建造费用,要求建造一个连接 6 个村的交通网,使得任意两个村之间都可以直接或间接互达,要求使总的建造费用最小。如何建设 6 个村间的公路交通网?

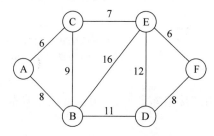

图 7.28 连接 6 个村的公路交通网

算法分析:该问题要求建立连接 6 个村的公路交通网,给出如图 7.28 所示的连接 6 个村的公路建设方案。要使建造费用最低,可将图中连接各村的公路建设费用视为距离长度,就可用带权无向图的最小生成树来求解。得出的最小生成树即为建设连接各村公路网的最经济的方案。可以采用 Prim 算法求解。算法的具体实现如下。

(1) 类型定义

```
typedef char VexType[LEN];              /* 顶点数据类型 */
typedef int EdgeType;                   /* 边数据类型 */
typedef struct
{   VexType vext[VexNum];
    EdgeType arcs[VexNum][VexNum];
    int vexnum,arcnum;                  /* 顶点个数和边数 */
}Mgraph;                                /* 图的邻接矩阵表示结构定义 */
typedef struct
{    int adjvex;;                       /* 集合 U 中的顶点(始点) */
     int value;                        /* 集合 U 中顶点到非 U 中的某个顶点的最小距离值 */
}InterEdge;
```

（2）主要算法

```
int Min_SpanTree(Mgraph G, int u)
{/* 最小生成树的 Prim 算法,以 u 为起始点,求用邻接矩阵表示的图 G 的最小生成树,然后输出 */
    InterEdge ee[VexNum];
    int cc = 0, pp[VexNum * 2];
    int k = 0, i, j, sl, in;
    for(i = 0; i < G.vexnum; i++)
    {  ee[i].adjvex = u;
       ee[i].value = G.arcs[u][i];
    }
    ee[u].value = 0;
    for(i = 1; i < G.vexnum; i++)      /* 求最小生成树的(n-1)条边,n 顶点数 G.vexnum */
    {  k = MinValue(ee, G.vexnum);
       sl = ee[k].adjvex;              /* 在一个顶点在 U 中,另一个顶点不在 U 中的边中,
                                           边(sl,k)是一条权值最小的边 */
       ee[k].value = 0;               /* 将顶点 k 加入 U 中 */
       pp[cc] = sl;
       cc++; pp[cc] = k; cc++;        /* 将最小生成树的一条边(sl;k)记录到数组 pp 中 */
       for(j = 0; j < G.vexnum; j++)
           if(G.arcs[k][j] < ee[j].value)
           {  /* 调整最短路径,并保存下标 */
              ee[j].value = G.arcs[k][j];  ee[j].adjvex = k;
           }
    }
}
```

【例 7.3】　确定最经济的旅行线路。

已知如图 7.29 所示的 $v_1, v_2, \cdots, v_9$ 共 9 个地点的单行线交通网络,弧旁的数字表示驾车经过这条单行线所需要的费用。现某人驾驶汽车从 v_1 出发,通过这个交通网到 v_9,求驾车出行费用最经济的旅行路线。

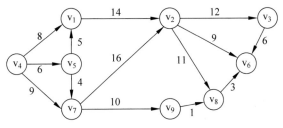

图 7.29　9 个地点交通网络

算法分析：该问题是寻求一条从地点 v_1 到地点 v_8 之间的路径,由于从 v_1 到 v_8 之间存在多条路径,因此该问题其实是寻求一条从 v_1 到 v_8 之间最短的路径,因为单行线(弧)上的出行费用可理解为两地点之间的距离。因此该问题可转换为单源最短路径问题来解决。即求源点 v_1 到其他地点的最短路径(即到 v_8 的最短路径)。算法的具体实现如下：

```
int ShortPath_MN(Mgraph G, int u)
{/* 以 u 为源点求到其他顶点的最短路径 */
    int path[VexNum];              /* path[i]是源点 u 到顶点 i 的最短路径上的顶点 i 的前驱
                                       顶点,据此可倒推找到最短路径上的各个顶点 */
    int k = 0, i, j;
    InterEdge dist[VexNum];         /* 最短距离值数组 */
```

```
for(i = 0;i < G.vexnum;i++)
    {   if(G.arcs[u][i] == MAXINT
        path[i] = - 1;
        else
            path[i] = u;
        dist[i].length = G.arcs[u][i];
        dist[i].flag = 0;
    }
dist[i].length = 0;
dist[i].flag = 1;
for(i = 1;i < G.vexnum;i++)        /* 求 n - 1 个顶点的最短距离,n = G.vexnum */
    { k = MinValue(dist,G.vexnum);
    dist[k].flag = 1;
    for(j = 0;j < G.vexnum;j++)   /* 调整源点到其他各点的最短路径 */
        if(dist[j].flag == 0&&dist[k].length + G.arcs[k][j] < dist[j].length)
        { dist[j].length = dist[k].length + G.arcs[k][j];
            path[j] = k;
        }
    }
/* 输出最短路径的升序,最短路径上的各个顶点,逆序输出 */
printf(" \n The shortest path solution is (Path Length Path):\n");
for(i = 0;i < G.vexnum;i = i + 1)
    { k = path[i];
    if(k == - 1)
        printf("     % 3c to    % 3c No path\n",G.vexs[u],G.vexs[i]);
    else
        { /* 最短路径的长度 dist[i].length,最短路径上的终点 G.vexs[i] */
        printf("     % 3c to    % 3c - > ",dist[i].length,G.vexs[i]);
        while(k!= u)
            { printf(" % 3c - > ", G.vexs[k]);
            k = path[k];                  /* 输出路径上的前驱顶点 */
            }
        printf(" % 3c \n", G.vexs[u]);   /* 最短路径上的终点 */
        }
    }
}
```

【例 7.4】 统筹安排工程建设时间。

现有某单位的计算机机房建设工程,包含的子工程以及各子工程之间的关系如表 7.4 所示。由于资金和场地等条件限制,这些子工程必须一项一项地进行,不能有并行情况。请给出一种可行的安排这些子工程建设时间的一个线性序列,按照它的顺序依次进行各个工程的建设,以顺利完成整个工程。

表 7.4 某单位计算机机房建设工程总表

子工程代号	子工程名称	前序子工程
v_1	总体设计	无
v_2	工程招标	无
v_3	机房建设	v_1 v_2
v_4	购买设备	v_1
v_5	购买软件	v_2

子工程代号	子工程名称	前序子工程
v_6	组网装机	v_3 v_4 v_5
v_7	软件调试	v_6
v_8	网络调试	v_6 v_7
v_9	工程验收	v_6 v_7 v_8

算法分析：根据计算机机房建设工程表画出整个工程的各子工程间的 AOV 图。本例对应的 AOV 网如图 7.30 所示。那么整个工程顺利完成的一种可行方案的求解，就转换为求 AOV 拓扑序列。利用求 AOV 网拓扑序列算法求出的任意拓扑序列都是该问题的解。若已输出全部顶点，则得到问题的一个解；若输出的顶点数小于总的顶点数，而又无入度为 0 的顶点，则说明该图中存在回路，该问题无解。

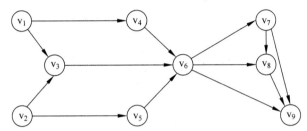

图 7.30　表示子工程之间先后关系的有向图

算法的具体实现如下：

```
int TopoSort_AL(Algraph G)                 /* 邻接表表示图的拓扑排序算法 */
{
  SeqStack * stack;
  int list[VexNum];
  ArcNode * p;
  int ind[VexNum];
  int k = 0, i, j, flag, in;
  stack = (SeqStack * )malloc(sizeof(SeqStack));
  setNullStack(stack);
  for(i = 0; i < G.vexnum; i++)
     ind[i] = 0;                           /* 初始化各顶点的入度 */
  for(i = 0; i < G.vexnum; i++)
     { for(p = G.adjlist[i].firstarc; p; p = p -> nextarc)
       {    j = p -> adjvex;
          ind[j]++;
       }
     }
  for(i = 0; i < G.vexnum; i++)
     if(ind[i] == 0)
       PushStack(stack, i);                /* 入度为 0 的顶点压栈 */
  i = 0;
  while(!EmpthStack(stack))
     {i = PopStack(stack);
      list[k] = i;                         /* 记录入度为 0 的顶点 */
      k++;                                 /* 调整以顶点为始点的各顶点的入度 */
      for(p = G.adjlist[i].firstarc; p; p = p = -> nextarc)
         {j = p -> adjvex;
```

```
                    if(!( -- (ind[j])))
                      PushStack(stack,j);                 /* 入度为 0 的顶点压栈 */
                  }
              }
          /* 输出拓扑排序结果 */
          if(k < G.vexnum)
          {   printf(" The AOV network has a cycle. ");
              return 0;
          }
          free(stack);
          printf(" \nThe toposort'solution is:\n");
          for(i = 0;i < G.vexnum;i++)
              {
                j = list[i];
                printf(" %c ",G.adjlist[j].vex);
              }
      }
```

本 章 小 结

(1) 图是一种较复杂的非线性结构,具有广泛的应用性,本章主要介绍了图的定义、相关概念以及图的应用。

(2) 图的存储结构表示法有数组表示法、邻接表、十字链表等,在学习时应充分理解邻接表是一种顺序分配和链式分配相结合的存储方式。

(3) 图的遍历算法应用范围很广,学习时应注意重点体会二叉树的遍历与图的遍历的联系(即二叉树的前根遍历相当于深度遍历,二叉树的中根遍历相当于广度遍历)。

(4) 注意体会构造最小生成树的 Prim 算法和 Kruskal 算法的思想,能够灵活运用。

(5) 注重理解求某一源点到其余各顶点的最短路径的 Dijkstra 算法和每一对顶点之间的最短路径的 Floyd 算法。

(6) 在求 AOV 网的拓扑排序中,注意其拓扑序列的不唯一性。

(7) 了解如何在 AOE 网中确定关键路径。

知 识 拓 展

1. 最短路径的应用

像百度地图、腾讯地图和高德地图这样的地图软件,是日常生活中经常使用的软件。地图软件中的最优出行路线是如何计算出来的呢? 最优出行路线有很多种不同的定义方法,如最短路线、最少用时路线和最少红绿灯路线等。先讨论最简单的一种:最短路线。

在解决软件开发中的实际问题时,最重要的一点就是建模,也就是将复杂的应用场景抽象成具体的数据结构。如何将地图抽象成图呢? 可以将每个岔路口看作一个顶点,岔路口与岔路口之间的路看作一条边,路的长度作为边的权重。如果路是单行道,就在两个顶点之间画一条有向边;如果路是双行道,就在两个顶点之间画两条方向不同的边。这样,整个地图就被抽象成了一个有向有权图。

从理论上讲,利用 Dijkstra 算法可以计算出两点之间的最短路径。但是,对于包含非常多的岔路口和道路的大地图,其抽象成数据结构之后,就对应包含非常多的顶点和边的大图。如果为了计算两点之间的最短路径,在一个大图上执行 Dijkstra 算法,显然是非常耗时的。

工程不同于理论,一定要给出最优解,理论上再好的算法,如果执行效率太低,也无法应用到实际工程中,类似出行路线这种工程上的问题,没有必要非得求出一个绝对的最优解。为了兼顾执行效率,寻找可行次优解就可以满足大部分情况下的需求。

虽然地图很大,但是两点之间的最短路径或者较好地出行路径并不会很"发散",只会出现在两点之间和两点附近的区块内。因此,可以在整个大地图上划出一个小的区块,让这个小区块恰好可以覆盖两个点。只需要在这个小区块内部运行 Dijkstra 算法,这样就能避免遍历整个大图,也就大大提高了执行效率。

不过,如果两点距离比较远,如从哈尔滨南岗区的某个地点到北京海淀区的某个地点,那么上面的这种处理方法显然就不合适了,毕竟覆盖哈尔滨和北京的区块并不小。

对于两点之间距离较远的路线规划,可以把哈尔滨南岗区或者哈尔滨看作一个顶点,把北京海淀区或者北京也看作一个顶点,先规划大的出行路线,再细化小路线。

以上分析的是最短路线这种最优路线。那么,如何找到用时最少和红路灯最少的最优路线呢?

在计算最短路径时,每条边的权重是路的长度。在计算最少用时路径时,仍然可以使用 Dijkstra 算法来解决,不过,需要把边的权重从路的长度变成经过这段路所需要的时间。这个时间会根据拥堵情况时刻变化。

每经过一条边,就要经过一个红绿灯。关于最少红绿灯的出行方案,实际上,只需要把每条边的权值改为 1,算法还是不变,即可以继续使用 Dijkstra 算法。不过,边的权值为 1,相当于无权图,还可以使用广度优先搜索来解决。

不过,这里给出的所有方案都非常"粗糙",只是为了展示如何结合实际的场景灵活地应用算法,让算法为我们所用。真实的地图软件的路径规划要复杂很多。

2. 社交软件与图状结构

微博和微信是目前比较流行的社交软件。在微博中,两个人可以互相关注;在微信中,两个人可以互相加为好友。那么,微博、微信等社交网络中的好友关系是如何存储的呢?

微博、微信是两种不同的"图",前者是有向图,后者是无向图。两者的解决思路差不多,这里用微博来举例讲解。

数据结构是为算法服务的,因此,具体选择哪种存储方法与期望支持的操作有关。针对微博的用户关系,假设需要支持这样几个操作:①判断用户 A 是否关注了用户 B;②判断用户 A 是否被用户 B 关注;③用户 A 关注用户 B;④用户 A 取消关注用户 B;⑤根据用户名称的首字母排序,分页获取用户的"粉丝"列表;⑥根据用户名称的首字母排序,分页获取用户的关注列表。

接下来,思考如何存储一个图。由于社交网络是一张稀疏图,使用邻接矩阵存储比较浪费存储空间,因此选用邻接表。但是,在邻接表中,查找某个用户关注了哪些用户非常容易,但反过来,要想查找某个用户被哪些用户关注了,也就是显示用户的"粉丝"列表,就会非常困难。因此,还需要一张逆邻接表。邻接表中存储用户的关注关系,逆邻接表中存储用户的被关注关系。

但是，基础的邻接表不适合快速判断两个用户之间是否是关注与被关注的关系，因此，选择改进版本，将邻接表中的链表改为支持快速查找的动态数据结构。因为需要按照用户名称的首字母排序，分页来获取用户的"粉丝"列表或者关注列表，所以，使用"跳表"这种结构最适合。跳表的插入、删除和查找操作都相当高效，时间复杂度是$O(\mathrm{lb}n)$。并且，跳表中存储的数据本身就是有序的，按序分页获取"粉丝"列表或关注列表的操作非常高效。

对于小规模的数据，如社交网络总只有几万或几十万个用户，可以将整个社交关系存储在内存中，上面的解决思路是没有问题的。但是，微博有上亿的用户，数据规模太大，就无法将整个图存储在内存中。可以通过哈希算法对数据进行分片，将邻接表存储在不同的机器上。逆邻接表的处理方式也一样。当要查询顶点与顶点之间的关系时，利用同样的哈希算法，先定位顶点所在的机器，然后到相应的机器上查找。除此之外，还可以用数据库来存储社交关系。为了支持高效查询操作，对表中相应的列建立索引。

上述讨论的是微博这种有向图的解决思路，像微信这种无向图该怎么存储呢？读者可按照分析思考。

第8章 查找

查 找

【本章学习目标】

查找是指在数据元素集合中查找满足某种条件的数据元素。查找是数据结构中经常用到的基本操作。例如,在学生成绩表中查找某位同学的成绩、在电话号码簿中查找某个用户的电话号码、在图书馆的书目文件中查找某编号的图书等。

本章首先介绍了有关查找的概念,然后通过实例引出查找操作,并讨论了各类查找表及其相关的查找算法,同时进行查找算法的时间效率分析。通过本章的学习,要求:

- 掌握静态查找表及查找算法:顺序查找、有序表查找、静态树表查找和索引顺序表查找;
- 掌握动态查找表及查找算法:二叉排序树、平衡二叉树、B 树、B-树和 B+ 树;
- 掌握哈希表及其查找;
- 掌握各种查找算法的时间效率分析。

8.1 基 本 概 念

1. 查找表

用于查找的数据元素集合称为查找表。查找表由同一类型的数据元素(或记录)构成。

2. 静态查找表

若只对查找表进行如下两种操作:①查看某个特定的数据元素是否在查找表中。②检索某个特定元素的各种属性,则称这类查找表为静态查找表。静态查找表在查找过程中其本身不发生变化。对静态查找表进行的查找操作称为静态查找。

3. 动态查找表

若在查找过程中可以将查找表中不存在的数据元素插入,或者从查找表中删除某个数据元素,则称这类查找表为动态查找表。动态查找表在查找过程中可能会发生变化。对动态查找表进行的查找操作称为动态查找。

4. 查找

在数据元素集合中查找满足某种条件的数据元素的过程称为查找。最简单且最常用的查找条件是"关键字值等于某个给定值",在查找表中搜索关键字值等于给定值的记录,若表中存在这样的记录,则查找成功;否则,查找失败。

5. 查找表的存储结构

查找表是一种非常灵活的数据结构,对于不同的存储结构,其查找方法不同。为了提高查找速度,有时会采用一些特殊的存储结构。本章将介绍以线性结构、树状结构及哈希表结构为存储结构的各种查找算法。

6. 查找算法的时间效率

查找过程的主要操作是关键字的比较,所以通常以"平均比较次数"来衡量查找算法的时间效率。

8.2 静态查找表

本节将讨论以线性结构表示的静态查找表及相应的查找算法。例如,表 8.1 为某次考试学生成绩表,表中每个学生的记录包括考号、姓名、总分。如何在此表中查找某位学生的总分呢?

表 8.1 学生成绩表

考　号	姓　名	总　分
001	王小菊	260
002	侯小苕	300
003	郭小军	250
005	齐小嘉	270

8.2.1 顺序表的查找

1. 顺序查找的基本思想

顺序查找(Sequential Search)又称为线性查找,是一种最简单的查找方法。其基本思想是从线性表的一端开始顺序扫描线性表,依次将扫描到的结点关键字和给定值 m 相比较,若当前扫描到的结点关键字与 m 相等,则查找成功,返回该数据元素的存储位置;反之,若扫描结束后,仍未找到关键字等于 m 的结点,则查找失败,返回查找失败标志。

2. 顺序表的顺序查找

顺序表的数据类型定义如下:

```
#define MAXSIZE 100
#define KEYTYPE int
typedef struct
{KEYTYPE key;
ELEMTYPE other;
}SEQLIST;
```

这里的 KEYTYPE 和 ELEMTYPE 分别为关键字数据类型和其他数据的数据类型,可以是任何相应的数据类型,这里 KEYTYPE 为 int 型。

假设在查找表中,数据元素个数为 $n(n<\text{MAXSIZE})$,并分别存放在数组的 $r[1]\sim r[n]$ 中。查找算法如下:

```
int seqsearch(KEYTYPE k,SEQLIST * r,int n)
/* 查找关键字值等于 k 的记录,若查找成功,则返回该记录的位置,否则返回 0 */
{int i;
  i = n;
  r[0].key = k;                        /* 监视哨 */
while(r[i].key!= k)                     /* 从表后向前找 */
  i--;
```

```
    return i;                   /*若i为0,则表示查找失败,否则,i就是要找的结点k的位置*/
}
```

算法中的监视哨 r[0],是为了在 for 循环中省去判定防止下标越界的条件 $i \geqslant 1$,从而节省比较的时间。

定义:为确定记录在查找表中的位置,和给定值进行比较的关键字个数的期望值称为查找算法在查找成功时的平均查找长度(Average Search Length,ASL)。

对于含有 n 个结点的线性表,结点的查找在等概率的前提下,即 $P_i = 1/n$,由于找第 i 个记录需要比较 $n-i+1$ 次,即 $C_i = n-i+1$,于是有平均查找长度为

$$ASL = \sum_{i=1}^{n} P_i C_i = \frac{1}{n} \sum_{i=1}^{n} (n-i+1) = \frac{1}{n} \times \frac{n(n+1)}{2} = \frac{n+1}{2}$$

这就是说查找成功的平均查找次数近似于表长的一半。若 k 值不在表中,则必须进行 $n+1$ 次比较之后,才能确定查找失败。

当给定的线性表采取链式存储方式时,扫描必须从第一个结点开始,这在第 2 章中已经讨论过,在此不再赘述。

顺序查找算法简单、适应面广,对表的结构无任何要求,但是执行效率较低,尤其当 n 较大时,不宜采用这种查找方法。

【例 8.1】 在关键字序列为{8,6,5,12,3,9}的线性表中查找关键字为 12 的元素。顺序查找过程如图 8.1 所示。

	r[0]	r[1]	r[2]	r[3]	r[4]	r[5]	r[6]
开始	12	8	6	5	12	3	9
第一次比较	12	8	6	5	12	3	9
							↑ $i=6$
第二次比较	12	8	6	5	12	3	9
						↑ $i=5$	
第三次比较	12	8	6	5	12	3	9
					↑ $i=4$		

图 8.1 顺序查找过程(由后向前扫描)

由图 8.1 看出,查找成功,返回序号 4。

8.2.2 有序表的查找

1. 折半查找的基本思想

折半查找又称二分查找,它是一种效率较高的查找方法。折半查找要求查找表用顺序存储结构存放且数据元素按关键字有序(升序或降序)排列,即折半查找只适用于对有序顺序表进行查找。

在此假设查找表为升序,对其进行折半查找的基本思想是:首先以整个查找表作为查找范围,用查找条件中给定值 k 与中间位置结点的关键字比较,若相等,则查找成功,否则,根据比较结果缩小查找范围。如果 k 的值小于关键字的值,根据查找表的有序性可知,查找的数据元素只可能在表的前半部分,即在左半部分子表中,所以继续对左半部分子表进行折半查找;若 k 的值大于中间结点的关键字值,则可以判定查找的数据元素只有可能在表

的后半部分,即在右半部分子表中,所以应该继续对右子表进行折半查找。每进行一次折半查找,要么查找成功,结束查找,要么将查找范围缩小一半,如此重复,直到查找成功或查找范围缩小为空,即查找失败为止。

从上面的描述中可以看出,折半查找过程是先确定查找范围,然后每经过一次比较,使查找范围缩小一半,直到查找成功或者查找失败,所以折半查找也称为二分查找。

2. 折半查找过程示例

【例8.2】 在关键字有序序列{3,6,8,12,13,27}中采用折半查找法查找关键字为6的元素。

指针 low 和 high 分别指示待查元素所在范围的下界和上界,指针 mid 指示区间的中间位置,即 mid=$\lfloor$(low+high)/2$\rfloor$,折半查找过程如图8.2所示。

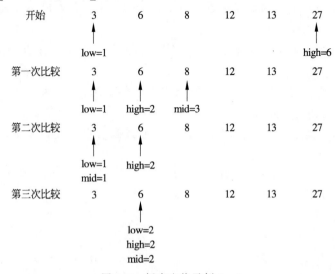

图8.2 折半查找示例 $k=6$

由图8.2可以看出,查找成功,返回序号2。

折半查找的算法描述如下:

```
int binsearch(SEQLIST * r,KEYTYPE k, int n)
{   / * 在有序表 r 中进行折半查找,查找成功返回结点的位置,失败则返回 0 * /
int low, high, mid;
low = 1; high = n;                  / * 置查找区间的下、上界初值 * /
while(low < = high)
{mid = (low + high)/2;
if(k == r[mid].key)
return mid;                         / * 查找成功,返回 k 在表中的位置 * /
else if(k < r[mid].key)
high = mid - 1;                     / * 缩小查找区间为左子表 * /
else
low = mid + 1;                      / * 缩小查找区间为右子表 * /
}
return 0;                           / * 查找失败 * /
}
```

折半查找过程可用二叉树来描述,把当前查找区间的中间位置上的结点序号作为根,左子表和右子表中的结点序号分别作为根的左子树和右子树,由此得到的二叉树称为描述二分查找的判定树。图 8.3 给出了例 8.2 的折半查找的二叉判定树及查找关键字为 6(序号为 2)的记录的路径。

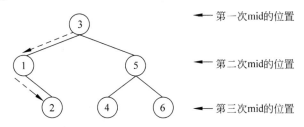

(带箭头虚线表示查找序号为2的记录的路径)

图 8.3　折半查找的判定树

由图 8.3 可知,若查找的结点是表中第 3 个结点,则只需进行一次比较,若查找的结点是表中第 1 个或第 5 个结点,则需进行两次比较;若找第 2、4、6 个结点,则需要比较三次。由此可知,成功的折半查找过程恰好是走了一条从判定树的根到被查结点的路径,经历比较的关键字次数恰为该结点在树中的层次。借助二叉判定树,可以求得折半查找的平均查找长度 $ASL = lb(n+1) - 1$。

因此,折半查找法的平均查找长度为 $O(lbn)$。与顺序查找方法相比,折半查找的效率比顺序查找高,速度比顺序查找快,但折半查找只适用于有序表,需要对 n 个元素预先进行排序,仅限于顺序存储结构(对线性链表无法进行折半查找)。

8.2.3　静态树表的查找

8.2.2 节对有序表的查找性能的讨论是在"等概率"的前提下进行的,即当有序表中各记录的查找概率相等时,按如图 8.3 所示的判定树描述的查找过程来进行折半查找,其性能最优。如果有序表中各记录的查找概率不等,情况又如何呢?

先看一个具体例子。假设有序表中含 5 个记录,并且已知各记录的查找概率不等,分别为 $P_1 = 0.1$、$P_2 = 0.2$、$P_3 = 0.1$、$P_4 = 0.4$ 和 $P_5 = 0.2$。对此有序表进行折半查找,查找成功时的平均查找长度为

$$\sum_{i=1}^{5} P_i C_i = 0.1 \times 2 + 0.2 \times 3 + 0.1 \times 1 + 0.4 \times 2 + 0.2 \times 3 = 2.3$$

但是,如果在查找时令给定值先和第 4 个记录的关键字进行比较,比较不相等时再继续在左子序列或右子序列中进行折半查找,则查找成功时的平均查找长度为

$$\sum_{i=1}^{5} P_i C_i = 0.1 \times 3 + 0.2 \times 2 + 0.1 \times 3 + 0.4 \times 1 + 0.2 \times 2 = 1.8$$

这就说明,当有序表中各记录的查找概率不等时,按如图 8.3 所示的判定树进行折半查找,其性能未必是最优的。那么此时应如何进行查找呢? 换句话说,描述查找过程的判定树为何类二叉树时,其查找性能最佳? 如果只考虑查找成功的情况,则使查找性能达最佳的判定树是其带权内路径长度之和 pH 值

$$pH = \sum_{i=1}^{n} w_i h_i$$

取最小值的二叉树。其中,n 为二叉树上结点的个数(即有序表的长度);h_i 为第 i 个

第 8 章

查　找

结点在二叉树上的层次数；结点的权 $w_i = cp_i(i=1,2,\cdots,n)$，其中 p_i 为结点的查找概率，c 为某个常量。称 pH 值取最小的二叉树为静态最优查找树(Static Optimal Search Tree)。由于构造静态最优查找树花费的时间代价较高,因此在此介绍一种构造近似最优查找树的有效算法。

已知一个按关键字有序的记录序列:

$$(rl, rl+1, \cdots, rh) \tag{8-1}$$

其中

$$rl.\text{key} < rl+1.\text{key} < \cdots < rh.\text{key}$$

与每个记录相应的权值为

$$wl, wl+1, \cdots, wh \tag{8-2}$$

现构造一棵二叉树,使这棵二叉树的带权内路径长度 pH 值在所有具有同样权值的二叉树中近似为最小,称这类二叉树为次优查找树(Nearly Optimal Search Tree)。

构造次优查找树的方法:首先在式(8-1)所示的记录序列中取第 $i(1 \leqslant i \leqslant h)$ 个记录构造根结点 ri,使得

$$\Delta P_i = \left| \sum_{j=i+1}^{h} w_j - \sum_{j=1}^{i-1} w_j \right| \tag{8-3}$$

取最小值($\Delta P_i = \text{Min}\{\Delta P_j\}$),然后分别对子序列$\{rl, rl+1, \cdots, ri-1\}$和$\{ri+1, \cdots, rh\}$两棵次优查找树,并分别设为根结点 ri 的左子树和右子树。

由于在构造次优查找树的过程中,没有考察单个关键字的相应权值,则有可能出现被选为根的关键字的权值比与它相邻的关键字的权值小。此时应进行适当调整:选取邻近的权值较大的关键字作为次优查找树的根结点。

大量的实验研究表明,次优查找树和最优查找树的查找性能之差仅为 $1\%\sim2\%$,很少超过 3%,而且构造次优查找树的算法的时间复杂度为 $O(n\text{lb}n)$,因此它是构造近似最优二叉查找树的有效算法。

8.2.4 索引顺序表的查找

索引顺序表查找又称分块查找。这是顺序表查找的一种改进方法,它是以索引顺序表表示的静态查找表。用此方法查找,在查找表上需建立一个索引表,图 8.4 是一个索引顺序表的示例。

【例 8.3】 对于关键字序列为$\{10,9,13,8,20,5,30,38,32,45,37,26,49,56,83,70,76\}$的线性表,采用分块查找法查找关键字为 38 的元素。

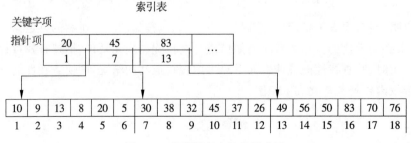

图 8.4 索引顺序表结构示意图

顺序表中的 18 个记录可分成三个子表(r1,r2,…,r6)、(r7,r8,…,r12)、(r13,r14,…,r18),每个子表为一块。索引表由若干表项组成,每个表项包括两部分内容:关键字项和指针项。关键字项中存放对应块中的最大关键字,指针项中存放对应块中第一个记录在查找表中的位置序号。查找表可以是有序表,也可以是分块有序。分块有序是指第二个子表块中所有记录的关键字均大于第一个子表块中的最大关键字,第三个子表块中的所有记录的关键字均大于第二个子表块中的最大关键字,以此类推,所以索引表一定是按关键字项有序排列的。

分块查找的基本思想:首先用给定值 k 在索引表中查找,因为索引表是按关键字项有序排列的,可采用折半查找或顺序查找以确定待查记录在哪一块中,然后在已确定的块中进行顺序查找,当查找表是有序表时,在块中也可以用折半查找。对应图 8.4,$k=38$,先将 k 和索引表各关键字进行比较,因为 $20<38<45$,则关键字为 38 的记录如果存在,必定在第二个子表中,再从第二个子表的第一个记录的位置序号 7 开始,按记录顺序查找,直到确定第 8 个记录是要找的记录。

算法分析:如果在索引表中确定块和在块中查找记录都采用顺序查找,则分块查找成功的平均查找长度由两部分组成:

$$ASL = L_b + L_w$$

其中,L_b 是在索引表中确定块的平均查找长度;L_w 是在对应块中找到记录的平均查找长度。一般情况下,假设有 n 个记录的查找表可均匀地分成 b 块,则每块含有 s 个记录($s=n/b$),b 就是索引表中表项的数目。又假定表中每个记录的查找概率相等,则等概率下分块查找成功的平均查找长度为

$$ASL = \frac{b+1}{2} + \frac{s+1}{2} = \frac{1}{2}\left(\frac{n}{s} + s\right) + 1$$

可见,平均查找长度和表中记录的个数 n 有关,而且和每一块中的记录个数 s 也有关。它是一种效率介于顺序查找和折半查找之间的查找方法。

8.3 动态查找表

正如前文所述,动态查找在查找过程中可以向查找表中插入表中不存在的数据元素,或者从查找表中删除某个数据元素。本节将介绍用二叉排序树表示的一种动态树表的动态查找操作。

8.3.1 二叉排序树和平衡二叉树

1. 二叉排序树

二叉排序树又称为二叉查找树,它是一种特殊结构的二叉树,其定义为:二叉排序树(Binary Sort Tree)或者是一棵空树,或者是具有如下性质的二叉树。

(1) 若它的左子树非空,则左子树上所有结点的值均小于根结点的值;

(2) 若它的右子树非空,则右子树上所有结点的值均大于根结点的值;

(3) 左、右子树本身又各是一棵二叉排序树。

从二叉排序树的定义可得出二叉排序树的一个重要性质:按中序遍历该树所得到的中

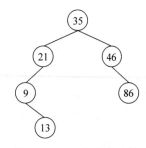

图 8.5　二叉排序树示例

序序列是一个递增有序序列。例如,图 8.5 所示的二叉树即是二叉排序树,若中序遍历此二叉排序树,则可得有序序列为 9,13,21,35,46,86。

如果取二叉链表作为二叉排序树的存储结构,则可描述如下:

```
#define KEYTYPE int
typedef struct node
{KEYTYPE key;
struct node * lchild, * rchild;
}bstnode;
```

2. 二叉排序树的查找

在二叉排序树中查找一个关键字值为 k 的结点的基本思想:用给定值 k 与根结点关键字值比较,如果 k 小于根结点的值,则要找的结点只可能在左子树中,所以继续在左子树中查找,否则将继续在右子树中查找,依此方法,查找下去,直至查找成功或查找失败为止。二叉排序树查找的过程描述如下:

(1) 若二叉树为空树,则查找失败。

(2) 将给定值 k 与根结点的关键字值比较,若相等,则查找成功。

(3) 若给定值 k 大于根结点的关键字,则继续在根结点的右子树中查找。

(4) 否则,继续在根结点的左子树中查找。

算法描述如下:

```
bstnode * bstsearch(bsnode * t,KEYTYPE k)
{while(t!= NULL)
  {if(t->key == k)
      rerurn t;            /* 查找成功 */
  else if(k>t->key)
    t = t->rchild;         /* 在右子树中查找 */
  else
    t = t->lchild;         /* 在左子树中查找 */
    }
return   NULL;             /* 查找失败 */
}
```

可见,在二叉排序树上查找其关键字等于给定值的结点的过程,恰是走了一条从根结点到该结点的路径的过程。因此与折半查找类似,和关键字比较次数不超过该二叉树的深度。二叉排序树的平均查找长度为

$$\text{ASL} = \sum_{i=1}^{n} P_i C_i$$

长度为 n 的有序表其判定树唯一,故平均查找长度唯一,但二叉排序树的形态与关键字的输入顺序有关。例如,图 8.6(a)所示的二叉排序树是按 43、24、55、12、37、86 的插入次序构成的;而图 8.6(b)所示的二叉排序树则是按 12、24、37、43、55、86 的插入次序构成的。

图 8.6(a)所示的二叉排序树的平均查找长度为

$$\text{ASLa} = \frac{1}{6}(1 + 2 \times 2 + 3 \times 3) \approx 2.33$$

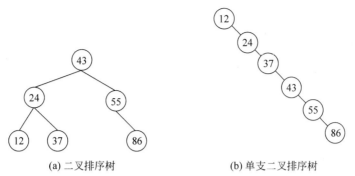

(a) 二叉排序树　　　　　(b) 单支二叉排序树

图 8.6　由同一组关键字构成的两棵形态不同的二叉排序树

同样结点数的单支二叉排序树(如图 8.6(b)所示)的平均查找长度为

$$ASLb = \frac{1}{6}(1+2+3+4+5+6) = 3.5$$

最坏的情况下,二叉排序树变为单支树,最好的情况是二叉排序树比较均匀。

　　二叉排序树的性能与折半查找相差不大,但二叉排序树对于结点的插入和删除十分方便,因此对于经常进行插入、删除和查找运算的表,应采用二叉排序树结构。

3. 二叉排序树的插入

　　二叉排序树是一种动态树表,其特点是：树的结构通常不是一成不变的,在一棵二叉排序树中插入一个结点可以用一个递归的过程实现。即若二叉排序树为空,则新结点作为二叉排序树的根结点；若给定结点的关键字值小于根结点关键字值,则插入左子树上；若给定结点的关键字值大于根结点的值,则插入右子树上。设二叉排序树的根是 root,要插入的值是 k,则算法描述如下：

```
void insertbst(bstnode * root ,KEYTYPE k)
{bstnode * s;
if (root == NULL)
{s = (bstnode * )malloc(sizeof(bstnode));
s->key = k;
s->lchild = NULL;
s->rchild = NULL;
root = s;
}
else if(k < root->key)
insertbst(root->lchild,k);
else
insertbst(root->rchild,k);
}
```

4. 二叉排序树的建立

　　利用二叉排序树的插入算法,可以很容易地实现创建二叉排序树的操作,其基本思想是：由一棵空二叉树开始,经过一系列的查找插入操作生成一棵二叉排序树。

　　【例 8.4】　叙述由结点关键字序列(43,24,55,12,37,86)构造二叉排序树的过程。

　　从空二叉树开始,依次将每个结点插入二叉排序树中,在插入每个结点时都从根结点开始搜索插入位置,找到插入位置后,将新结点作为叶子结点插入,经过 6 次查找和插入操作,建成由图 8.6(a)所示的二叉排序树。二叉排序树的建立算法如下：

```
bscreat()
{KEYTYPE k;
bstnode * root, * p;
root = NULL;
scanf(" % d",&k);
while(k!= 0)
{insertbst(root,k);
scanf(" % d",&k);
}
}
```

5. 二叉排序树的删除

从二叉排序树中删除一个关键字值等于指定值的结点，首先需要找到关键字值与指定值相等的结点，然后将其删除，并且要保持二叉排序树的基本性质不变。

下面分4种情况讨论，如何确保从二叉排序树中删除一个结点后，不会影响二叉排序树的性质。

（1）若要删除的结点为叶子结点，可以直接进行删除，如图8.7(a)所示。

（2）若要删除的结点有左子树，但无右子树，可用其左子树的根结点取代要删除结点的位置，如图8.7(b)所示。

（3）若要删除的结点有右子树，但无左子树，可用其右子树的根结点取代要删除结点的位置，与情况（2）类似。

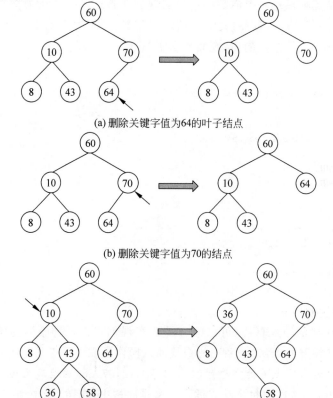

(a) 删除关键字值为64的叶子结点

(b) 删除关键字值为70的结点

(c) 删除左、右子树均不空的关键字值为10的结点

图8.7　在二叉排序树中删除结点

（4）若要删除的结点的左、右子树均非空，则首先要找到删除结点的右子树中关键字值最小的结点（即右子树中最左端结点），利用上面的方法将该结点从右子树中删除，并用它取代要删除结点的位置，这样处理的结果一定能够保证删除结点后二叉排序树的性质不变，如图 8.7(c) 所示。

6. 平衡二叉树

平衡二叉树（Balanced Binary Tree 或 Height-Balanced Tree）又称 AVL 树。它或者是一棵空树，或者是具有下列性质的二叉树：它的左子树和右子树都是平衡二叉树，且左子树和右子树的深度之差的绝对值不超过 1。若将二叉树上结点的平衡因子（Balance Factor，BF）定义为该结点的左子树的深度减去它的右子树的深度，则平衡二叉树上所有结点的平衡因子只可能是 -1、0 和 1。只要二叉树上有一个结点的平衡因子的绝对值大于 1，则该二叉树就是不平衡的。图 8.8(a) 和图 8.8(b) 所示为两棵平衡二叉树，而图 8.8(c) 和图 8.8(d) 所示为两棵不平衡的二叉树，结点中的值为该结点的平衡因子。

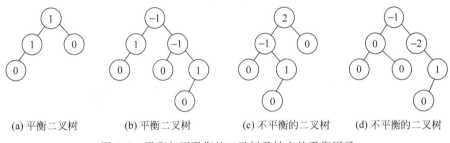

(a) 平衡二叉树   (b) 平衡二叉树   (c) 不平衡的二叉树   (d) 不平衡的二叉树

图 8.8 平衡与不平衡的二叉树及结点的平衡因子

我们希望由任何初始序列构成的二叉排序树都是 AVL 树。因为 AVL 树上任何结点的左、右子树的深度之差都不超过 1，则可以证明它的深度和 $\log_2 n$ 是同数量级的（其中 N 为结点个数）。由此，它的平均查找长度也和 $\log_2 n$ 同数量级。

7. 构造平衡二叉树

思路：按照建立二叉排序树的方法逐个插入结点，失去平衡时进行调整。

失去平衡时的调整方法如下：

（1）确定三个代表性结点（A 是失去平衡的最小子树的根；B 是 A 的孩子；C 是 B 的孩子，也是新插入结点的子树）。关键是找到失去平衡的最小子树。

（2）根据三个代表性结点的相对位置（C 和 A 的相对位置）判断是哪种类型（LL、LR、RL、RR）。

（3）平衡化。先摆好三个代表性结点（居中者为根），再接好其余子树（根据大小）。

【例 8.5】 给定关键字的序列 $\{13,24,37,90,53,40\}$，建立平衡二叉排序树。

注意：失去平衡时先确定失去平衡的最小子树，这是关键，然后判断类型（LL、LR、RL、RR），再进行平衡化处理。

平衡树的生成过程如图 8.9 所示。

假设由于在二叉树上插入结点而失去平衡的最小子树的根结点指针为 A（即 A 是离插入结点最近，且平衡因子绝对值超过 1 的祖先结点），则失去平衡后进行调整的规律可归纳为如图 8.10 所示的 4 种情况。

（1）LL 型平衡旋转：由于在 A 的左子树的左子树上插入结点，使 A 的平衡因子由 1 增至 2 而失去平衡，需进行一次顺时针旋转操作；

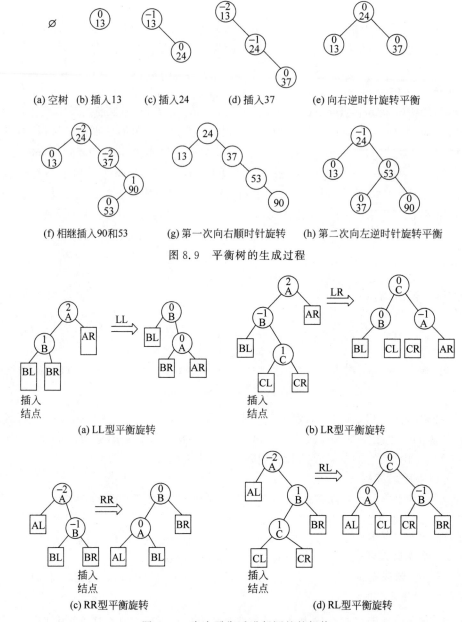

(a) 空树 (b) 插入13   (c) 插入24   (d) 插入37   (e) 向右逆时针旋转平衡

(f) 相继插入90和53   (g) 第一次向右顺时针旋转   (h) 第二次向左逆时针旋转平衡

图 8.9　平衡树的生成过程

(a) LL型平衡旋转   (b) LR型平衡旋转

(c) RR型平衡旋转   (d) RL型平衡旋转

图 8.10　失去平衡后进行调整的规律

（2）RR 型平衡旋转：由于在 A 的右子树的右子树上插入结点,使 A 的平衡因子由-1减至-2而失去平衡,需进行一次逆时针旋转操作;

（3）LR 型平衡旋转：由于在 A 的左子树的右子树上插入结点,使 A 的平衡因子由 1 增至 2 而失去平衡,需进行两次旋转操作(先逆时针,后顺时针);

（4）RL 型平衡旋转：由于在 A 的右子树的左子树上插入结点,使 A 的平衡因子由-1减至-2而失去平衡,需进行两次旋转操作(先顺时针,后逆时针)。

8. 分析

查找(同二叉排序树),查找长度 ASL。

结论：平均查找性能为 $O(\log n)$。

为求得 n 个结点的平衡二叉树的最大高度，考虑高度为 h 的平衡二叉树的最少结点数为

$$N_h = \begin{cases} 0, & h=0 \\ 1, & h=1 \\ N_{k-1}+N_{k-2}+1, & h \geqslant 2 \end{cases}$$

部分结果如表 8.2 所示，F_h 表示斐波那契数列的第 h 项。

表 8.2　平衡二叉树的高度和结点个数

h	N_h	F_h	h	N_h	F_h
0	0	0	6	20	8
1	1	1	7	33	13
2	2	1	8	54	21
3	4	2	9	88	34
4	7	3	10	143	55
5	12	5	11	232	89

观察可以得出 $N_h = F_{h+2} - 1$，$h \geqslant 0$。解得

$$h = \log_\varphi (\sqrt{5}(n+1)) - 2 \approx 1.44 \lg(n+1) - 0.328$$

其中 $\varphi = (\sqrt{5}+1)/2$。

时间复杂度：一次查找经过根到某结点的路径，所以查找的时间复杂度是 $O(\lg n)$。

8.3.2　B 树和 B+ 树

1. B 树

B 树是一种平衡的多路查找树，在文件系统中经常用到，具有以下特点。

（1）所有非叶子结点至多拥有两个子树（Left 和 Right）；

（2）所有结点存储一个关键字；

（3）非叶子结点的左指针指向小于其关键字的子树，右指针指向大于其关键字的子树。

B 树的搜索从根结点开始，如果查询的关键字与结点的关键字相等，那么就命中；如果查询关键字比结点关键字小，就进入左子树；如果查询的关键字比结点关键字大，就进入右子树；如果左子树或右子树的指针为空，则报告找不到相应的关键字。

如果 B 树的所有非叶子结点的左、右子树的结点数目均保持平衡（差不多），那么 B 树的搜索性能逼近折半查找；但它相比连续内存空间的折半查找的优点是，改变 B 树结构时（插入或删除结点，如图 8.11 所示）不需要移动大段的内存数据，甚至通常是常数开销。

但 B 树在经过多次插入与删除后，可能导致不同的结构，如图 8.12 所示。

图 8.12(b) 也是一个 B 树，但它的搜索性能已经是线性的了。同样的关键字集合有可能导致不同的树结构索引，所以，使用 B 树还要考虑尽可能让 B 树保持如图 8.12(a) 所示的结构，避免类似图 8.12(b) 的结构，也就是所谓的"平衡"问题。

实际使用的 B 树都是在原 B 树的基础上加上平衡算法，即"平衡二叉树"。如何保持 B 树结点分布均匀是平衡二叉树的关键。平衡算法是一种在 B 树中插入和删除结点的策略。

2. B-树

B-树中所有结点的子结点的最大值称为 B-树的阶，通常用 M（$M>2$）表示。B-树是一

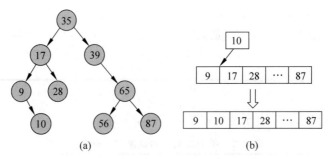

图 8.11　B 树的插入

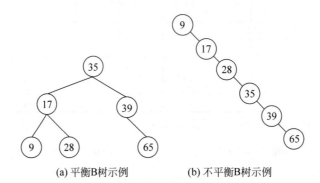

(a) 平衡B树示例　　　　　(b) 不平衡B树示例

图 8.12　B 树的不同结构示例

种多路搜索树(并不是二叉的)。若根结点不是叶子结点,则至少含有两棵子树;其余所有非叶子结点均至少含有 $\lceil M/2 \rceil$ 棵子树,至多含有 M 棵子树;非叶子结点的关键字个数=指向孩子的指针个数 -1;非叶子结点的关键字为 K[1],K[2],…,K[M-1],且 K[i]<K[i+1];非叶子结点的指针为 P[1],P[2],…,P[M],其中 P[1]指向关键字小于 K[1]的子树,P[M]指向关键字大于 K[M-1]的子树,其他 P[i]指向关键字属于(K[$i-1$],K[i])的子树;树中所有叶子结点均不带信息,且在树中的同一层次上。

B-树的特性如下:

(1) 关键字集合分布在整棵树中;

(2) 任何一个关键字出现且只出现在一个结点中;

(3) 搜索有可能在非叶子结点结束;

(4) 其搜索性能等价于在关键字全集内做一次折半查找;

(5) 自动层次控制。

其中,M 为设定的非叶子结点最多的子树个数,N 为关键字总数。

所以 B-树的性能总是等价于折半查找(与 M 值无关),也就没有 B 树平衡的问题。

由于 $M/2$ 的限制,在插入结点时,如果结点已满,需要将结点分裂为两个各占 $M/2$ 的结点;删除结点时,需将两个不足 $M/2$ 的兄弟结点合并。

3. B+ 树

B+ 树是 B-树的变体,也是一种多路搜索树,对 B+ 树既可以进行顺序查找又可以进行随机查找。B+ 树的叶子结点与内部结点不同的是:叶子结点存储实际记录,当作为索引树应用时,就是记录的关键码值与指向记录位置的指针,叶子结点存储的信息可能多于或少于 m 个记录。

B+ 的搜索与 B-树也基本相同,区别是 B+ 树只有达到叶子结点才命中(B-树可以在非叶子结点命中),其性能也等价于在关键字全集做一次折半查找。

一个 m 阶的 B+ 树具有以下特性。

(1) 根是一个叶子结点或者至少有两个子女;

(2) 除了根结点和叶子结点以外,每个结点有 $m/2\sim m$ 个子女,存储 $m-1$ 个关键码;

(3) 所有叶子结点在树的同一层,因此树总是高度平衡的;

(4) 记录只存储在叶子结点中,内部结点关键码值只是用于引导检索路径的占位符;

(5) 叶子结点用指针链接成一个链表;

(6) 类比于二叉排序树的检索特性。

B+ 树的叶子结点与内部结点不同的是,叶子结点存储实际记录,当作为索引树应用时,就是记录的关键码值与指向记录位置的指针,叶子结点存储的信息可能多于或少于 m 个记录,如图 8.13 所示。

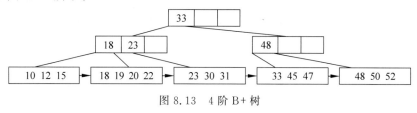

图 8.13　4 阶 B+ 树

B+ 树结点结构定义为:

```
Struct Bpnode{
Struct PAIR recarray[MAXSIZE];      //关键码或指针对数组
int numrec;
Bpnode * left, * right;
}
```

其中,PAIR 结构定义为:

```
Struct PAIR{
int key;
Struct BPnode * point;
}
```

因为 point 同时也是指向文件记录的指针,需要注意同构问题,这里假设文件记录与结点结构相同,当然,实际是不可能的。此外,这里定义的叶子结点只是存储了指向记录位置的指针与关键码 key,实际上应该是记录的关键码与数据信息(文件名等)。

一个 B+ 树的检索函数调用子函数 binaryle( )后返回数组 recarray[]内小于或等于检索关键码值 key 的那个最大关键码的位置偏移,如图 8.14 所示。

图 8.14　具有 m 个子女的 B+ 树结点 k 的关键码——指针对数组

B+ 树检索函数如下:

```
struct BPnode * find(struct BPnode * root, int key)
{
int currec;
currec = binaryle(root -> recarray, root -> numrec, key);
```

```
if(root -> left == Null){          //叶子结点
if(root -> recarray[currec].key == key)
return root -> recarray[currec].point;
else return Null;
}
else find(root -> recarray[currec].point,key);
}
```

我们注意到,一个结点的左指针为空时表明到达了叶子结点,从结点结构定义可知,内部结点的左指针应该指向其左子树的根结点,而叶子结点链上的每个结点左指针为空,只有右指针指向其兄弟结点,且链尾右指针也为空。

B+ 树插入与删除过程如下。

(1) 插入操作过程。

一棵 B+ 树的生长过程如图 8.15 所示,首先找到包含记录的叶子结点,如果叶子未满,则只需简单将关键码(与指向其物理位置的指针)放置到数组中,记录数加 1;如果叶子已经满了,则分裂叶子结点为两个,记录在两个结点之间平均分配,然后提升右边结点关键码值最小(数组第一个位置上的记录关键码)的一个副本,可能会形成父结点直至根结点的分裂过程,最终可能让 B+ 树增加一层。

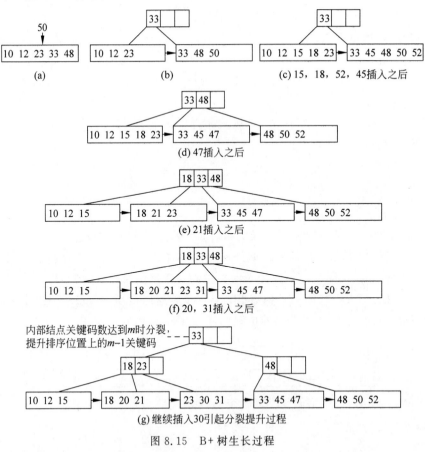

图 8.15　B+ 树生长过程

(2) 删除操作过程。

在 B+ 树中删除一个记录要首先找到包含记录的叶子结点,如果该叶子结点内的记录

数超过 $m/2$,只需简单地清除该记录,因为剩下的记录数至少仍是 $m/2$。

如果一个叶子结点内的记录删除后其余数小于 $m/2$,则称为下溢,于是需要采取如下处理。

① 如果它的兄弟结点记录数超过 $m/2$,可以从兄弟结点中移入,移入数量应让兄弟结点能平分记录数,以避免短时间内再次发生下溢。同时,因为移动后兄弟结点的第一个记录关键码值产生变化,所以需要相应地修改其父结点中的占位符关键码值,以保证占位符指向的结点的第一个关键码值一定大于或等于该占位符。

② 如果没有左右兄弟结点能移入记录(均小于或等于 $m/2$),则将当前叶子结点的记录移出到兄弟结点,且其和一定小于或等于 m,然后将本结点删除。把一个父结点下的两棵子树合并之后,因为删除父结点中的一个占位符就可能会造成父结点下溢,产生结点合并,并继续引发直至根结点的合并过程,从而树减少一层。

③ 一对叶子结点合并时应清除右边结点。

对一棵 B+ 树的删除操作过程如图 8.16 所示。

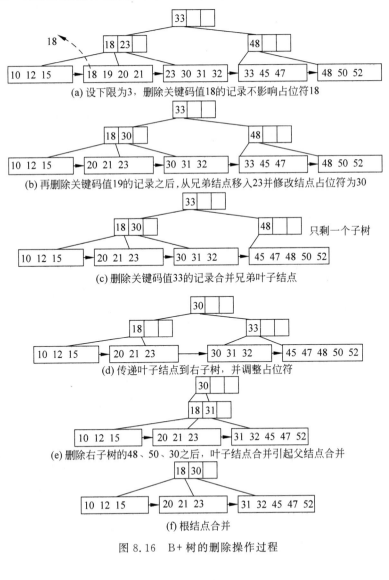

(a) 设下限为3,删除关键码值18的记录不影响占位符18

(b) 再删除关键码值19的记录之后,从兄弟结点移入23并修改结点占位符为30

(c) 删除关键码值33的记录合并兄弟叶子结点

(d) 传递叶子结点到右子树,并调整占位符

(e) 删除右子树的48、50、30之后,叶子结点合并引起父结点合并

(f) 根结点合并

图 8.16 B+ 树的删除操作过程

4. 小结

(1) B树：二叉树，每个结点只存储一个关键字，等于则命中，小于走左结点，大于走右结点。

(2) B-树：一种平衡的多路查找树。每个结点存储 $M/2\sim M$ 个关键字，非叶子结点存储指向关键字范围的子结点；所有关键字在整棵树中出现，且只出现一次，非叶子结点可以命中。

(3) B+树：应文件系统所需而出的一种B-树的变形树。在B-树的基础上，为叶子结点增加链表指针，所有关键字都在叶子结点中出现，非叶子结点作为叶子结点的索引；B+树总是到叶子结点才命中。

B树包括B+树和B-树两种，B+树是B-树的一种变形，主要应用于文件系统，B-树是一种平衡的多路查找树。因此，B树是两者的统称。

8.4 哈 希 表

前面介绍的静态查找表和动态查找表的特点：为了从查找表中找到关键字值等于某个值的记录，都要经过一系列的关键字比较，以确定待查记录的存储位置或查找失败，查找所需时间总是与比较次数有关。

如果将记录的存储位置与它的关键字之间建立一个确定的关系 H，使每个关键字和一个唯一的存储位置相对应，在查找时，只需要根据对应关系计算出给定的关键字值 k 对应的值 $H(k)$，就可以得到记录的存储位置，这就是本节将要介绍的哈希表查找方法的基本思想。

8.4.1 哈希表的概念

散列(Hashing)：音译为哈希，是一种重要的存储方法，也是一种常见的查找方法。它是指在记录的存储位置和它的关键字之间建立一个确定的对应关系，使每个关键字和存储结构中一个唯一的存储位置相对应。将记录的关键字值与记录的存储位置对应起来的关系 H 称为哈希函数，$H(k)$ 的结果称为哈希地址。

哈希表：根据哈希函数建立的表，其基本思想是以记录的关键字值为自变量，根据哈希函数，计算出对应哈希地址，并在此地此中存储该记录的内容。当对记录进行查找时，再根据给定的关键字值，用同一个哈希函数计算出给定关键字值对应的存储地址，随后进行访问。所以哈希表既是一种存储形式，又是一种查找方法，通常将这种查找方法称为哈希查找。

冲突：有时可能会出现不同的关键字值用同一个哈希函数计算的哈希地址相同的情况，然而同一个存储位置不可能同时存储两个记录，将这种情况称为冲突，具有相同函数值的关键字值称为同义词。在实际应用中冲突是不可能完全避免的，人们通过实践总结出了多种减少冲突及解决冲突的方法。下面将做简要介绍。

装填因子：一般情况下，哈希表的空间必须比结点的集合大，此时虽然浪费了一定的空间，但换取的是查找效率。设哈希表空间大小为 m，填入表中的结点数是 n，则称 $\alpha=n/m$ 为哈希表的装填因子。实际应用时，常在区间 $[0.65,0.9]$ 上取 α 的适当值。

8.4.2 哈希函数的构造方法

建立哈希表,关键是构造哈希函数,其原则是尽可能地使任意一组关键字的哈希地址均匀地分布在整个地址空间中,以便减少冲突发生的可能性。

常用的哈希函数的构造方法有以下 4 种。

1. 直接定址法

取关键字或关键字的某个线性函数为哈希地址。即 $H(\text{key})=\text{key}$ 或 $H(\text{key})=a\times \text{key}+b$,其中 a、b 为常数,调整 a 与 b 的值可以使哈希地址的取值范围与存储空间范围一致。

例如,有一个 1~50 岁的人口数字统计表如表 8.3 所示,其中,以年龄作为关键字,哈希函数取关键字自身。特点:直接定址法所得地址集合与关键字集合大小相等,不会发生冲突。实际中能用这种哈希函数的情况很少。

表 8.3 人口数字统计表

地 址	01	02	…	30	…	50
年 龄	1	2	…	30	…	50
人 数	2000	3000	…	4000	…	…

2. 平方取中法

取关键字平方后的中间几位为哈希地址。由于平方后的中间几位数与原关键字的每一位数字都相关,只要原关键字的分布是随机的,以平方后的中间几位数作为哈希地址也一定是随机分布的。

3. 数字分析法

数字分析法是假设有一组关键字,每个关键字由几位数字组成,从中提取数字分布比较均匀的若干位作为哈希地址。

4. 除留余数法

这是一种最简单也最常用的构造哈希函数的方法。取关键字被某个不大于哈希表表长 m 的数 p 除后所得的余数作为哈希地址,即 $H(\text{key})=\text{key}\%p,p\leqslant m$。

这一方法的关键在于 p 的选择。例如,若选 p 为偶数,则得到的哈希地址总是将奇数键值映射成奇数地址、偶数键值映射成偶数地址,就会增加冲突发生的机会。通常选 p 为不大于哈希表容量的最大素数。

哈希函数的构造方法还有随机数法和折叠法等,有兴趣的读者可参考有关资料。

8.4.3 处理冲突的方法

在构造哈希表时,不仅要设定一个尽量均匀的哈希函数,而且还要设定一种处理冲突的方法,即解决不同关键字值对应同一哈希地址的情况。

常用的处理冲突的方法有下列两种。

1. 开放定址法

用开放定址法解决冲突的做法:当冲突发生时,使用某种方法在哈希表中形成一个探查序列,沿着此探查序列逐个单元地去寻找可以存放记录的空闲单元。

形成探查序列的方法不同,所得到的解决冲突的方法也不相同。下面介绍两种常用的探查方法,并假设哈希表 HT 的长度为 m,结点个数为 n。

(1) 线性探查法。

线性探查法的基本思想:将哈希表看成一个环形表。若地址为 d(即 $H(key)=d$)的单元发生冲突,则依次探查下述地址单元:

$$d+1,d+2,\cdots,m-1,0,1,\cdots,d-1$$

直到找到一个空单元为止。用线性探查法解决冲突,求下一个开放地址的公式为

$$d_i=(d+i)\%m \quad i=1,2,\cdots,s(1\leqslant s\leqslant m-1)$$

其中:$d=H(key)$。

【例 8.6】 设哈希表长 $m=9$,哈希函数为 $H(key)=key\%7$,给定的一组关键字为(23,34,41,36,44,59),用线性探查法解决冲突,构造这组关键字的哈希表。

根据线性探查法解决冲突的基本思想,构造的哈希表如图 8.17 所示。

哈希地址	0	1	2	3	4	5	6	7	8
关键字		36	23	44	59		34	41	
比较次数		1	1	2	2		1	2	

图 8.17 用线性探查法构造哈希表示例

在上例中,$H(44)=2$,$H(59)=3$,即 44 和 59 不是同义词,但由于处理 44 和同义词 23 的冲突时,44 抢先占用了 HT[3],这就使得插入 59 时,这两个本来不应该发生冲突的非同义词之间也会发生冲突。把这种哈希地址不同的结点,争夺同一个后继哈希地址的现象称为"堆积"。

为了减少堆积的机会,就不能像线性探查法那样探查一个顺序的地址序列,而应该使探查序列跳跃式地哈希在整个哈希表中。为此下面介绍另外一种解决冲突的方法。

(2) 二次探查法。

二次探查法的探查序列依次是 $1^2,-1^2,2^2,-2^2,\cdots$ 也就是说,发生冲突时,将同义词来回哈希在第一个地址 $d=H(key)$ 的两端。由此可知,发生冲突时,求下一个开放地址的公式为

$$d_{2i-1}=(d+i^2)\%m$$
$$d_{2i}=(d-i^2)\%m \quad (1\leqslant i\leqslant(m-1)/2)$$

虽然二次探查法减少了堆积的可能性,但是二次探查法不容易探查到整个哈希表空间。

2. 拉链法

拉链法解决冲突的做法是将所有关键字为同义词的结点链接在同一个单链表中。若选定的哈希函数的值域为 $0\sim m-1$,则可将哈希表定义为一个由 m 个头指针组成的指针数组 HTP[m],凡是哈希地址为 i 的结点,均插入以 HTP[i]为头指针的单链表中。

【例 8.7】 设哈希表长 $m=13$,哈希函数为 $H(key)=key\%13$,给定的一组关键字为(39,49,54,51,57,28,81,25,19,64,38),用拉链法解决冲突,构造这组关键字的哈希表。

当把 $H(key)=i$ 的关键字插入第 i 个单链表时,既可以插在链表的头上,也可以插在链表的尾上。若采用将新关键字插入链尾的方式,依次把给定的这组关键字插入表中,则得到的哈希表如图 8.18 所示。

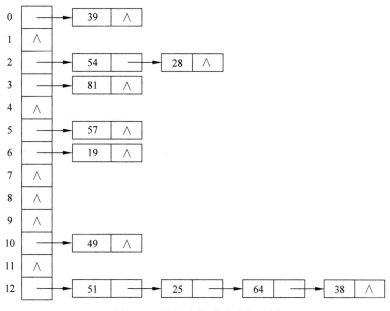

图 8.18　拉链法构造哈希表示例

3. 哈希表的查找及分析

　　哈希表的查找过程和建表过程相似。假设给定的值为 k，根据建表时设定的哈希函数 H，计算出哈希地址 $H(k)$，若表中该地址对应的空间未被占用，则查找失败，否则将该地址中的结点与给定值 k 比较，若相等则查找成功，否则按建表时设定的处理冲突方法找下一个地址，如此反复下去，直到某个地址空间未被占用(查找失败)或者关键字比较相等(查找成功)为止。

　　下面以线性探查法和拉链法为例，给出哈希表上的查找和插入算法。

　　利用线性探查法解决冲突的查找和插入算法及有关说明如下：

```
#define NULL 0                          /* NULL 为空结点标记 */
#define m 15                            /* 假设表长 m 为 15 */
typedef struct
{KEYTYPE key;
ELEMTYPE other;
}HASHTABLE;
int hashsearch(HASHTABLE * ht,KEYTYPE k)
{int d,i = 0;                          /* i 为冲突时的地址增量 */
d = H(k);                              /* d 为哈希地址 */
while(i < m&&ht[d].key!= k&&ht[d].key!= NULL)
{i++; d = (d + 1) % m;}
return d;                              /* 若 ht[d].key = k 则查找成功,否则失败 */
}

hinsert(HASHTABLE * ht,HASHTABLE s)
{int d;
d = hashsearch(ht,s.key);             /* 查找 s 的插入位置 */
if (ht[d].key == NULL)                /* d 为开放地址,插入 s */
ht[d] = s;
else
```

```
printf("error");                          /* 结点存在或表满 */
}
```

利用拉链法解决冲突的查找和插入算法及有关说明如下：

```
typedef struct node
{KEYTYPE key;
ELEMTYPE other;
struct node * next;
}CHAINHASH;
CHAINHASH * chainsearch(CHAINHASH * HTC[],KEYTYPE k)
{CHAINHASH * p;
int d;
d = H(k);                                 /* d 为哈希地址 */
p = HTC[d];                               /* 取 k 所在链表的头指针 */
while(p&&p->key!= k)
p = p->next;                              /* 顺序查找 */
return p;                                 /* 查找成功,返回结点指针,否则返回空指针 */
}
cinsert(CHAINHASH * HTC[],CHAINHASH * s)   /* 将结点 * s 插入哈希表 HTC[m] 中 */
{int d;
CHAINHASH * p;
p = chainsearch(HTC,s->key);              /* 查看表中有无待插结点 */
if (p)
printf("error");                          /* 表中已有该结点 */
else                                      /* 采用头插法插入 s */
{d = H(s->key);
s->next = HTC[d];
HTC[d] = s;}}
```

从上述查找过程可知，虽然哈希表是在关键字和存储位置之间直接建立了对应关系，但是，由于冲突的产生，哈希表的查找过程仍然是一个和关键字比较的过程，不过哈希表的平均查找长度比顺序查找要小得多，比折半查找也小。例如，在例 8.6 和例 8.7 的哈希表中，在等概率情况下，查找成功的平均查找长度分别如下。

线性探查法：

$$ASL = (1 \times 3 + 2 \times 3)/6 = 1.5$$

而当 $n = 6$ 时，顺序查找和折半查找的平均查找长度为

$$ASL = (6+1)/2 = 3.5$$

$$ASL = (1 \times 1 + 2 \times 2 + 3 \times 3)/6 = 14/6 \approx 2.33$$

拉链法：

$$ASL = (1 \times 7 + 2 \times 2 + 3 \times 1 + 4 \times 1)/11 = 18/11 \approx 1.64$$

而当 $n = 11$ 时，顺序查找和折半查找的平均查找长度为

$$ASL = (11+1)/2 = 6$$

$$ASL = (1 \times 1 + 2 \times 2 + 3 \times 4 + 4 \times 4)/11 = 33/11 = 3$$

在例 8.5 的线性探查法中，计算查找不成功的平均查找长度，可将哈希地址分别等于 $0, 1, 2, \cdots, 6$ 时，确定查找不到而需要比较关键字的次数加起来，除以哈希地址的总个数 7，即得 $ASL = (1 + 5 + 4 + 3 + 2 + 1 + 3)/7 \approx 2.71$。

注意，哈希函数 $H(\text{key}) \% 7$ 的值域为 $[0,6]$，它与表空间的地址集 $[0,8]$ 不同。

同样,在例 8.7 的拉链法中,计算查找不成功的平均查找长度,可将哈希地址分别等于 $0,1,2,\cdots,12$ 时,确定查找不到而需要比较关键字的次数加起来,除以哈希地址的总个数 13,即得 $\text{ASL}=(1+0+2+1+0+1+1+0+0+0+1+0+4)/13=11/13\approx0.85$。

8.4.4 哈希表的查找及其分析

装填因子为

$$\alpha = \frac{n}{m}$$

其中,n 是记录个数,m 是地址空间个数。

哈希表的平均查找长度与记录个数 n 不直接相关,而是取决于装填因子和处理冲突的方法。

【例 8.8】 已知一组关键字 $\{19,14,23,1,68,20,85,9\}$,采用哈希函数 $H(\text{key})=\text{key MOD }11$,请分别采用以下处理冲突的方法构造哈希表,并求各自的平均查找长度。

(1)采用线性探测再哈希;

(2)采用伪随机探测再哈希,伪随机函数为 $f(n)=-n$;

(3)采用链地址法。

思路:开始时表为空,依次插入关键字建立哈希表。

(1)线性探测再哈希。

0	1	2	3	4	5	6	7	8	9	10
9	23	1	14	68				19	20	85
3	1	2	1	3				1	1	3

	key	19	14	23	1	68	20	85	9	←关键字
	$H(\text{key})$	8	3	1	1	2	9	8	9	←$H(\text{key})$
					2	3		9	10	←冲突时计算下一地址
					4			10	0	←
查找长度		1	1	1	2	3	1	3	3	←每个关键字的查找长度

$\text{ASL}=(1+1+1+2+3+1+3+3)/8=15/8$

(2)伪随机探测再哈希。

0	1	2	3	4	5	6	7	8	9	10
1	23	68	14			9	85	19	20	
2	1	1	1			4	2	1	1	

	key	19	14	23	1	68	20	85	9
	$H(\text{key})$	8	3	1	1	2	9	8	9
					0			7	8
									7
									6
查找长度		1	1	1	2	1	1	2	4

$\text{ASL}=(1+1+1+2+1+1+2+4)/8=13/8$

(3)链地址法。

如图 8.19 所示。

$\text{ASL}=(1\times5+2\times3)/8 = 11/8$

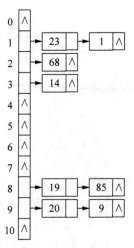

图 8.19　链地址法

注：关键字在链表中的插入位置可以在表头或表尾，也可以在中间以便保持关键字有序。

最后，此哈希表的装填因子是 $\alpha = 8/11$。

8.5　查找的应用

【例 8.9】　编写递归的折半查找算法及完整程序。

```
#define KEYTYPE int                    /* 查找表的结点类型定义 */
#define MAXSIZE 100
typedef struct
{KEYTYPE key;
}SEQLIST;
int dbinsearch(SEQLIST * r, KEYTYPE k, int low, int high)
{int mid;
if (low > high)
    return 0;
else
{mid = (low + high)/2;
    if (r[mid].key == k)
    return mid;
if (r[mid].key > k)
    return(dbinsearch(r, k, low, mid - 1));
else
    return(dbinsearch(r, k, mid + 1, high));
}
}
main()
{SEQLIST a[MAXSIZE];
int i, k, n;
scanf(" % d", &n);
for(i = 1; i <= n; i++)
scanf(" % d" , &a[i].key);
printf("输入待查元素关键字：");
```

```
scanf(" % d",&i);
k = dbinsearch(a,i,1,n);
if (k == 0)
  printf("表中待查元素不存在");
else
  printf("表中待查元素的位置 % d",k);
}
```

【例 8.10】 编写在线性探查法处理冲突构造的哈希表中查找指定关键字的程序。

```
# define m 15
# define KEYTYPE int
# define NULL 0
typedef struct
{KEYTYPE key;
}HASHTABLE;
int hashsearch(HASHTABLE ht[],KEYTYPE k)   / * 查找算法 * /
{int   i,d;
 i = 0;
 d = k % 13;
 while(i < m && ht[d].key!= k && ht[d].key!= NULL)
 {i++;
 d = (d + 1) % m;}
 if (ht[d].key!= k)
  d = - 1;
 return d;   }
void  print_hashtable(HASHTABLE  ht[])   / * 打印哈希表算法 * /
{int i;
for(i = 0;i < m;i++)   printf(" % 4d",i);
printf("\n\n");
for(i = 0;i < m;i++)   printf(" % 4d",ht[i].key);
printf("\n\n");
}
void creat(HASHTABLE ht[])                 / * 建立哈希表算法 * /
{int   i,d;
 for(i = 0;i < m;i++)
 ht[i].key = NULL;
 scanf(" % d",&i);
 while(i!= 0)
{d = i % 13;
 while (1)
 if(ht[d].key == NULL)
{ht[d].key = i;
 break;}
 else
 d = (d + 1) % m;
scanf(" % d",&i);
}
}
 main()
{int i,k;
HASHTABLE ht[m];
creat(ht);
print_hashtable(ht);
printf("\ninput: ");
```

```
scanf(" % d",&i);
k = hashsearch(ht,i);
if (k == - 1) printf("nofound\n");
else printf(" % d",k + 1);
}
```

本 章 小 结

（1）查找是数据处理中经常使用的一种重要运算。在许多软件系统中最耗时间的部分是查找。因此，研究高效的查找方法是本章的重点。

（2）关于线性表的查找，本章介绍了顺序查找、有序表查找、静态树表查找和索引顺序表查找4种方法。

（3）关于动态查找，介绍了二叉排序树、平衡二叉树的方法，讨论了二叉排序树的基本概念、插入和删除操作以及查找过程，还介绍了B树、B-树和B+树的相关知识。

（4）上述方法都是基于关键字比较进行的查找，而哈希表方法则是通过哈希函数直接计算出结点的地址，但由于冲突是不可避免的，因此处理冲突是哈希法的一个主要问题。这里介绍了哈希表的概念、哈希函数和处理冲突的方法。

（5）最后叙述了各种查找方法的平均查找长度。

知 识 拓 展

多路查找树家族中的 B ∗ 树

计算机科学家们在 B＋树的基础上进一步改进，得到了 B∗树。B∗树是 B＋树的一种变体，它在 B＋树的内部节点（非根结点且非叶子结点）之间增加了指向兄弟节点的指针。图 8.20 是由图 8.13 所示的 B＋树改成的 B∗树。

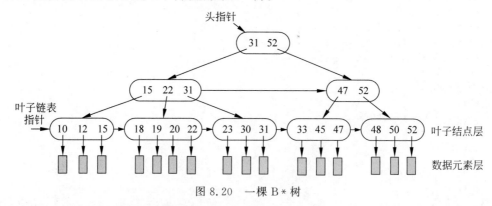

图 8.20　一棵 B∗树

此外，B∗树对合并小结点与将大结点一分为二的机制进行了调整，使得树中浪费的空间更少。著名的 Oracle 数据库就采用了 B∗树的存储结构。

胆识，如果数据的访问不是按照事先设定好的键进行，而是根据事物中的某项内容，查找并取回所需信息的成本就会很高。例如，要找到一所学校内所有年龄为 20 岁或 21 岁的学生就不是一件容易的事，而显然这类需求很常见。为了解决这个问题，商用数据库系统都会建立很多索引,如按照出生年月索引、按照姓名索引等,有了这些索引,上述问题就迎刃而解。在具体应用中,这些索引常用散列表来实现。

可见,各种树在计算机科学中都是等价的,因此研究清楚一种树的算法,就能在适当变通之后解决各种具体问题,这是计算机科学的精髓所在。对于具体的工程问题,人们会在不违背底层科学原理的前提下,增加和扩展一些相应的功能,以保障计算机在解决具体问题上的效率和便利,例如在 B∗ 树中增加各级横向指针,就有利于批量读取大量信息,附加的各种索引也是为了提高信息访问的效率。

第9章 排　序

【本章学习目标】

　　排序是计算机程序设计中经常要使用的一种重要的操作。排序是将任一文件中的记录通过某种方法整理成按关键字有序排列的处理过程。它广泛地应用在事务处理及各种数据加工的过程中。例如,在英文字典中按英文字母顺序排列单词,使我们可以快速地从一本厚厚的字典中找到所要查找的单词;在图书馆中,图书目录要按作者、书名、书号等关键字顺序排列,使读者可以快捷、方便地查出图书馆是否有自己需要的书;在各种大型的考试中,要将考生按照考号排序,依照考号顺序分配考场、查询成绩等。

　　如何进行排序,特别是高效率的排序,是计算机软件设计中的一个重要课题。本章主要介绍排序的基本概念、排序的种类、排序的过程及方法。通过本章的学习,要求:

- 掌握排序的概念。
- 掌握 4 类基本排序:插入排序、交换排序、选择排序和归并排序的基本思想、排序过程、算法实现和性能分析。
- 掌握各种排序方法的比较和如何选择排序方法。

9.1　排序的基本概念

　　排序(Sorting)是把一个无序的数据元素序列按某个关键字进行有序(递增或递减)排列的过程。排序中经常把数据元素称为记录(Record)。把记录中作为排序依据的某个数据项称为排序关键字,简称关键字(Key)。

　　排序时选取哪一个数据项作为关键字,应根据具体情况而定。例如,表 9.1 为某次学生考试成绩表,表中每个学生的记录包括考号、姓名、总分。

表 9.1　某次学生考试成绩表

考　号	姓　名	总　分
001	赵　玲	360
002	王　红	235
003	张　丽	287
004	李　明	342

　　以"考号"作为关键字排序,可以快速查找到某个学生的总分,因为考号可以唯一识别一个学生的记录。若想以"总分"排列名次,就应把"总分"作为关键字对成绩表进行排序。

　　待排序的记录可以是任意的数据类型,其关键字可以是整型、实型、字符型等基本数据类型,通过排序可以构造一种新的按关键字有序的排列。如果待排序的记录序列中存在关键字相同的记录,例如,有一序列(32,46,12,28,46′,73),其中 46 区别于 46′。排序前 46 的位置在 46′之前,排序后的新序列若为(12,28,32,46,46′,73),46 的位置仍先于 46′,则称这种排序方法是稳定的;反之,如果数据序列变为(12,28,32,46′,46,73),则此排序方法是不稳定的。

排序的方式根据待排记录数量不同可以分为以下两类。

(1) 在排序过程中,只使用计算机的内存储器存放待排序的记录,称为内部排序。内部排序用于排序的记录个数较少时,全部排序可在内存中完成,不涉及外存储器,因此,排序速度快。

(2) 当排序的记录数很大时,全部记录不能同时存放在内存储器中,需要借助外存储器,也就是说排序过程中不仅要使用内存储器,还要使用外存储器,记录要在内、外存储器之间移动,这种排序称为外部排序。外部排序运行速度较慢。

本章只讨论内部排序,不涉及外部排序。

内部排序的方法很多,但不论哪种排序过程,通常都要进行两种基本操作:

(1) 比较两个记录关键字的大小。

(2) 根据比较结果,将记录从一个位置移到另一个位置。

所以,在分析排序算法的时间复杂度时,主要分析关键字的比较次数和记录的移动次数。

特别需要说明的是,本章介绍的排序算法都是采用顺序存储结构,即用数组存储,且按关键字递增排序。函数中记录类型及数组结构定义如下:

```
#define MAXSIZE 100
typedef struct
{KEYTYPE key;
KEYTYPE data;
}RECORDNODE;
```

这里的 KEYTYPE 可以是任何相应的数据类型,如 int、float 及 char 等,在算法中规定 KEYTYPE 默认为 int 型。

9.2 插 入 排 序

插入排序的基本思想:每步将一个待排序的记录,按其关键字大小,插入前面已经排好序的一组记录的适当的位置上,直到记录全部插入完成为止。本节介绍直接插入排序、折半插入排序和希尔排序三种插入排序算法。

9.2.1 直接插入排序

排序思想:将待排序的记录 Ri,插入已排好序的记录表 $R1,R2,\cdots,Ri-1$ 中,得到一个新的、记录数增加 1 的有序表,直到所有的记录都插入完为止。设待排序的记录顺序存放在数组 $R[1\cdots n]$ 中,在排序的某一时刻,将记录序列分成两部分:

(1) $R[1\cdots i-1]$:已排好序的有序部分;

(2) $R[i\cdots n]$:未排好序的无序部分。

显然,在刚开始排序时,$R[1]$ 是已经排好序的。

【例9.1】 设有6个待排序的记录，它们排序的关键字序列为(32,46,12,28,46′,73)。直接插入排序的过程如图9.1所示。

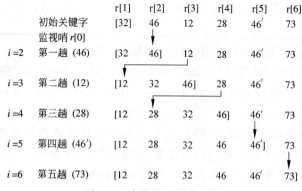

图9.1 直接插入排序示例

直接插入排序算法描述如下：

```
void insertsort(RECORDNODE r[ ],int n)
{int i,j;
for(i=2;i<=n;i++)
{r[0]=r[i];
j=i-1;
while(r[0].key<r[j].key)
{r[j+1]=r[j];
j--;}
r[j+1]=r[0];
}
}
```

从上例看出：①在有序区前段增设了一个监视哨r[0]，暂存当前待插入的记录，目的是在顺序查找插入位置时，可以防止循环变量越界。②46和46′的相对位置没有变化，因此，直接插入排序是稳定的排序方法。

监视哨 r[0]的作用如下：①开始时并不存放任何待排序的记录，保存当前待插入的记录 R[i]，R[i]会因为记录的后移而被占用；②保证查找插入位置的内循环总可以在超出循环边界之前找到一个等于当前关键字的记录，起"哨兵监视"作用，避免在内循环中每次都要判断 j 是否越界。

算法分析：直接插入排序的比较次数取决于原记录序列的有序程度。如果原始记录的关键字正好为递增有序（正序），这是最好的情况，每一趟排序中仅需进行一次关键字的比较，此时 $n-1$ 趟排序总的关键字比较次数取最小值 $C_{min}=n-1$ 次，并且在每一趟排序中，无须后移记录。但是，在进入 while 循环之前，将待插入的记录 r[i]保存到监视哨 r[0]中需移动一次记录，在该循环结束之后将监视哨中 r[i]的副本插入到 r[$j+1$]也需移动一次记录，此时排序过程总的记录移动次数也取最小值 $M_{min}=2(n-1)$。

若初始时原始记录的关键字递减有序（反序），这是最坏的情况。这时关键字的比较次数和记录移动次数均取最大值。在反序情况下，对于 for 循环的每一个 i 值，因为当前有序区 r[1]到 r[$i-1$]的关键字均大于待插入记录 r[i]的关键字，所以 while 循环要进行 i 次比较才终止，并且有序区中所有的 $i-1$ 个记录均后移了一个位置，再加上 while 循环前后的两次移动,则移动记录的次数为 $i-1+2$。由此可得排序过程中关键字比较总次数的最大值 $C_{\max}$ 和记录移动总次数的最大值 $M_{\max}$ 分别为

$$C_{\max} = \sum_{i=2}^{n} i = (n+2)(n-1)/2 = O(n^2)$$

$$M_{\max} = \sum_{i=2}^{n} (i-1+2) = (n-1)(n+4)/2 = O(n^2)$$

由上述分析可知,当文件初始状态为正序时,算法的时间复杂度为 $O(n)$,反之,算法的时间复杂度为 $O(n^2)$。可以证明,直接插入排序算法的平均时间复杂度也是 $O(n^2)$。显然,算法所需的辅助空间是一个监视哨,故空间复杂度为 $O(1)$。

9.2.2 折半插入排序

当将待排序的记录 R[i]插入已排好序的记录子表 R[1…$i-1$]中时,由于 R1,R2,…,R$i-1$ 已排好序,则查找插入位置可以用"折半查找"实现,则直接插入排序就变成折半插入排序。

【例 9.2】 设有 6 个待排序的记录,它们排序的关键字序列为(30,43,12,29,43′,73)。折半插入排序的过程如图 9.2 所示。

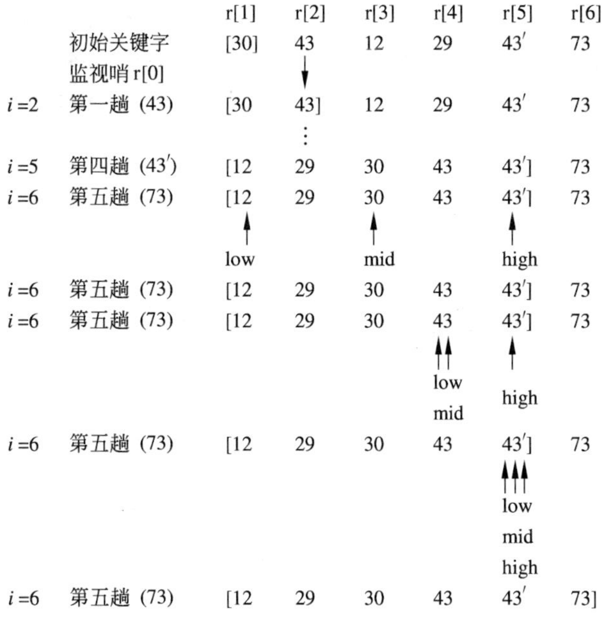

图 9.2 折半插入排序示例

折半插入排序算法描述如下:

```
void BinInsertSort(RECORDNODE r[], int n)
{
    for (i = 2; i < n; i++)
    // 在 r[0…i-1]中折半查找插入位置使 r[high]≤r[i]< r[high+1…i-1]
    {
        r[0] = r[i];
        low = 1; high = i-1;
        while (low <= high)
```

```
{ mid = (low + high)/2;
  if (r[i]< r[mid])
    high = mid − 1;
  else
    low = mid + 1;
}
// 向后移动元素 r[high + 1···i − 1],在 r[high + 1]处插入 r[i]
for (j = i − 1; j > high; j−− )
  r[j + 1] = r[j];
r[high + 1] = r[0];          // 完成插入
}
}
```

从时间上比较,折半插入排序仅仅减少了关键字的比较次数,却没有减少记录的移动次数,故时间复杂度仍然为 $O(n^2)$。43 和 43′的相对位置没有发生变化,因此,折半插入排序是一种稳定的排序方法。

9.2.3 希尔排序

希尔排序(Shell Sort)也称为"缩小增量排序"。它的基本思想是不断地把待排序的一组记录按增量分成若干小组,分别进行组内直接插入排序,待整个序列中的记录"基本有序"时,再对全体记录进行依次直接插入排序。这样大大减少了记录移动次数,提高了排序效率。

对增量序列(用 d 表示)的取法有多种,一般认为:无除 1 以外的公因子,最后一个增量值必须为 1。希尔提出的方法是 $d_1 = \lfloor n/2 \rfloor$,$d_{i+1} = \lfloor d_i/2 \rfloor$,最后一次排序的增量必须为1,其中 n 为记录数。

【例 9.3】 设待排序的记录数 n 为 6,它们排序的关键字序列为(32,82,46,28,46′,73),间隔值序列取 $d_1 = 3$,$d_2 = 1$。希尔排序的过程如图 9.3 所示。

希尔排序算法描述如下:

```
void shellsort(RECORDNODE r[ ], int n)
{int d, i;
d = n/2;                      /* 取初始增量 */
while(d > 0)
{for(i = d + 1; i < = n; i++)     /* 将 r[i]插入到所属组的有序段中 */
  {r[0] = r[i];
  j = i − d;
  while(j > 0&&r[0].key < r[j].key)
  {r[j + d] = r[j]; j = j − d;}
  r[j + d] = r[0];
  }
  d = d/2;                    /* 缩小增量值 */
}
}
```

希尔排序可提高排序速度,原因是:分组后 n 值减小,n^2 更小,而 $T(n) = O(n^2)$,所以 $T(n)$ 从总体上看是减小了;关键字较小的记录跳跃式前移,在进行最后一趟增量为 1 的插入排序时,序列已基本有序。

从上例可以看出:①希尔排序实际上是对直接插入排序的一种改进,它的排序速度一般要比直接插入排序快。希尔排序的时间复杂度取决于所取的增量值,一般认为在

	r[1]	r[2]	r[3]	r[4]	r[5]	r[6]
初始关键字	32	82	46	28	46′	73
	32			28		
		82			46′	
			46			73
一趟排序结果：	28	46′	46	32	82	73
二趟排序结果：	28	32	46′	46	73	82

图 9.3 希尔排序示例

$O(\log_2 n)$ 和 $O(n^2)$ 之间。②46 和 46′ 的相对位置发生了变化，因此，希尔排序是一种不稳定的排序方法。

9.3 交 换 排 序

交换排序的基本思想：两两比较待排记录序列的关键字，交换不满足顺序要求的一对记录，直到全部满足要求为止。常用的交换排序有冒泡排序和快速排序。

9.3.1 冒泡排序

冒泡排序(Bubble Sort)是一种简单常用的排序方法。其排序思想是从待排序的 n 个记录的一端开始，依次比较相邻的两个记录的关键字，如果次序和要求的相反就交换，这样从一端比较到另一端，一个记录就交换到它的最终位置上，称为一趟排序，对余下的 $n-1$ 个无序记录重复上面的过程。一共进行 $n-1$ 趟排序，所有的记录就成为有序序列。

【例 9.4】 设有 6 个待排序的记录，它们排序的关键字序列为 (32,82,46,28,46′,73)。冒泡排序的过程如图 9.4 所示。

	r[1]	r[2]	r[3]	r[4]	r[5]	r[6]
初始关键字	32	82	46	28	46′	73
第一趟	32	46	28	46′	73	[82]
第二趟	32	28	46	46′	[73	82]
第三趟	28	32	46	[46′	73	82]
第四趟	28	32	[46	46′	73	82]
第五趟	28	[32	46	46′	73	82]
结果	[28	32	46	46′	73	82]

图 9.4 冒泡排序示例

从排序的过程看，记录数为 6，需要做 5 趟冒泡排序，但实际上进行到第三趟冒泡排序时，整个记录已经有序了，因此，不需要再进行第四趟、第五趟冒泡排序了。也就是说，在某趟排序比较过程中，如果没有交换记录，则排序可提前结束，也称这种方法为改进的冒泡排序方法，用此方法可以节省排序时间。

冒泡排序算法描述如下：

```
void bubblesort(RECORDNODE r[ ], int n)
{                              /* 对表 r[1…n]中的 n 个记录进行冒泡排序 */
```

```
int i,j;
for(i = 1;i < n;i++)
for(j = 1;j < = n - i;j++)
if(r[j].key > r[j + 1].key)
{r[0] = r[j];r[j] = r[j + 1];r[j + 1] = r[0];}
}
```

改进后的冒泡排序算法描述如下：

```
void bubblesortg(RECORDNODE r[ ],int n)
{int i,j,noswap;
for(i = 1;i < n;i++)
{noswap = 1;                    /* 设交换标志,noswap = 1 为未交换 */
for(j = 1;j < = n - i;j++)
if(r[j].key > r[j + 1].key)
{noswap = 0;                    /* 准备交换 */
r[0] = r[j];r[j] = r[j + 1];r[j + 1] = r[0];
}
if(noswap)                      /* 未交换,排序结束 */
break;
}
}
```

算法分析：从上例看出，冒泡排序是一种稳定的排序方法。算法的执行时间与原始记录的有序程度有很大关系，如果原始记录已经是递增有序(正序)时，只需进行一趟排序，在此趟排序中比较次数为 $n-1$ 次，且没有记录移动。也就是说，冒泡排序在最好的情况下，时间复杂度是 $O(n)$。如果原始记录是递减有序(反序)时，则需要进行 $n-1$ 趟排序，每趟排序要进行 $n-i$ 次关键字的比较，且每次比较都必须移动记录三次来达到交换记录的位置。此时，比较和移动次数均达到最大值：

$$C_{max} = \sum_{i=1}^{n-1} (n-i) = n(n-1)/2 = O(n^2)$$

$$M_{max} = \sum_{i=1}^{n-1} 3(n-i) = 3n(n-1)/2 = O(n^2)$$

因此，冒泡排序的最坏时间复杂度为 $O(n^2)$，它的平均时间复杂度也是 $O(n^2)$。

9.3.2 快速排序

快速排序(Quick Sort)又称为划分交换排序，是一种所需比较次数较少、目前在内部排序中速度最快的方法。它的基本思想是第一趟处理整个待排序列，选取其中的一个记录(通常可选第一个记录)，以该记录的关键字值为基准，通过一趟快速排序将待排序列分割成独立的两个部分，前一部分记录的关键字比基准记录的关键字小，后一部分记录的关键字比基准记录的关键字大，基准记录得到了它在整个序列中的最终位置并被存放好，这个过程称为一趟快速排序。第二趟即分别对分割成两部分的子序列再进行快速排序，这样两部分子序列中的基准记录也得到了最终在序列中的位置并被存放好，又分别分割出独立的两个子序列。很显然，这是一个递归的过程，不断进行下去，直至每个待排子序列中都只有一个记录时为止，此时整个待排序列已排好序，排序算法结束。

下面介绍一次快速排序的过程。

（1）初始化：取第一个记录作为基准，设置两个整型指针 i、j，分别指向将要与基准记录进行比较的左侧记录位置和右侧记录位置。最开始从右侧比较，当发生交换操作后，再从左侧比较。

（2）用基准记录与右侧记录进行比较：即与指针 j 指向的记录进行比较，如果右侧记录的关键字值大，则继续与右侧前一个记录进行比较，即 j 减 1 后，再用基准元素与 j 所指向的记录比较，若右侧的记录小（逆序），则将基准记录与 j 指向的记录进行交换。

（3）用基准记录与左侧记录进行比较：即与指针 i 指向的记录进行比较，如果左侧记录的关键字值小，则继续与左侧后一个记录进行比较，即 i 加 1 后，再用基准记录与 i 指向的记录比较，若左侧的记录大（逆序），则将基准记录与 i 指向的记录交换。

（4）右侧比较与左侧比较交替重复进行，直到指针 i 与 j 指向同一位置，即指向基准记录最终的位置。

【例 9.5】 设有 6 个待排序的记录，它们排序的关键字序列为 $(17,8,45,23,40,23')$，第一趟快速排序过程如图 9.5 所示。

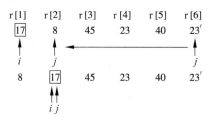

图 9.5 一趟快速排序示例

第一趟快速排序后，用同样的方法对产生的两个子序列继续进行快速排序，下面给出整个排序过程，如图 9.6 所示。

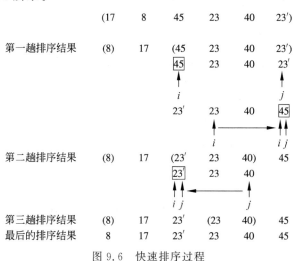

图 9.6 快速排序过程

快速排序算法描述如下：

```
int part(RECORDNODE r[],int low,int high)
{                                    /* 返回一趟快速排序后被定位的基准记录的位置 */
int i,j;
```

```
RECORDNODE temp;
i = low;j = high;                          /* low 和 high 为记录序列的下界和上界 */
temp = r[i];
while(i < j)
{while(i < j&&r[j].key > = temp.key)       /* 在序列的右端扫描 */
j -- ;
if (i < j)
{r[i] = r[j];r[j] = temp;i++;}
while(i < j&&r[i].key < = temp.key)        /* 在序列的左端扫描 */
i++;
if (i < j)
{r[j] = r[i];r[i] = temp;j -- ;}
}
r[i] = temp;
return i;
}
quicksort(RECORDNODE r[],int start,int end)
{                                          /* 对 r[start]到 r[end]进行快速排序 */
int i;
if (start < end)                           /* 只有一个记录或无记录时无须排序 */
{i = part(r,start,end);                    /* 对 r[start]到 r[end]进行一趟快速排序 */
quicksort(r,start,i - 1);                  /* 递归处理左区间 */
quicksort(r,i + 1,end);                    /* 递归处理右区间 */
}
}
```

算法分析:从上例可以看出,快速排序是不稳定的排序方法。对快速排序还是从关键字的比较次数和对象的移动次数上进行分析,最坏的情况是每趟快速排序选取的基准都是当前无序区中关键字最小(或最大)的记录,排序的结果是基准左边的无序子区(或右边的无序子区)为空,排序前后无序区的元素个数减少一个,因此,排序必须做 $n-1$ 趟,每一趟中需进行 $n-i$ 次比较,故总的比较次数达到最大值:

$$C_{\max} = \sum_{i=1}^{n-1} (n-i) = n(n-1)/2 = O(n^2)$$

最好的情况是每次所取的基准都是当前无序区的"中值"记录,一次快速排序的结果是基准的左、右两个无序子区的长度大致相等。

设 $C(n)$ 表示对长度为 n 的序列进行快速排序所需的比较次数,虽然,它应该等于对长度为 n 的无序区进行一次快速排序所需的比较次数 $n-1$,加上递归地对一次快速排序所得的左、右两个无序子区(长度$\leqslant n/2$)进行快速排序所需的比较次数。假设文件长度 $n = 2^k$,则 $k = \text{lb}n$,那么总的比较次数为

$$
\begin{aligned}
C(n) &\leqslant n + 2C(n/2) \\
&\leqslant n + 2[n/2 + 2C(n/2^2)] = 2n + 4C(n/2^2) \\
&\leqslant 2n + 4[n/4 + 2C(n/2^3)] = 3n + 8C(n/2^3) \\
&\leqslant \cdots \\
&\leqslant kn + 2^k C(n/2^k) = n\text{lb}n + nC(1) \\
&= O(n\text{lb}n)
\end{aligned}
$$

因为快速排序的记录移动次数不会大于比较次数,所以,快速排序的最坏时间复杂度为 $O(n^2)$,最好时间复杂度为 $O(n\text{lb}n)$。可以证明快速排序的平均时间复杂度也是 $O(n\text{lb}n)$。

在同数量级的排序方法中,快速排序的平均性能最好,但当原文件关键字有序时,快速排序的时间复杂度为 $O(n^2)$,而这时冒泡排序的时间复杂度为 $O(n)$。可见算法的优劣不是绝对的,在序列基本排好序的情况下,要避免使用快速排序方法。

9.4 选择排序

选择排序(Selection Sort)的基本思想:每一趟从待排序的记录中挑选出关键字最小的记录,顺序放在已排好序(初始为空)的子文件的最后,直到全部记录排序完毕为止。本节介绍两种选择排序方法:直接选择排序和堆排序。

9.4.1 直接选择排序

直接选择排序是一种简单直观的排序方法,其排序思想:从待排序的所有记录中挑选出关键字最小的记录,把它与第一个记录交换,然后在其余的记录中再选出关键字最小的记录与第二个记录交换,如此重复下去,直到所有记录排序完成。

【例 9.6】 设有 6 个待排序的记录,它们排序的关键字序列为(15,8,19,23,23′,6)。直接选择排序的过程如图 9.7 所示。

n=6	r[1]	r[2]	r[3]	r[4]	r[5]	r[6]
初始关键字	15	8	19	23	23′	6
第一趟	[6]	8	19	23	23′	15
第二趟	[6	8]	19	23	23′	15
第三趟	[6	8	15]	23	23′	19
第四趟	[6	8	15	19]	23′	23
第五趟	[6	8	15	19	23′]	23
最后结果	[6	8	15	19	23′	23]

图 9.7 直接选择排序示例

直接选择排序算法描述如下:

```
void selectsort(RECORDNODE r[ ],int n)
{int i,j,k;
for(i = 1;i <= n - 1;i++)
{k = i;
for(j = i + 1;j <= n;j++)
if(r[j].key < r[k].key)
k = j;                                  /* 记录最小数的位置 */
if(k!= i)
{r[0] = r[i];r[i] = r[k];r[k] = r[0];}
}
}
```

算法分析:从上例可以看出,直接选择排序是不稳定的排序方法。显然,无论文件初始状态如何,在第 i 趟排序中挑选出最小关键字的记录,需要做 $n-i$ 次比较,因此,总的比较次数为

$$C=\sum_{i=1}^{n-1}(n-i)=n(n-1)/2=O(n^2)$$

至于记录移动次数,当初始文件为正序时,移动次数为 0;文件初态为反序时,每趟排序

均要执行交换操作,所以,总的移动次数取最大值 $3(n-1)$。直接选择排序的平均时间复杂度为 $O(n^2)$。

9.4.2 树状选择排序

树状选择排序又称锦标赛排序,是一种按照锦标赛的思想进行选择排序的方法。首先对 n 个记录的关键字两两进行比较,选取 $\lceil n/2 \rceil$ 个较小者；然后这 $\lceil n/2 \rceil$ 个较小者两两进行比较,选取 $\lceil n/4 \rceil$ 个较小者……如此重复,直到只剩 1 个关键字为止。该过程可用一棵有 n 个叶子结点的完全二叉树表示,如图 9.8 所示。

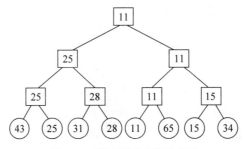

图 9.8 "锦标赛"过程示意图

每个分支结点的关键字都等于其左、右孩子结点中较小的关键字,根结点的关键字就是最小的关键字。输出最小关键字后,根据关系的可传递性,欲选取次小关键字,只需将叶子结点中的最小关键字改为"最大值",然后重复上述步骤即可。

含有 n 个叶子结点的完全二叉树的深度为 $\lceil \mathrm{lb}n \rceil + 1$,则总的时间复杂度为 $O(n\mathrm{lb}n)$。

9.4.3 堆排序

堆排序(Heap Sort)是在直接选择排序法的基础上借助完全二叉树的结构进行排序的方法。在直接选择排序中,找出最小的关键字需要比较 $n-1$ 次,找第二小的关键字需要比较 $n-2$ 次,以此类推。实际很多的比较是重复的,这些比较除了找到最小的关键字外,还可以产生一些信息,这些信息对后续的比较和排序是有用的,如果保存下来,可以缩减比较的次数,堆排序就是利用这种思想的一种改进算法。

下面引入堆的概念,假定具有 n 个元素的序列的关键字序列为 $\{k_1, k_2, \cdots, k_{n-1}, k_n\}$,若它们满足下面的特性之一,则称此元素序列为堆。

(1) $k_i \leqslant k_{2i}$ 且 $k_i \leqslant k_{2i+1}(1 \leqslant i \leqslant \lfloor n/2 \rfloor)$；

(2) $k_i \geqslant k_{2i}$ 且 $k_i \geqslant k_{2i+1}(1 \leqslant i \leqslant \lfloor n/2 \rfloor)$。

满足特性(1)的堆称为小根堆,满足特性(2)的堆称为大根堆。在本书中没有特别指明的都指的是大根堆。例如,(85,52,38,26,13,04)就是一个大根堆。

从堆的定义看出,如果将一个为堆的序列看成一棵完全二叉树的顺序存储序列,则对应的完全二叉树具有下列性质:

(1) 堆是一棵采用顺序存储结构的完全二叉树,k1 是根结点；

(2) 树中所有非叶子结点的关键字均大于它的孩子结点。如此对应的完全二叉树的根(堆顶)结点的关键字是最大的,也就是整个堆序列中关键字最大的。

(3) 从根结点到每一叶子结点路径上的元素组成的序列都是按元素值(或关键字值)非

递减(或非递增)的；

（4）二叉树中任一子树也是堆。

图 9.9 就是堆序列(85,52,38,26,13,04)所对应的完全二叉树。

将待排序的记录序列建成一个堆,并借助于堆的性质进行排序的方法就是堆排序。它的基本思想将原始的 n 个记录序列建成一个大根堆,称为初始堆,然后将它的根结点值和最后一个结点值交换,除此之外的 $n-1$ 个记录序列再重复上面的操作,直到记录序列成为一个递增的序列。

完成堆排序必须解决两个问题：

（1）如何将原始记录序列构造成一个堆,即建立初始堆。

（2）输出堆顶元素后,如何将剩余记录调整成一个新堆。

因此,堆排序的关键是构造初始堆,其实,构造初始堆的过程就是将待排元素序列对应的完全二叉树调整成一个堆,所以,解决问题的关键在于如何调整元素间的关系,使之形成初始堆。下面举例说明。

【例 9.7】 设有 6 个待排序的记录,它们排序的关键字序列为(34,22,43,10,63,85),所对应的完全二叉树如图 9.10 所示。

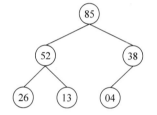
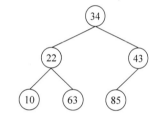

图 9.9　大根堆序列对应的　　　　图 9.10　初始序列对应的完全

　　　　完全二叉树示意图　　　　　　　　二叉树示意图

由二叉树的性质可知,二叉树中序号最大的一个非终端结点是 $\lfloor n/2 \rfloor$,即图 9.10 中的 3 号结点 43,序号最小的结点是根结点 34,对这些结点需一一进行调整,使其满足堆的条件。调整过程为：首先把 3 号结点元素 43 与其两个孩子中值较大的进行比较,由于它只有 1 个左孩子 85,故只和 85 比较,因为 43<85,所以交换两结点值,这时以 85 为根的子树即为堆,接着用相同的步骤对第 2 个结点 22 进行调整,直至第 1 个结点 34。如果在中间调整过程中,由于交换破坏了以其孩子为根的堆,则要对破坏了的堆进行调整,以此类推,直到父结点大于等于左、右孩子的元素结点或者孩子结点为空的元素结点。当这一系列调整过程完成时,图 9.11 所示的二叉树即成为一个堆树,这个调整过程也称为"筛选"。

建立初始堆的筛选算法(即 sift 算法)描述如下：

```
void sift(RECORDNODE r[],int i,int m)
{                              /* i 为当前筛选的结点编号,m 为堆中最后一个结点的编号 */
int j;
RECORDNODE temp;
temp = r[i];
j = 2 * i;
while(j <= m)                  /* 若 i 有左孩子 */
{if (j<m&&r[j].key<r[j+1].key) j++;   /* j 指向 r[i] 的右孩子 */
if (temp.key<r[j].key)         /* 孩子结点的关键字较大 */
```

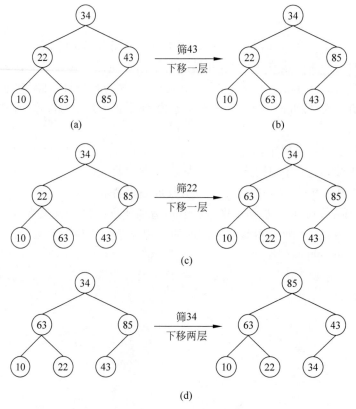

(a)

(b)

(c)

(d)

图 9.11　建立初始堆示例

```
{r[i] = r[j];                        /* 将 r[j]换到双亲位置上 */
i = j;j = 2 * i;                     /* 修改当前被调整结点 */
}
else  break;                         /* 调整完毕,退出循环 */
}
r[i] = remp;                         /* 最初被调整结点放入正确位置 */
}
```

　　利用以上算法,最大堆建成后,根结点的位置就是序列的最大关键字所在位置,将 r[1]
与 r[n]调换,最大关键字的记录就排在了最后,再对余下的 n−1 个记录利用 sift 算法重新
建立最大堆,再将堆的根结点和最后的结点调换,如此重复,最后初始序列成为按照关键字
有序的序列。图 9.12 给出了一个堆排序的示例。

　　下面给出堆排序算法:

```
heapsort(RECORDNODE r[])             /* 对 r[1]到 r[n]进行堆排序 */
{int i;
RECORDNODE temp;
for(i = n/2;i >= 1;i -- )            /* 建初始堆 */
sift(r,i,n);
for(i = n;i>1;i -- )                 /* 进行 n-1 趟堆排序 */
{temp = r[1];                        /* 当前堆顶记录和最后一个记录交换 */
r[1] = r[i];
```

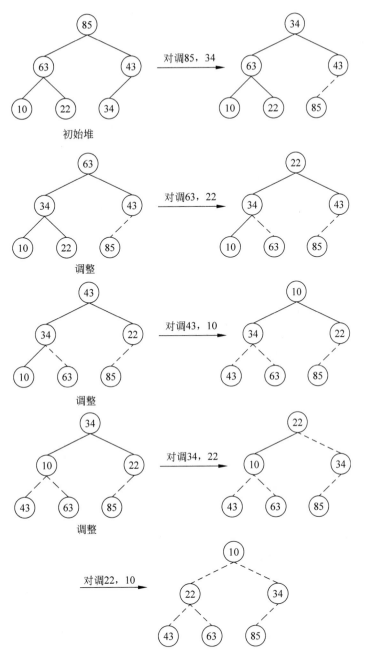

图 9.12　堆排序示例(虚线表示已排好序的数值)

```
r[i] = temp;
sift(r,1,i-1);                          /* r[1]到 r[i-1]重建成堆 */
}
}
```

从堆排序的算法可以知道,堆排序所需的比较次数是建立初始堆与重新建堆所需的比较次数之和,其平均时间复杂度和最坏时间复杂度均为 $O(n\mathrm{lb}n)$。它是一种不稳定的排序方法,请读者自行检验反例$(32,13,27,32',19,18)$。

9.5 归并排序

归并(Merging)是指将两个或两个以上的有序序列合并成一个有序序列。若采用线性表(无论是哪种存储结构)易于实现,其时间复杂度为 $O(m+n)$。

归并思想实例:两堆扑克牌,都已从小到大排好序,要将两堆合并为一堆且要求从小到大排序。较直观的解决办法如下。

(1) 将两堆最上面的抽出(设为 P1、P2)比较大小,将小者置于一边作为新的一堆(不妨设 P1<P2);再从第一堆中抽出一张继续与 P2 进行比较,将较小的放置在新堆的最下面。

(2) 重复上述过程,直到某一堆已抽完,然后将剩下一堆中的所有牌转移到新堆中。

类似地,将若干已排序的子文件合并成一个有序的文件,这种排序技术称为归并。归并排序(Merge Sort)就是指利用"归并"技术来进行排序。这里仅对二路归并方法进行讨论。

二路归并排序的基本思想是将一个具有 n 个待排序记录的序列看成 n 个长度为 1 的有序序列,然后进行两两归并,得到 $\lceil n/2 \rceil$ 个长度不超过 2 的有序序列,再进行两两归并,如此重复,直至得到一个长度为 n 的有序序列为止。

【例 9.8】 设有 6 个待排序的记录,它们排序的关键字序列为(32,13,27,32′,19,18)。二路归并排序的过程如图 9.13 所示。

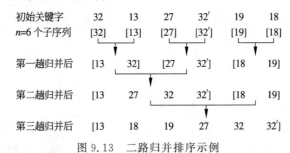

图 9.13 二路归并排序示例

(1) 两个有序序列的归并。

在归并排序中,最基本的操作就是两个位置相邻的区域的合并。

假设 r[low]到 r[m]和 r[$m+1$]到 r[high]是存储在同一个数组中的相邻的两个子序列区域,合并后存储到另一个临时数组 r_1 的 r_1[low]到 r_1[high]的区域,要实现这样的归并就需要设置三个标志变量 i、j 和 k,其初值分别是这三个区域的起始位置。在进行合并时,依次比较 r[i]和 r[j]的关键字,将关键字较小的记录存储到 r_1[k]中,然后,将 r_1 的下标 k 加1,同时将指向关键字较小记录的标志加1,重复上面的步骤,直到 r 中的所有记录全部复制到 r_1 中为止。有序归并的算法描述如下:

```
merge(RECORDNODE  r[],RECORDNODE r1[],int low,int mid,int high)
{int i,j,k;                          /* i,j 和 k 分别是三个区域的指针 */
i = low;j = mid + 1;k = low;
while(i <= mid&&j <= high)
if (r[i].key <= r[j].key)
  r1[k++] = r[i++];
else
  r1[k++] = r[j++];
```

```
while(i <= mid)    r1[k++] = r[i++];                /* 复制第一个区域的剩余部分 */
while(j <= high)   r1[k++] = r[j++];                /* 复制第二个区域的剩余部分 */
}
```

（2）一趟归并排序。

一趟归并排序的目的是将若干长度为 length 的相邻的 ⌈n/length⌉ 个有序子序列，从前向后两两进行归并，得到若干长度是 2length（可能有小于此长度）的相邻有序的序列，但可能存在最后一个子序列的长度小于 length，以及子序列的个数不是偶数这两种特殊情况，处理方法如下。

① 若剩余的记录个数大于 length，但小于 2length，则将前 length 个作为一个子序列，其他剩余的作为另一个序列，再使用前面的有序归并的方法归并排序。

② 若子序列的个数不是偶数，则最后只参照前面的归并，它们已经是有序排列的，可以直接复制到 r_1 中。

一趟归并排序算法如下：

```
mergepass(RECORDNODE r[], RECORDNODE r1[], int length)
{int i,j;
i = 0;
while(i + 2 * length - 1 < n)
{merge(r,r1,i,i + length - 1,i + 2 * length - 1);
i = i + 2 * length;}
if (i + length - 1 < n - 1)
merge(r,r1,i,i + length - 1,n - 1);              /* 剩下两个子序列中,有一个长度小于 length */
else                                             /* 子序列的个数为非偶数 */
for(j = i;j < n;j++)                             /* 复制最后一个子序列 */
r1[j] = r[j];
}
```

（3）二路归并排序。

对原始序列的二路归并排序是进行若干次的一趟归并排序，只需要在子序列的长度 length 小于 n 时，不断地调用 mergepass() 进行排序，每调用一次，length 增大一倍。length 的初值是 1。算法描述如下：

```
mergesort(RECORDNODE r[])
{int length = 1;
while(length < n)
{mergepass(r,r1,length);
length = 2 * length;
mergepass(r1,r,length);
length = 2 * length;
}
}
```

在算法中每趟排序的数据存储在临时的数组 r_1 中，所以在每趟排序结束后，需要将排序的结果再返回到 r 中。

二路归并排序算法的时间复杂度为 $O(n\mathrm{lb}n)$，归并排序是稳定的排序方法。

9.6　各种内部排序方法的比较

各种内部排序按所采用的基本思想（策略）可分为插入排序、交换排序、选择排序、归并

排　序

排序,它们的基本策略分别如下。

(1) 插入排序：依次将无序序列中的一个记录,按关键字值的大小插入已排好序的一个子序列的适当位置,直到所有的记录都插入为止。具体的方法有直接插入、折半插入和希尔排序。

(2) 交换排序：对于待排序记录序列中的记录,两两比较记录的关键字,并对反序的两个记录进行交换,直到整个序列中没有反序的记录偶对为止。具体的方法有冒泡排序、快速排序。

(3) 选择排序：不断地从待排序的记录序列中选取关键字最小的记录,放在已排好序的序列的最后,直到所有记录都被选取为止。具体的方法有简单选择排序、树状选择排序和堆排序。

(4) 归并排序：利用"归并"技术不断地对待排序记录序列中的有序子序列进行合并,直到合并为一个有序序列为止。

本章主要介绍了 9 种内部排序方法,其性能比较如表 9.2 所示。

表 9.2　9 种排序方法的性能比较

排序方法	最好时间	平均时间	最坏时间	辅助空间	稳定性
直接插入排序	$O(n)$	$O(n^2)$	$O(n^2)$	$O(1)$	稳定
折半插入排序	$O(n\mathrm{lb}n)$	$O(n^2)$	$O(n^2)$	$O(1)$	稳定
希尔排序	$O(n^{1.3})$	$O(n^{1.25})$		$O(1)$	不稳定
冒泡排序	$O(n)$	$O(n^2)$	$O(n^2)$	$O(1)$	稳定
快速排序	$O(n\mathrm{lb}n)$	$O(n\mathrm{lb}n)$	$O(n^2)$	$O(n\mathrm{lb}n)$	不稳定
直接选择排序	$O(n^2)$	$O(n^2)$	$O(n^2)$	$O(1)$	不稳定
树状选择排序	$O(n\mathrm{lb}n)$	$O(n\mathrm{lb}n)$	$O(n\mathrm{lb}n)$	$O(n)$	确定
堆排序	$O(n\mathrm{lb}n)$	$O(n\mathrm{lb}n)$	$O(n\mathrm{lb}n)$	$O(1)$	不稳定
归并排序	$O(n\mathrm{lb}n)$	$O(n\mathrm{lb}n)$	$O(n\mathrm{lb}n)$	$O(n)$	稳定

一个好的排序方法所需要的比较次数和占用存储空间应该要少。从表 9.2 中可以看出,每种排序方法各有优、缺点,不存在十全十美的排序方法,因此,在不同的情况下可以选择不同的方法。选取排序方法时,一般需要考虑以下几点。

(1) 算法的简单性。它分为简单算法和改进后的算法,简单算法有直接插入、直接选择和冒泡法,这些方法都简单明了。改进后的算法有希尔排序、快速排序、堆排序等,这些算法比较复杂。

(2) 待排序的记录数多少。记录数越少越适合简单算法,相反,记录数越多则越适合改进后的算法,这样,算法效率可以明显提高。

除以上所述外,选取排序方法时还应考虑对排序稳定性的要求、关键字的结构、初始状态,以及算法的时间复杂度和空间复杂度等情况。

其次选取排序方法还要考虑每个记录的大小,关键字的结构及其初始状态,是否要求排序的稳定性,语言工具的特性,存储结构的初始条件和要求,时间复杂度、空间复杂度和开发工作的复杂程度的平衡点等因素。

本章中讨论的排序方法是在顺序存储结构上实现的,在排序过程中需要移动大量记录。当记录数很多、时间耗费很大时,可以采用静态链表作为存储结构。

综上所述,可在综合考虑下针对具体的问题选取合适的排序方法。

9.7 排序的应用

【例9.9】 对表9.1所示的学生考试成绩表试设计一个算法,要求:①按总分高低次序排序,求出每个学生在考试中获得的名次,分数相同的为同一名次;②按名次列出每个学生的姓名与分数。

算法实现:下面给出的是用冒泡排序算法实现的 C 语言程序。在此基础上,可以尝试用其他几种排序算法实现对该问题的求解。

```
#define MAXSIZE 100                        /* 顺序表的类型定义 */
typedef struct
{int kaohao;
char name[10];
int score;}RECORDNODE;
void maopao(RECORDNODE * r,int n)
{
int i,j;
for(i = 1;i < n;i++)
for(j = 1;j <= n - i;j++)
if(r[j].score < r[j + 1].score)
{r[0] = r[j];r[j] = r[j + 1];r[j + 1] = r[0];}
}
main()
{RECORDNODE a[MAXSIZE];
int   num,i,j,n;                           /* 变量 num 表示名次 */
num = 1;
printf("请输入考生个数: ");
scanf("%d",&n);
printf("请输入学生信息: ");
for(i = 1;i <= n;i++)
{printf("考号、姓名、总分: ");
scanf("%d",&a[i].kaohao);
scanf("%s",a[i].name);
scanf("%d",&a[i].score);
}
maopao(a,n);
printf("名次          姓名          总分\n");
printf("% - 6d% s% 6d\n",num,a[1].name,a[1].score);       /* 按名次打印成绩表 */
for(i = 2;i <= n;i++)
{if (a[i].score < a[i - 1].score)
  num++;
printf("% - 6d% s% 6d\n",num,a[i].name,a[i].score);
}
}
```

【例9.10】 编写算法,使得在尽可能少的时间内重新排列数组,将所有取负值的关键字放在所有取非负值的关键字前面。要求从数组的第一个元素(下标0)开始放置数据。

```
#define KEYTYPE int
#define MAXSIZE 100
Typedef struct
{KEYTYPE key;
```

```
}RECORDNODE;
Void part(RECORDNODE * r,int n)
{RECORDNODE temp;
int i = 0,j = n - 1;
while(i < j)
{while(i < j&&r[j].key > = 0)
j -- ;
 while(i < j&&r[i].key < 0)
 i++;
 if(i < j)
 {temp = r[i];r[i] = r[j];r[j] = temp;i++;j -- ;}
 }
 }
main()
{RECORDNODE a[MAXSIZE];
int i,len;
scanf(" % d",&len);
for(i = 0;i < len;i++)
scanf(" % d",&a[i].key);
part(a,len);
for(i = 0;i < len;i++)
printf(" % 4d",a[i].key);
}
```

本 章 小 结

(1) 排序和查找一样,是数据处理中经常使用的一种重要运算,很多查找算法都是以排序为前提的。本章首先介绍了排序的概念和有关知识。

(2) 接着介绍了插入排序、交换排序、选择排序和归并排序4类内部排序(9种排序)方法的基本思想、排序过程和算法实现,简要地分析了各种算法的效率。

(3) 最后对各种排序算法的性能进行了比较,简要分析了如何选择排序算法。

知 识 拓 展

哪种排序算法最好

事实上,目前没有十全十美的排序算法,算法有优点的同时也有缺点。即使是快速排序法,也只是在整体性能上优越,也存在排序不稳定、需要大量辅助空间、对少量数据排序无优势等不足。因此,下面从多个角度来剖析提到的各种排序算法的优缺点。

将以上算法的各种指标进行对比,如表9.2所示。

从平均情况来看,显然最后三种改进后的算法要胜过希尔排序,并远胜过简单算法。

从最好的情况来看,冒泡排序和直接插入排序更胜一筹。也就是说,如果待排序序列总是基本有序,反而不应该考虑复杂的改进算法。

从最坏的情况来看,堆排序与归并排序又胜过快速排序和其他简单排序。

从三组时间复杂度的数据对比中,可以得出这样的认识:堆排序和归并排序就像两个参加奥数考试的优等生,心理素质强,发挥稳定。而快速排序像情绪化的天才,心情好时表现极佳,遇到较糟糕的环境就会变得差强人意。但是它们如果一同比赛计算个位数的加减法,反而比不过成绩普通的冒泡排序和直接插入排序。

从空间复杂度来说,归并排序强调"想要马儿跑得快,就得给马儿吃得饱"。快速排序也有相应的空间要求,反而堆排序等都是少量索取、大量付出,对空间要求是 $O(1)$。如果执行算法的软件所处环境非常关注内存使用的多少,选择归并排序和快速排序不是较好的决策。

从稳定性来看,归并排序独占鳌头,前面也讲过,对于非常关注排序稳定性的应用,归并排序是个好算法。

从待排序记录的个数来说,待排序的个数 n 越小,采用简单排序方法越合适;反之,n 越大,采用改进排序方法越合适。这也就是对快速排序优化时增加了一个阈值,低于阈值时换为直接插入排序的原因。

总之,从各项指标综合来说,经过优化的快速排序是性能最好的排序算法,但是对于不同的场合也应该考虑使用不同的算法来处理。

第9章

排　序

第 10 章　　　　　　文　　件

【本章学习目标】

本章通过实例引出文件的定义。文件是事务处理中所使用的一种数据结构,文件系统是数据库系统的基础。本章介绍文件的基本概念、文件的逻辑结构以及定义在该结构上的操作,重点介绍文件常用的组织方式。通过本章的学习,要求:

(1) 理解文件的基本概念。

(2) 掌握文件常用的存储结构,包括顺序文件、索引文件、哈希文件和多关键字文件。

(3) 掌握文件各种存储结构上的检索、更新等操作的实现。

10.1　文件的基本概念

10.1.1　文件引例

表 10.1 是某单位的职工基本情况表。该表可以在外存中存储为一个文件。该文件中每行称为一个记录,表示一个职工的基本信息,由 6 个数据项组成。其中每个职工的编号不相同,所以可以用编号来唯一地标识每个记录,称为主关键字,而姓名、性别等数据只能作为次关键字,因为对于不同的记录它们的值可以是相同的。

表 10.1　职工基本情况表

编　号	姓　名	性　别	民　族	出生年月	部　门
001	李泽勇	男	汉族	1970/10	财务部
002	王丽敏	女	壮族	1983/02	人事部
003	张永健	男	汉族	1978/11	业务部
004	潘晓婷	女	满族	1990/04	人事部
005	齐丽	女	汉族	1989/05	业务部

10.1.2　文件的定义

文件是由大量性质相同的记录组成的集合。文件的数据量通常很大,被存储在外存中。可按其记录的类型不同将文件分成两类:操作系统文件和数据库文件。

操作系统文件是一维的无结构连续的字符序列。

数据库文件是有结构的记录的集合,这类记录可由若干数据项构成。记录是文件可存取的数据的基本单位。数据项是最基本的不可分的数据单位,也是文件可使用的最小数据单位。能唯一标识一个记录的数据项或数据项的组合称为主关键字,其他不能唯一标识一个记录的数据项则称为次关键字。表 10.1 就是一个数据库文件。通常数据结构中研究的文件指的是数据库文件。

数据库文件还可以按照记录中关键字的多少分为单关键字文件和多关键字文件。若文件中的记录只有一个唯一标识记录的主关键字,则称其为单关键字文件;若文件中的记录除了主关键字外,还包含若干次关键字,则称其为多关键字文件。

文件还可以按照记录包含的信息长度是否相同分为定长文件和不定长文件。若文件中每个记录含有的信息长度相同,则这类记录称为定长记录,由定长记录组成的文件称为定长文件;若文件中含有信息长度不等的不定长记录,则称为不定长文件。表 10.1 所示文件是定长记录文件。

与其他数据结构一样,文件结构也包括逻辑结构、物理结构和在文件上的操作(运算)三方面内容。

10.1.3 文件的逻辑结构及操作

根据第 1 章所学内容,我们知道数据库文件中存储的是线性结构的数据,文件中的每个记录(除了第一个和最后一个)只有一个前驱和一个后继,第一个记录只有后继没有前驱,最后一个记录只有前驱没有后继。

定义在文件结构上的操作主要有检索和维护两类。

文件检索就是在文件中查找满足给定条件的记录。文件检索有顺序检索、直接检索、按关键字检索三种方式。前两种检索方式是按照记录的逻辑号(即记录存入文件时的顺序编号)查找。按关键字检索是查询一个或一批关键字与给定值相关的记录。按查询条件的不同,又可分为以下四种方式。

(1) 简单查询:查询关键字等于给定值的记录,例如在表 10.1 所示职工基本情况表文件中查找编号为"004"的记录。

(2) 区域查询:查询关键字属于某个范围的记录,例如在表 10.1 所示文件中查找出生年月在 1990 年以后的人员记录。

(3) 函数查询:给定关键字的某个函数,查询满足该函数的值的记录或者该函数的值,例如根据出生年月计算某人的年龄。

(4) 组合查询:将以上三种查询通过逻辑运算(与、或、非)组合起来的查询,例如查询性别为"男"并且所属部门为"财务部"的所有人员信息。

文件维护是对文件中记录的插入、删除、修改等操作。

文件的操作可以有实时和批量两种方式。通常实时处理对响应时间有严格要求,应在接收询问后几秒内完成检索和修改。批量处理对响应时间的要求比较宽松。不同文件系统有不同的要求。例如一个民航自助服务系统,其检索和修改都应实时处理;而银行的账户系统需实时检索,但可进行批量修改,即可以将一天的存款和取款信息记录在一个事务文件中,在一天的营业结束之后再进行批量处理。

10.1.4 文件的物理结构

文件的物理结构是指文件在外存上的组织方式。不同的组织方式对应不同的存储结构。基本的组织方式有顺序组织、索引组织、哈希组织和链式组织四种。一个文件采用哪种存储结构应综合考虑各种因素,如存储介质的类型、对文件中记录的使用方式和频繁程度、对文件进行何种操作等。下面介绍几种常用的文件存储结构。

10.2 顺 序 文 件

10.2.1 什么是顺序文件

顺序文件是指按记录进入文件的先后顺序存放、其逻辑顺序和物理顺序一致的文件。顺序文件中的记录如果按其主关键字有序,则称为顺序有序文件,否则称为顺序无序文件。为了提高检索效率,经常将顺序文件组织成有序文件。

10.2.2 磁带存储的顺序文件的操作

磁带是一种典型的顺序存取存储器,因此存储在磁带上的文件只能是顺序文件。磁带文件适合于文件数据量大、记录变化少、只进行批量检索或修改的情况。磁带上存储的顺序文件只能按照顺序查找法进行检索,即顺序扫描文件,按记录的主关键字逐个查找,如果检索第 i 个记录,必须先检索前 $i-1$ 个记录。这种查找法对于少量的检索是不经济的,但适合于批量检索,即把用户的检索要求先进行累积,等待查记录累积到一定数量之后便把这批记录按主关键字排序,然后通过一次顺序扫描文件来完成这一批检索要求。

磁带文件的修改操作,一般是用另一条复制带将原磁带上不变的记录复制一遍,同时在复制的过程中插入新的记录或用待修改的记录替换原记录写入。为了修改方便,要求待复制的顺序文件有序。对磁带文件进行修改的过程如下:将所有的修改请求构成一个事务文件,事务文件也按原磁带中主文件的关键字进行排序,存放在另一条磁带上;修改时,顺序读出主文件和事务文件中的记录,按照主关键字进行归并排序,将主文件中不变的数据原样复制到新的磁带上;对于事务文件中记录的更改和删除的数据,要求和主文件关键字相匹配,执行删除操作的记录不用写入新磁带,执行更改操作的记录则将更改后的新记录写入新磁带,执行插入操作时不要求关键字匹配,可直接将事务文件中要插入的记录写入新磁带中适当的位置,从而得到新的顺序文件。因为经常执行复制操作,所以数据库系统总会产生很多临时文件。

例如一个银行账目文件,其主文件中保存着各储户的存款余额,每个储户作为一个记录,储户账号为主关键字,记录按主关键字从小到大的顺序排列。一天的存入和支出集中在一个事务文件中,事务文件也按账号递增排序,批量进行文件修改的操作如图 10.1 所示,最后得到一个新的顺序文件。

10.2.3 磁盘存储的顺序文件的操作

磁盘是常用的直接存取的存储器,它不仅能够进行顺序存取,而且能直接存取任何记录。因此对磁盘上的顺序文件,可以使用顺序查找法、二分查找法和分块查找法进行检索操作。二分查找法不适用于不定长文件的检索,通常只能对较小的文件或一个文件的索引进行查找,当一个文件很大、在磁盘上占有多个柱面时,二分查找将导致磁头来回移动,增加寻找时间。

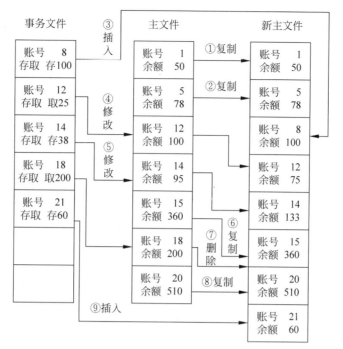

图 10.1　银行账目文件批量修改示意图

磁盘上顺序文件的批处理和磁带文件类似,只是当修改项中没有插入,且更新操作不增加记录的长度时,可以不创建新的主文件,直接修改原主文件中的记录即可。

10.3　索 引 文 件

10.3.1　什么是索引文件

除了文件(称作主文件或数据区)本身外,另外建立一张指示逻辑记录和物理记录之间一一对应关系的表——索引表,这类包括文件数据区和索引表两部分的文件称作索引文件。

索引表中的每一项称作索引项,一般索引项都是由关键字和该关键字所在记录的物理地址组成的。不论主文件是否按主关键字有序,索引表中的索引项总是按照关键字(或逻辑记录号)有序排列。若主文件的记录也按关键字有序排列,则称为索引顺序文件,反之,若主文件中的记录不按关键字顺序排列,则称为索引非顺序文件。索引非顺序文件中,需要为每个记录建立一个索引项,这种索引表称为稠密索引。索引顺序文件中,可以为一组记录建立一个索引项,这种索引表称为非稠密索引。

【例10.1】　对于职工基本情况表,输入如图10.2所示的数据,建立文件。

索引表是由系统程序自动生成的。在输入记录、建立数据区的同时建立一个索引表,该索引表以职工编号作为关键字,表中的索引项按记录输入的先后顺序排列,待全部记录输入完毕后再对索引表按关键字进行排序。索引表建立过程如图10.3所示。

物理地址	职工编号	姓名	性别	民族	出生年月	部门
101	004	潘晓婷	女	满族	1990/04	人事部
102	001	李泽勇	男	汉族	1970/10	财务部
103	003	张永健	男	汉族	1978/11	业务部
104	002	王丽敏	女	壮族	1983/02	人事部
105	005	齐丽	女	汉族	1989/05	业务部

图 10.2　数据文件

关键字	物理地址
004	101
001	102
003	103
002	104
005	105

关键字	物理地址
001	102
002	104
003	103
004	101
005	105

(a) 输入文件过程中建立的索引表　　　　(b) 排序后的索引表

图 10.3　索引表建立过程

10.3.2　索引文件的操作

索引文件的检索分两步进行：首先查找索引表，若索引表上存在该记录，则根据索引项的指示读取外存上的该记录；否则说明外存上不存在该记录，也就不需要访问外存。由于索引项的长度比记录小得多，通常可以将索引表一次性地读入内存，因此在索引文件中进行检索时只访问外存两次，即一次读索引，一次读记录。并且由于索引表是有序的，查找索引表时可以使用折半查找法。

索引文件的更新也容易完成。删除一个记录时，只需要删除相应的索引项；插入一个记录时，应将记录置于数据区的末尾，同时在索引表中插入索引项；修改记录时，应将修改后的记录置于数据区的末尾，同时修改索引表中相应的索引项。

10.3.3　多级索引文件

当记录数目很大时，索引表也很大，导致一个物理块容纳不下索引表。在这种情况下查阅索引仍需要多次访问外存。为此，可以对索引表建立一个索引，称为查找表。在检索记录时先查找查找表，再查找索引表，然后读取记录，也就是三次访问外存。若查找表中的项目也比较多，则可建立更高一级的索引。通常最高可以有四级索引：数据文件→索引表→查找表→第二查找表→第三查找表。而检索过程从最高一级索引即第三查找表开始，需要五次访问外存。

上述索引文件结构是一种静态表结构，其结构简单，但修改很不方便，每次修改都需要重组索引。因此,当数据文件在使用过程中记录变化较多时,应采用动态索引,如二叉排序树(或二叉平衡树)、B-树以及键树,这些都是树表结构,插入和删除都很方便。通常,当数据文件的记录数不是很多,内存容量足以容纳整个索引表时可采用二叉排序树(或二叉平衡树)作索引;反之,当文件很大时,索引表本身也在外存,查找索引时需要多次访问外存并且访问外存的次数恰为查找路径上的结点数,为了减少访问外存的次数,应尽量缩减索引表的深度,此时宜采用 m 叉的 B-树作索引表。显然,索引文件只能是磁盘文件。

10.4 ISAM 文件和 VSAM 文件

本节介绍两种索引顺序文件: ISAM 文件和 VSAM 文件。

10.4.1 ISAM 文件

ISAM 为 Indexed Sequencial Access Method(索引顺序存取方法)的缩写,是一种采用静态索引结构的磁盘存取文件组织方式。由于磁盘是由盘组、柱面和磁道三级地址存取的设备,因此可以对磁盘上的数据文件建立盘组、柱面和磁道三级索引。图 10.4 所示为磁盘结构示意图,从中可以看到整个磁盘由多个盘片组成,固定在同一个轴上沿一个固定方向高速旋转。每个盘片包括上下两个盘面,盘面用于存储信息,每个盘面有一个读写头,所有读写头是固定在一起同时同步移动的。读写头在一个盘面上的移动轨迹称为磁道,磁道就是盘面上的圆环,各盘面上半径相同的磁道的总和称为一个柱面。磁盘上的每个磁道被等分为若干弧段,这些弧段便是磁盘的扇区。每个扇区可以存放 512 字节的信息,磁盘驱动器在向磁盘读取和写入数据时,以扇区为单位。

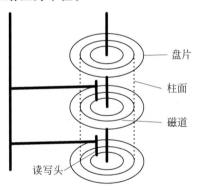

图 10.4 磁盘结构示意图

文件的记录在同一个盘组上存放时,应先集中存放在一个柱面上,然后再顺序存放在相邻的柱面上。对同一个柱面,应按盘面次序顺序存放在每个磁道上。

【例 10.2】 一个 ISAM 文件在磁盘上的存储如图 10.5 所示。

可以看出,整个文件的构成包括以下三部分。

(1) 基本数据区:按关键字有序存放数据记录。

(2) 溢出区:每个柱面都有一个溢出区,为插入记录做准备。

(3) 多级索引:包括磁道索引、柱面索引和主索引三级索引。如图 10.6 所示,每个柱面建立一个磁道索引,每个磁道索引项由基本索引项和溢出索引项两部分组成,每部分包括关

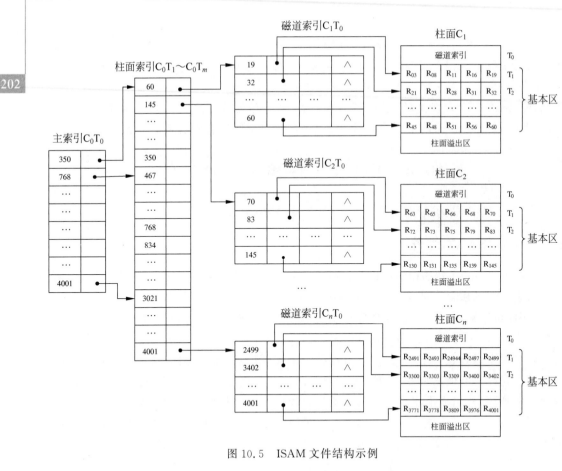

图 10.5　ISAM 文件结构示例

图 10.6　磁道索引项结构

键字和指针两项。基本索引项中关键字表示该磁道中的最大关键字,指针指示该磁道中第一个记录的位置;溢出索引项的关键字是该磁道溢出记录的最大关键字,指针指示该磁道溢出区的首地址,最初溢出索引项为空。一个柱面上的所有磁道索引项形成一个磁道索引。然后为每个磁道索引建立一个柱面索引项,柱面索引项包含柱面中最大关键字和该柱面磁道索引的首地址。若柱面索引较大,再建立柱面索引的索引,称为主索引。将柱面索引分组,主索引的每个索引项包括柱面索引中一组记录的最大关键字及该柱面索引组的起始地址。图 10.6 中只有一级主索引,如果一级主索引也很大时,则可以建立多级主索引。当然,如果柱面索引较小,也可以不建立主索引。

如图 10.6 所示,每个柱面分为磁道索引区、基本区和溢出区三部分。磁道索引区用来存放该柱面的磁道索引,通常规定该柱面最前面的磁道 T_0 为磁道索引区。由 T_1 开始的若干磁道用来存放主文件的记录,称为基本区。基本区采用顺序存储结构。每个柱面中的最后若干磁道称为溢出区,每个柱面的溢出区由该柱面基本区中的各磁道共享。溢出区为有序链表结构,简称溢出链表。

ISAM 文件在插入记录时需要移动记录并将同一个磁道上最后一个记录移至溢出区，同时修改磁道索引中的溢出索引项。同一个磁道溢出的记录由指针相连，溢出索引项的关键字为该磁道溢出的最大关键字，而指针则指示该磁道在溢出区中的第一个记录。例如，一次性地将记录 R_{67}、R_{74}、R_{77} 插入如图 10.6 所示的文件之后，柱面 C_2 及其磁道索引变化如图 10.7 所示。当插入记录 R_{67} 时，将 T_1 磁道中大于 R_{67} 的记录 R_{68}、R_{70} 后移，造成 R_{70} 溢出至溢出区中。由于 T_1 磁道中的最大关键字变为 68，因此将第一个磁道索引基本索引项的关键字修改为 68，由于 70 进入溢出区，因此溢出索引项添加关键字 70，指针指向 R_{70} 所在位置。在插入 R_{74} 时也是先找到插入位置，应该插入 R_{73}、R_{75} 之间，将 R_{75} 后面的记录顺序向后移动，使 R_{83} 进入溢出区，同时修改磁道索引的相应索引项。插入 R_{77} 时，将 R_{79} 向后移动，进入溢出区，R_{79} 和 R_{83} 都是 T_2 磁道的记录，因此将其链接形成一个链表，同时将磁道索引基本索引项中的关键字修改为 77，溢出索引项的关键字为 T_2 磁道溢出数据链表中的最大值 83，指针则指向链表的第一个数据 79 所在位置。

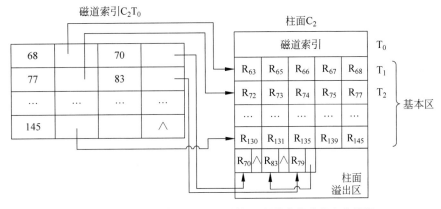

图 10.7　ISAM 文件插入记录后柱面和磁道索引的变化情况

ISAM 文件中记录的删除操作比较简单，只需要找到待删除的记录，在其存储位置上加删除标记即可，不需要移动记录或改变指针。

在 ISAM 文件中检索记录类似于分块查找，先从主索引出发找到相应的柱面索引，再从柱面索引找到记录所在的磁道索引，最后从磁道索引找到记录所在磁道的起始位置，由此出发进行顺序查找，直到确认找到或没有找到。若没有找到，则看磁道溢出索引项是否为空，若为空则可确认没有找到，若不空，则转到磁道的溢出链表区进行进一步查找，以最终确认是否查找成功。例如在图 10.6 中查找 R_{28} 时，首先顺序查找主索引，因为 $28 < 350$，所以确定在柱面索引的第一组中顺序查找；又因为 $28 < 60$，所以可以顺着指针找到柱面 C_1 的磁道索引；又因为 $19 < 28 < 32$，所以进入第二个索引块，顺着索引项中的指针找到磁道 T_2 首地址后进行顺序查找，即可找到 R_{28}。又如在图 10.7 中查找 R_{79} 时，首先顺序查找主索引，因为 $79 < 350$，所以确定在柱面索引的第一组中顺序查找，又因为 $79 < 145$，所以可以顺着指针找到柱面 C_2 的磁道索引，又因为 $77 < 79 < 83$，所以进入 C_2 柱面 T_2 的溢出链表中顺序查找，第一个即为要查找的记录 R_{79}，查找成功。

在对 ISAM 文件执行多次增删记录操作后，文件的结构可能变得很不合理。此时，大量的记录进入溢出区，而基本区中又浪费很多存储空间，因此通常需要周期性地整理 ISAM 文件，把记录读入内存重新排列，复制为一个新的 ISAM 文件，填满基本区而空出溢出区。

10.4.2 VSAM 文件

VSAM 是 Virtual Storage Access Method(虚拟存储存取方法)的缩写。这种存取方法利用了操作系统的虚拟存储器的功能,给用户提供方便。VSAM 文件的存储单位是控制区间和控制区域这样的逻辑存储单位,与外存储器中柱面、磁道等具体存储单位没有必然的联系。用户在存取文件中的记录时,不需要考虑这个记录的当前位置是在内存还是在外存,也不需要考虑何时执行读写外存的指令。

VSAM 也是一种索引顺序文件的组织方式,采用 B+ 树作为动态索引结构。如图 10.8 所示为一个 VSAM 文件的例子,它由数据集、顺序集和索引集三部分组成。文件的记录均存放在数据集中,数据集中的一个结点称为控制区间,它是一个 I/O 操作的基本单位,由一组连续的存储单元组成。控制区间的大小可随文件的不同而不同,但同一个文件上的控制区间大小相同。每个控制区间含有一个或多个按关键字递增有序排列的记录。顺序集和索引集一起构成一棵 B+ 树,作为文件的索引部分。顺序集中存放每个控制区间的索引项。每个控制区间的索引项由两部分组成,分别是该控制区间的最大关键字和指向控制区间的指针。若干相邻控制区间的索引项形成顺序集中的一个结点,结点之间用指针相连形成链表。顺序集中一个结点和与之对应的控制区间组成一个控制区域。每个控制区间可视为一个逻辑磁道,每个控制区域可视为一个逻辑柱面。顺序集中的每个结点又在其上一层的结点中建有索引,且逐层向上建立索引,所有的索引项都由最大关键字和指针两部分组成。这些上层的索引组成了索引集,它们是 B+ 树的非终端结点,与顺序集一同构成一棵 B+ 树。因此,VSAM 文件既可以在顺序集中进行顺序存取,又可以从最高层的索引(B+ 树的根结点)出发执行按关键字存取的操作。

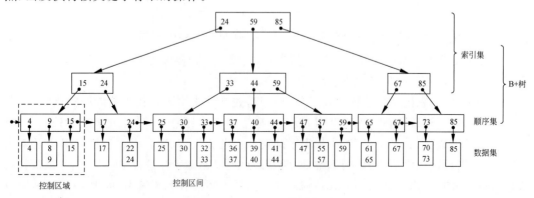

图 10.8　VSAM 文件结构示例

数据集的控制区间除了存放记录本身的信息外,还要存放每个记录的控制信息(如记录的长度)和整个区间的控制信息(如区间中存放的记录个数),控制区间的结构如图 10.9 所示。在控制区间中存取一个记录时需要从控制区间的两端出发向中间扫描。

图 10.9　控制区间的结构示意图

VSAM 文件没有溢出区,处理插入记录的办法是在初建文件时留有空间。一是每个控制区间内没有填满记录;二是每个控制区域内留有一些全空的控制区间。当插入新记录时,大多数新记录能插入相应的控制区间内,但需要注意为了保持区间内记录的关键字有序,则需要将区间内关键字大于待插入记录的记录向控制信息的方向移动。若在插入若干记录后控制区间已满,则在插入下一个记录时要进行控制区间的分裂,即将近一半的记录移动到同一个控制区域内全空的控制区间中,并修改顺序集中相应的索引项。若控制区域中已经没有全空的控制区间,则要进行控制区域的分裂,此时顺序集中的结点也要进行分裂,由此尚需修改索引集中的结点信息。但由于控制区域较大,很少会发生分裂的情况。

VSAM 文件中删除记录时,需将同一控制区间中较大的记录向前移动,若整个控制区间变空,则需要修改顺序集中相应的索引项。

由此可见,VSAM 文件占有较多的存储空间,一般只能保持约 75% 的存储空间利用率。但它的优点是动态地分配和释放内存,不需要对文件进行重组,并能较快地对插入的记录执行查找,查找一个后插入记录的时间与查找一个原有记录的时间是相同的。

基于 B+ 树的 VSAM 文件通常作为大型索引顺序文件的标准组织方式。

10.5 哈 希 文 件

哈希文件也称为直接存取文件,是利用哈希(Hash)算法来组织文件,类似于哈希表,即根据文件中关键字的特点设计哈希函数和处理冲突的方法,将记录散列存储到存储设备上,因此又称散列文件,不适于磁带存储,只适于磁盘存储。

与哈希表不同的是,对于文件来说,磁盘上的文件记录通常是成组存放的,若干记录组成一个存储单位,在哈希文件中这个存储单位称为桶(Bucket)。假设一个桶能存放 m 个记录,则当桶中已经有 m 个同义词的记录,在存放第 $m+1$ 个同义词时会发生"溢出"。处理溢出时可采用哈希表中处理冲突的各种方法,但链地址法是哈希文件处理溢出的首选方法。用链地址法处理溢出的具体方法是:当某个桶中的同义词超过 m 个时,动态生成一个新桶以存放那些溢出的同义词。通常把存放前 m 个同义词的桶称为"基桶",把存放溢出记录的桶称为"溢出桶"。基桶和溢出桶的结构相同,均为 m 个记录的数组加一个桶地址指针。当某个基桶未溢出时,基桶中的指针为空;当基桶溢出时,动态生成一个溢出桶,存放溢出记录,基桶中的指针指向该溢出桶;若溢出桶中的同义词再溢出时,再动态生成第二个溢出桶存放溢出记录,第一个溢出桶中的指针置为指向第二个溢出桶。这样就构成了一个链式溢出桶。

【例 10.3】 某个文件有 20 个记录,其关键字的集合为 {19,1,23,14,55,68,11,86,37,13,90,67,123,95,16,45,27,10,21,7},桶的容量 $m=3$,桶数 $b=9$,哈希函数 $H(key)=key\%9$,对应的哈希文件如图 10.10 所示。

在哈希文件中查找某个记录时,首先根据待查记录的关键字值求得哈希桶地址(即基桶地址),将基桶的记录读入内存进行顺序查找,若找到某记录的关键字等于待查记录的关键字,则查找成功;若基桶内无待查记录且基桶内指针为空,则文件中没有待查记录,查找失败;若基桶内无待查记录且基桶内指针不空,则将溢出桶中的记录读入内存进行顺序查找。若在某个溢出桶中查找到待查记录,则查找成功;若所有溢出桶链内均未查找到待查记录,

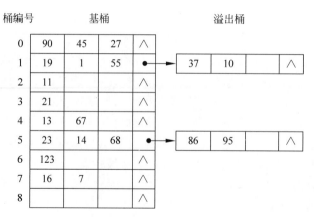

图 10.10 哈希文件示例

则查找失败。

在哈希文件中删除一个记录只需要对被删除记录加删除标记即可。

哈希文件的优点是：文件随机存放，记录不需要进行排序；插入、删除方便；存取速度快；不需要索引区，节省存储空间。其缺点是：不能进行顺序存取，只能按关键字随机存取；询问方式限于简单询问；在经过多次插入、删除后可能造成文件结构不合理，即溢出桶满而基桶内多数为被删除的记录，此时需要重新组织文件。

10.6 多关键字文件

多关键字文件的特点是在对文件进行检索操作时，不仅对主关键字进行简单询问，还经常对次关键字进行其他类型的询问检索。例如，在表 10.1 所示的职工数据表文件中，编号为主关键字，性别和部门名是次关键字。允许执行查询所属部门是人事部的记录或者统计性别为男的职工人数等操作。要执行此类操作，则需要建立多个次关键字索引。次关键字索引可以是稠密的，也可以是非稠密的。索引表可以是顺序表，也可以是树表。下面讨论两种多关键字文件的组织方法。

10.6.1 多重表文件

多重表文件是将索引方法和链接方法相结合的一种组织方式。它为每个需要查询的次关键字建立一个索引，同时将具有相同次关键字的记录相连接，形成一个链表，并将此链表的头指针、链表长度及次关键字作为索引表的一个索引项。通常，多重表文件的主文件是一个顺序文件。

【例 10.4】 图 10.11 是一个多重表文件示例，其中主关键字是职工编号，次关键字是性别、部门。要求设计对应的多重表文件。

分析：在主数据文件中设计两个链接字段——性别链和部门链，分别将具有相同性别和相同部门的记录连接到一起，如图 10.11(a) 所示。由此形成的性别索引和部门索引如图 10.11(b) 和图 10.11(c) 所示。有了这些索引，便易于处理各种有关次关键字的查询。

多重表文件在检索时先查询索引表，然后在主文件中读出待查记录信息。例如，

物理地址	职工编号	姓名	性别	民族	出生年月	部门	性别链	部门链
101	004	潘晓婷	女	满族	1990/04	人事部	104	104
102	001	李泽勇	男	汉族	1970/10	财务部	103	∧
103	003	张永健	男	汉族	1978/11	业务部	∧	105
104	002	王丽敏	女	壮族	1983/02	人事部	105	∧
105	005	齐丽	女	汉族	1989/05	业务部	∧	∧

(a) 主数据文件

次关键字	头指针	链长
女	101	3
男	102	2

(b) 性别索引

次关键字	头指针	链长
人事部	101	2
财务部	102	1
业务部	103	2

(c) 部门索引

图 10.11 多重表文件示例

图 10.11 中查询所有性别为"男"的记录,则先在索引表中查找次关键字为"男"的索引,找到对应的头指针,然后列出主数据文件性别链上的所有记录即可。若要查询性别为"男"且部门是"财务部"的记录,则既可以从性别索引为"男"的头指针出发,又可以从部门索引为"财务部"的头指针出发,读出每个记录,查看是否满足另一个条件。通常在查找同时满足两个或多个关键字条件的记录时,从链长度较短的那个条件出发进行查找。

多重表文件在插入记录时,如果不要求保持链表的某种次序,则可以将新记录插入链表的头指针之后;删除记录时则比较烦琐,需要在每个次关键字的链表中删去该记录。

10.6.2 倒排文件

倒排文件和多重表文件的区别在于不对具有相同次关键字的记录进行连接,而是在相应的次关键字索引表的该索引项中直接列出这些记录的物理地址或记录号。这样的索引表称为倒排表,主文件和倒排表共同组成倒排文件。

【例 10.5】 设计与图 10.11(a)对应的倒排文件。

分析:将图 10.11(a)中的性别链和部门链两列去掉,作为主文件,所建立的性别倒排表和部门倒排表如图 10.12(a)和图 10.12(b)所示,倒排表和主文件一起构成倒排文件。

倒排文件的主要优点是检索记录较快。例如查询性别为"男"的记录时,可以直接在倒排表中一次性地找到所有地址,读取主文件对应地址的记录。在处理复杂的多关键字查询时,可在倒排表中先完成查询的交、并等逻辑运算,得到结果后再对记录进行存取。这样不必对每个记录随机存取,把对记录的查询转换为地址集合的运算,从而提高查找速度。

次关键字	物理地址
女	101,104,105
男	102,103

次关键字	物理地址
人事部	101,104
财务部	102
业务部	103,105

(a) 性别倒排表 (b) 部门倒排表

图 10.12　倒排文件索引示例

倒排文件在插入和删除记录时,倒排表也要进行相应的修改,值得注意的是,倒排表中的物理地址是有序的,修改时要保证其有序性,相应地进行移动。

本 章 小 结

(1) 本章从数据结构角度介绍了文件的基本概念及文件的逻辑结构、物理结构和基本操作。

(2) 本章重点介绍了文件的组织方式,包括顺序文件、索引文件、索引顺序文件、哈希文件和多关键字文件,并给出了各种组织方式下基本文件操作的实现方法。

知 识 拓 展

汉斯·彼得·卢恩与哈希算法的诞生

汉斯·彼得·卢恩 1896 年出生于德国巴门,他的父亲约翰(Johann)是一位印刷大师。卢恩学什么都进步很快,涉猎了多个领域。他是一名专业的登山运动员、一名厨艺精湛的美食家,也是一名风景画大师。但是卢恩真正的兴趣在于信息(特别是文本)的存储、通信和检索,这也是他加入 IBM 公司的主要原因。卢恩被授予了"发明家"的称号,成果颇丰,最终为 IBM 贡献了 70 项专利。虽然他可以随心所欲地选择攻克他喜欢的任何问题,但他的许多发明都集中于使用包括电子计算机在内的各种设备来处理信息。1954 年 1 月 6 日,他申请了一项美国专利"用于验证号码的计算机",这台计算机使用了他开发的一种校验算法。更重要的是,卢恩研发的这些设备的原理和部件成为了数字时代最重要的算法之一——哈希算法的基础。1953 年初,卢恩曾撰写一份 IBM 公司的内部备忘录,在文中他建议把信息放入"桶"内以加快搜索速度。假设想要在数据库中查找一个电话号码,并找出这个电话号码的归属者,如给定一个 10 位数字的号码 314-159-2652,计算机可以简单地在列表中一次搜索一个数字,直到找到相关条目。然而,如果在一个包含数百万条数据的数据库中进行搜索,可能就要耗费很长时间。卢恩的想法是将每个条目分配给一个有编号的数据桶,如下所示:将这串电话号码的数字成对地进行分组(此例中为 31,41,59,26,52),然后将每对数字相加(得到 4,5,14,8,7),再由每个个位数的结果生成一个新的数字。在这个例子里,有双位数的情况下,只取双位数的个位数字(即得到 45487),然后将原始电话号码和与其对应的名称或地址放入标记为 45487 的数据桶里。由电话号码查找条目,需要先使用卢恩的方法来快速计算数据桶编号,然后从该数据桶中检索出信息。即使每个桶包含多个条目,依次搜索单个桶也比搜索整个列表快得多。

几十年来,计算机科学家和程序员们对卢恩的方法进行了改进,并推出了新的方法。但这些方法的基本思想仍然是一致的:使用数学方法将数据组织成易于搜索的桶。由于组织和搜索数据是计算中普遍存在的问题,因此哈希算法对密码学、图形学、电信领域和生物学都是至关重要的。

附录 A　相关知识拓展

1. 数据结构中的数组和编程语言中的数组之间的区别

由于数组是存储相同数据类型的一块连续的存储空间,因此数组中的数据必须是相同类型的,也必须是连续存储的。只有这样,数组才能实现根据下标快速地访问数据。

但是,在有些编程语言中,"数组"这种数据类型并不一定完全符合上面的定义。例如,在JavaScript中,数组中的数据不一定是连续存储的,也不一定是相同类型的,甚至数组还可以是变长的。

5.2节介绍了数组的顺序存储结构(即二维数组中的数据可以以"行优先"或"列优先"方式依次存储在连续的存储空间中),并给出了某个数组元素的存储地址计算公式。但是,在某些编程语言中,二维数组并未采用这种定义,寻址公式也不同。那么,是不是某些关于数据结构和算法的图书里的讲解脱离实践,或者编程语言中的数组并没有完全按照数组的定义来设计? 哪种说法是正确的呢?

实际上,这两种说法都没错。编程语言中的"数组"并不完全等同于在讲解数据结构和算法时提到的"数组"。编程语言在实现自己的"数组"类型时,并不完全遵循数据结构中"数组"的定义,而是针对编程语言自身的特点进行相应的调整。

在不同的编程语言中,数组这种数据类型的实现方式不尽相同。例如,C/C++中实现的数组完全符合数据结构中数组的标准定义,即利用一块连续的内存空间存储相同类型的数据。无论是基本的数据类型,如int、long和char,还是结构体、对象,在数组中都是连续存储的。而在Java中,虽然基本数据类型的数组符合数据结构中数组的定义,即数组中的数据是相同类型的且存储在连续的内存空间中,但是对象数组中存储的是对象在内存中的地址而非对象本身,即对象本身在内存中并不是连续存储的,而是分别存储在不同的位置。另外,Java中二维数组的第二维可以是不同长度的,而且第二维的3个数组(arr[0]、arr[1]和arr[2])在内存中也并非连续存储。例如:

```
int arr [1] = new int [3][];
arr [0] = new int [1];
arr [1] = new int [2];
arr [21 = new int [3];
```

因此,在Java中,除基本类型的一维数组之外,对象数组和二维数组都与数据结构中数组的定义有很大区别。

2. 矩阵的应用

(1) 数据运算。

矩阵运算是现代信息处理技术中必不可少的基础,可广泛地应用于生活、企业经营、社会管理之中。例如,在企业生产过程中经常需要对数据进行统计、处理、分析,以此来对生产过程进行监控,进而对生产进行管理和调控,保证正常、平稳的生产,以达到最佳的经济收益。但是在生产初期,得到的原始数据往往纷繁复杂,这就需要采用一些方法对数据进行处理,生成直接明了的结果。在计算中引入矩阵便于对数据进行大量的处理,这种方法往往比较简单快捷。

【例 A.1】 假设某企业生产三种产品 A、B、C。每种产品的原材料费用、员工工资费用、管理及其他费用见表 A.1,每季度生产每种产品的数量见表 A.2。财务人员需要用表格形式直观地向企业领导汇报以下数据:每个季度每种产品原料成本的总额、每个季度每类成本的总额、三种产品在四个季度中每类成本的总额。

表 A.1 生产单位产品的成本(元)

成 本	产 品		
	A	B	C
原料费用	10	20	15
支付工资	30	40	20
管理及其他费用	10	15	10

表 A.2 每种产品各季度产量(件)

产品	季 度			
	春季	夏季	秋季	冬季
A	2000	3000	2500	2000
B	2800	4800	3700	3000
C	2500	3500	4000	2000

表 A.1 和表 A.2 中的数据可以分别表示成矩阵 M 和 N,如下所示。

$$M = \begin{bmatrix} 10 & 20 & 15 \\ 30 & 40 & 20 \\ 10 & 15 & 10 \end{bmatrix} \quad N = \begin{bmatrix} 2000 & 3000 & 2500 & 2000 \\ 2800 & 4800 & 3700 & 3000 \\ 2500 & 3500 & 4000 & 2000 \end{bmatrix}$$

通过矩阵的乘法运算,得到矩阵 MN,如下所示。

$$MN = \begin{bmatrix} 113500 & 178500 & 159000 & 110000 \\ 222000 & 352000 & 303000 & 220000 \\ 87000 & 110000 & 120500 & 85000 \end{bmatrix}$$

在矩阵 MN 中,第一行元素记录了四个季度中每个季度的原料总成本,第二行元素记录了每个季度的支付工资总成本,第三行元素记录了每个季度的管理及其他费用总成本;第一列到第四列分别记录了春季到冬季这四季生产的三种总成本。

矩阵运算同样也广泛应用于密码学中的加密与解密运算以及图像识别、机器学习、数据挖掘中的推荐、分类、聚类处理等。例如,用可逆矩阵及其逆矩阵对需要传输的秘密消息进行加密和解密;利用矩阵高次幂预测未来的人口数量、人口的发展趋势。

(2)汉字的表示方法。

为了使每个汉字都有全国统一的代码,我国于 1980 年颁布了第一个汉字编码的国家标准——GB2312—80《信息交换用汉字编码字符集》基本集。这个字符集是我国中文信息处

相关知识拓展

理技术的发展基础,也是目前国内所有汉字系统的统一标准。由于国标码是四位十六进制,为了便于交流,大家常用的是四位十进制的区位码。所有的国标汉字与符号组成一个 94×94 的矩阵。在这个矩阵中,每行称为一个"区",每列称为一个"位",因此,这个矩阵实际上组成了一个有 94 个区(区号分别为 01 至 94)、每个区内有 94 个位(位号分别为 01 至 94)的汉字字符集。一个汉字所在的区号和位号简单地组合在一起,就构成了该汉字的"区位码"。在汉字的区位码中,高两位为区号,低两位为位号。在区位码中,01～09 区包含 682 个特殊字符;16～87 区为汉字区,包含 6763 个汉字,其中 16～55 区为一级汉字(3755 个最常用的汉字,按拼音次序排列),56～87 区为二级汉字(3008 个汉字,按部首次序排列)。

在汉字的点阵字库中,每字节的每一位都代表一个汉字的一个点,每个汉字都是由一个矩形的点阵组成,0 代表没有,1 代表有点,将 0 和 1 分别用不同颜色画出,就形成了一个汉字。常用的点阵字库有 12×12、14×14、16×16 三种矩阵。字库根据字节所表示点的不同又分为横向矩阵和纵向矩阵,目前大多数字库都采用横向矩阵的存储方式,纵向矩阵一般是因为某些液晶屏采用纵向扫描显示法,为了提高显示速度,便采用纵向存储方式存储字库矩阵,以免在显示时还要进行矩阵转换。

对于 16×16 的矩阵来说,它所需要的位数是 16×16＝256,每字节为 8 位,因此,每个汉字都需要用 256/8＝32 字节来表示。即每 2 字节代表一行的 16 个点,共需要 16 行,显示汉字时,只需要一次性读取 32 字节,并将每 2 字节作为一行输出,即可形成一个汉字。

由 31×62 点阵表示的黑体"中国"如图 A.1 所示。如果 1 处显示带颜色的点而 0 处不显示,整个点阵就会显示出"中国"二字。

```
000000000000000000000000000000000000000000000000000000000000
000000000000111100000000000000000000000000000000000000000000
000000000000111100000000000001111111111111111111111110
000000000000111100000000000001111111111111111111111110
000000000000111100000000000001111000000000000000011110
000000000000111100000000000001111000000000000000011110
000000000000111100000000000001111011111111111111011110
011111111111111111111111000001110011111111111111011110
011111111111111111111111000001110100000011110000011110
011111000000111100000111000001110000000111100000011110
011111000000111100000111000001110000000111100000011110
011111000000111100000111000001110011111111111100011110
011111000000111100000111000001110011111111111110011110
011111000000111100000111000001110011111111111110011110
011111000000111100000111000001110010010000000011110
011111111111111111111111000001110000000111111000011110
011111111111111111111111000001110000000111111000011110
011111000000111100000111000001110000000111001110011110
000000000000111100000111000001111111111111111111111110
000000000000111100000111000001111111111111111111111110
000000000000111100000111000001110000000000000011110
000000000000111100000111000001110000000000000011110
000000000000111100000111000001111111111111111111111110
000000000000111100000111000001111111111111111111111110
000000000000111100000111000001110000000000000011110
000000000000111100000111000001110000000000000011110
000000000000111100000000000000000000000000000000000000
```

图 A.1　由 31×62 点阵表示的黑体"中国"

(3) 数据的存储。

对于同样的信息,用不同的编码方式存储,显示的效率不同,有些方式效率比较高,有些则带有大量的冗余,效率较低。在计算机的应用中,经常会遇到的一类问题就是如何有效地表示一个多维的矩阵,这也是信息处理领域内非常重视的问题。例如,人们常用一个二维数组表示一个矩阵,而所需存储空间就是矩阵两个维度的乘积,如果矩阵的两个维度非常大,就需要占用大量空间。

例如,如果想了解两个单词一前一后出现的频率,可以将这两个词分别进行编号,一个编号对应矩阵的行,另一个编号对应矩阵的列,出现频率就是相应行/列位置上的元素。大型英文字典里有大约 20 万个单词,此时,这个矩阵就有约 400 亿个元素。如果每个元素需要用 2 字节表示,就需要 80GB 的存储空间。如果对应中文,矩阵也不小。但是,矩阵中会存在多个 0 元素,即某些单词是不会连在一起使用的,因此,单词出现频率的矩阵就是一个稀疏矩阵,要采用稀疏矩阵的存储方式来存储数据,就会节省大量的存储空间。

3. Python 中的广义表

可以将 Python 中的列表看作广义表的一种具体实现。列表中的元素可以是单个的元素,也可以是一个组合数据类型的元素。

例如,定义一个列表 LIST,语句如下:

```
LIST = [1,"No pains, no gains.",[2,3],(4,'success')]
```

在这个列表中包括 4 个元素,且数据类型均不相同,分别是一个整数、一个字符串、一个列表和一个元组。

在 Python 中,如果待存储数据之间存在一定的关系,但是数据类型不同,且有的元素是由多个不同类型的数据项组成的,那么为了便于后期访问和修改,一般考虑采用列表来存储这些数据。

4. 人工智能领域中的广义表

一般来说,人工智能语言应具备如下特点:

- 具有符号处理能力(即非数值处理能力);
- 适合于结构化程序设计,编程容易;
- 具有递归功能和回溯功能;
- 具有人机交互能力;
- 适合于推理。

目前,最流行的五种人工智能编程语言是 Python、Java、C++、LISP 和 Prolog。由于广义表中放宽了对表元素的原子限制,允许它们具有其自身结构,因此它被广泛地应用于人工智能等领域的表处理语言 LISP 中。在 LISP 语言中,广义表是一种最基本的数据结构,就连 LISP 语言的程序也表示为一系列的广义表。由于广义表是对线性表和树的推广,并且具有共享和递归特性的广义表可以与有向图之间建立起对应关系,因此广义表的大部分运算与这些数据结构上的运算类似。

LISP 语言诞生于 1960 年,是一种函数式编程语言,可以用 LISP 语言编写一个函数实现想做的任何事情,所以理解和构建 LISP 语法要比从头开始学习一门全新的语言更简单。自 1960 年以来,这种古老的语言一直被用来解决编程和计算机科学中的现代问题。

20 世纪 50 年代中后期,美国麻省理工学院的约翰·麦卡锡 (John McCarthy,图 A.2)要解决一个问题。作为人工智能项目的,用导航和处理句子的列表来模拟人类推理。例如,通过比较,

图 A.2　约翰·麦卡锡

以列表形式列出可能的语句来回答问题。

简单来说,如果程序询问在寒冷和饥饿时该怎么办,计算机就需要给出可能的结果列表,然后浏览该列表以找到合理的结果。例如,如果你感冒了,你将倾向于与温暖有关的句子,而避免与感冒有关的句子。麦卡锡要解决这个问题,因为没有适合列表的软件语言,他必须创建自己的语言。

于是麦卡锡创建了一种语言,他称之为 LISP(List Processing)。麦卡锡用简单的运算符和函数符号系统构建了这种编程语言。其中,用来描述数据的 s 表达式在随后的六十余年影响了许多编程语言。

麦卡锡的学生斯蒂芬·罗素(Steve Russell)将 LISP 中的理论评估函数转换为了真实的机器代码,此后 LISP 就可以解释用于描述数据的 s 表达式并运行程序。1962 年,第一个 LISP 编译软件将评估代码(在代码运行时处理)和编译代码(在代码运行之前处理)融合在一起。20 世纪 70 年代,麻省理工学院的丹尼尔·爱德华兹为 LISP 语言添加了垃圾回收功能,该功能可以释放未使用的内存以提高 LISP 语言的效率。

最初,LISP 语言是一种解决问题的极简方案,即作为人工智能项目的一部分来处理列表,它拥有完整的编程语言的特性,其创新思想可以影响数十种语言。例如,麦卡锡创建了现在常见的 if-then-else 条件语句,因此 LISP 可以以紧密的结构化方式处理列表。格雷厄姆认为 LISP 语言是思考软件编程问题的第二种方法。FORTRAN 语言和 C 语言采用的则是另一种更为人们所熟悉的编程方式。

关于哪种编程语言最好的问题经常引起激烈的讨论,关于 LISP 是不是最佳语言的争论尤其强烈,这可能是由于其使用寿命长。许多有才华和创造力的人都在 LISP 语言上进行工作,以完善和优化该语言。LISP 语言一直是解决编程和计算机科学问题的不寻常的解决方案,它一直倾向于使用简单、灵活的解决方案,而其他语言增加了复杂性(尽管出于充分的理由)。麦卡锡的直觉是,随着时间的推移,一种更简单的语言将提供更高的灵活性。

软件语言本身没有对或错、最好或最坏之分,只有在给定情况下哪种语言最有效的区别。LISP 是第一种为 FORTRAN 及其后续语言提供替代语言的语言,同时又不偏离熟悉的语言。LISP 语言的特性之一是宏,宏就是操控其他程序的代码。假设有一个重复的计算任务,可能是添加数字,现在将代码放入一个块中,然后调用该块,而不需要重新输入用于添加数字的代码。如果你使用过 Word 里的宏,你就会明白,宏扩展了编程语言的功能。

LISP 语言中的宏还允许程序员将特定域的语言嵌入 LISP,宏可以直接访问该语言所包含的解析器。使用 LISP 语言,代码是数据(列表),数据可以是代码。它是一种可编程的软件语言。函数可以像变量一样传递并在代码中的其他地方进行处理,也可以像函数一样直接进行处理。LISP 语言的另一个功能是使用括号将数据组织到列表中。LISP 的语法元素是原子和列表。原子是数字、字母和非字母数字字符,列表是原子或其他列表的序列。列表中的原子之间用空格分隔,如下所示:

(1 2 3 4)

在此示例中,1、2、3、4 是列表中的原子。

(1(2 3 4(5 6)))

在此示例中,列表有两个元素,第一个元素是原子 1,第二个元素由 3 个原子和 1 个列表组成,其中 3 个原子分别是 2、3、4,1 个列表由 5 和 6 组成。

由于使用了宏且语法解析简单,因此 LISP 语言被大量应用于特定领域,如人工智能项目。LISP 的工作方式也适用于多种方言。例如,更新的编程语言 Clojure 以 LISP 的方式工作,解决了一些现代问题,如同时处理多个请求,最大程度地减少了需要相同资源或需要按特定顺序执行的进程之间的冲突。这些问题不同于麦卡锡的问题。

此后,LISP 语言演变为 Common Lisp 和 Scheme 等,它们都采用与原始语言规范类似的方式。在某些情况下,它们的命名和使用的元素不同。但是它们都使用相同的 LISP 概念,包括宏。毫不夸张地说,了解 LISP 语言类似于在《星球大战》中成为绝地武士并获得轻型军刀,是比较艰难的过程。当你学习了至少一种语言后改用 LISP,LISP 语言的力量最为明显。例如,在其他语言设置语言操作方式基本规则的地方,LISP 语言则经常让编码人员设置规则。在其他语言可能提供许多功能来完成大量任务的地方,LISP 语言通常可以用较少的功能来完成相同的任务。LISP 语言自诞生至今已经过半个多世纪,程序员不得不承认,LISP 语言依然是工作的最好工具。

将 LISP 语言用于人工智能的优势在于,几乎所有主要的深度学习框架的核心操作都依赖于 LISP 语言,使得用户选择库或工具时有很大的灵活性,而且无须考虑环境细节即可快速执行代码。同时,LISP 语言又非常适合抽象,它可以使用简单的模型来解释更深层次的模型,因此程序员无须了解单个组件的工作原理。如果基于初始模型的预测结果是错误的,它可以帮助用户在以后节省时间,因为重写它们会变得相对简单,不会在这一过程中影响进展。

LISP 语言的主要特点包括以下几方面:

(1) 计算用的是符号表达式而不是数字;

(2) 具有表处理能力,即用链表形式表示所有的数据;

(3) 控制结构基于函数的复合形式,以形成更复杂的函数;

(4) 用递归作为描述问题和过程的方法;

(5) 用 LISP 语言书写的 EVAL 函数既可以作为 LISP 语言的解释程序,又可以作为语言本身的形式定义;

(6) 程序本身也与所有其他数据一样用表结构表示。

5. 人工智能之父——约翰·麦卡锡

麦卡锡于 1927 年 9 月 4 日生于美国波士顿市,他凭借在人工智能领域的贡献而在 1971 年获得图灵奖。正是他在 1956 年的达特茅斯会议上提出了“人工智能”这一概念,因此他被称为“人工智能之父”。

麦卡锡是一个天赋很高的人,还在初中读书时,他就根据美国加州理工学院的课程目录自学了大学低年级的高等数学,做完了教材上的所有习题。这使得他 1944 年进入加州理工学院以后可以免修头两年的数学,在 1948 年按时完成学业,然后他到普林斯顿大学研究生院深造,于 1951 年获得数学博士学位。麦卡锡留校工作两年以后转至斯坦福大学,只待了两年就去达特茅斯学院任教。在那里,他发起并成功举办了后成为人工智能起源的、具有历史意义的“达特茅斯会议”。

1958 年麦卡锡到麻省理工学院任职,组建了世界上第一个人工智能实验室,并首次提出了将计算机的批处理方式改造成为能同时允许数十甚至上百用户使用的分时方式,并推动麻省理工学院成立组织开展相关研究。其结果就是实现了世界上最早的分时系统——基于 IBM 7094 的 CTSS 和其后的 MULTICS。虽然麦卡锡因与主持该课题的负责人产生矛盾而于 1962 年离开麻省理工学院、重返斯坦福大学,未能将此项目坚持到底,但学术界仍公认他是分时概念的创始人。麦卡锡回到斯坦福大学后参与了一个基于 DECPDP-1 的分时系统的开发,并在那里组建了第二个人工智能实验室。

麦卡锡对人工智能的兴趣始于他读研究生的时候。1948 年 9 月,他参加了一个名为"脑行为机制"的专题研讨会,冯·诺伊曼在会上发表了一篇关于自复制自动机的论文,提出了关于可以复制自身的机器的设想,这激起了麦卡锡的极大兴趣,自此他就开始尝试在计算机上模拟人的智能。1949 年他向冯·诺伊曼谈了自己的想法,后者表示极大的支持,鼓励他研究下去。在达特茅斯会议前后,麦卡锡的主要研究方向是计算机下棋。下棋程序的关键之一是如何减少计算机需要考虑的步数。麦卡锡经过艰苦探索,研究出了著名的 α-β 搜索法,大大提高了搜索的效率。

麦卡锡作为达特茅斯会议的东道主,是会议的主要发起人,虽然会议的原始目标由于不切实际而无法实现,但麦卡锡在下棋程序尤其是 α-β 搜索法上取得了成功,与会人员仍能充满信心地宣布"人工智能"这一崭新的研究领域的诞生。

1960 年,麦卡锡基于阿隆索·邱奇(Alonzo Church)的 λ 演算和西蒙、纽厄尔首创的"表结构",创建了著名的 LISP 语言,LISP 成为了人工智能界第一种广泛流行的语言。LISP 是一种函数式的符号处理语言,其程序由一些函数子程序组成,其函数的构造方式和数学上的递归函数十分相似,即从几个基本函数出发,通过一定的手段构成新的函数。

6. 折半查找应用场景的局限性

尽管折半查找的时间复杂度是 $O(\log_2 n)$,效率非常高,但它的应用场景有很大的局限性,体现在以下几方面。

(1)折半查找依赖于数组这种数据结构。

如果数据存储在链表中,就不可以用折半查找,主要由于折半查找算法执行的过程涉及按照下标快速访问数据的操作。数组按照下标访问数据的时间复杂度是 $O(1)$,而链表按照下标访问数据的时间复杂度是 $O(n)$。因此,如果数据存储在链表中,那么折半查找就需要花费很长时间。

(2)折半查找针对的是静态有序数据。

折半查找的要求比较苛刻,要求数据必须是有序的。如果数据无序,那么我们需要先对数据进行排序;如果数据集合是静态的,也就是说,不会频繁地进行数据插入和删除,那么可以预处理数据,事先进行一次排序,然后就可以支持多次二分查找,排序的成本可被均摊,查找的边际成本比较低。但是,如果数据集合有频繁的插入和删除操作,那么要想用折半查找,或者每次插入和删除操作都要保证数据仍然有序,或者在每次折半查找之前都先进行一次排序。针对这种动态数据集合,无论使用哪种方法,保持有序的成本都很高。

因此,折半查找只能用在插入和删除操作不频繁且一次排序、多次查找的场景中。针对动态变化的数据集合,折半查找就不再适用,而可以使用哈希表、二叉排序树等数据结构来支持对数据的快速查找。

(3)数据量太小时不适用折半查找。

如果待处理的数据量太小,就没必要用折半查找,顺序遍历就足够。例如,在一个大小为 10 的数组中查找一个元素,不管用折半查找还是顺序遍历,查找速度都差不多。只有在数据量比较大的时候,折半查找的优势才比较明显。

不过有一个例外,如果数据之间的比较操作非常耗时,那么无论数据量大小都推荐使用折半查找。例如,数组中存储的不是普通的整型数据,而是长度超过 300 的字符串,这么长的两个字符串之间比较大小非常耗时,需要尽可能地减少比较次数来提高性能,这时折半查找就比顺序遍历更有优势。

(4) 数据量太大时不适用折半查找。

折半查找底层依赖于数组这种数据结构,而数组为了支持按照下标快速访问元素,要求存储数据的内存空间必须是连续的,对内存的要求比较苛刻。例如,对于 1GB 大小的数据,如果希望用数组来存储,就需要申请 1GB 的连续内存空间。而太大的数据量用数组存储比较吃力,也就不适用折半查找了。

7. 如何快速定位 IP 地址对应的归属地

在搜索框里任意输入一个 IP 地址,搜索引擎就会返回它的归属地,如图 A.3 所示。

图 A.3　搜索 IP 地址对应的归属地

这个功能实现起来并不复杂,它是通过维护一个庞大的 IP 地址库来实现的,在 IP 地址库中包含 IP 地址范围和归属地的对应关系。例如 202. *.135.0,～202. *.136.255 这个 IP 地址范围对应山东省烟台市。当用户查询 202. *.135.12 这个 IP 地址的归属地时,搜索引擎就在地址库中搜索,发现这个 IP 地址属于 202. *.135.0～202. *.136.255 这个 IP 地址范围,就将这个范围对应的归属地"山东省烟台市"返回给用户。不过,在庞大的地址库中顺序遍历查找 IP 地址所在的区间,是非常耗时的。假设 IP 地址库中有 12 万个 IP 地址范围与归属地的对应关系,在如此庞大的 IP 地址库中,如何快速定位一个 IP 地址的归属地呢? 这里就涉及二分查找变体问题。

8.2.2 节中介绍的折半查找只是非常简单的一种二分查找,即在不存在重复元素的有序数组中查找值等于给定值的元素。对于这种二分查找,代码实现并不难,但对于二分查找的变体问题,代码实现却非常难。二分查找的变体问题有很多,较常见的有 4 种:查找第一个值等于给定值的元素;查找最后一个值等于给定值的元素;查找第一个值大于或等于给定值的元素;查找最后一个值小于或等于给定值的元素。

如果 IP 地址区间与归属地的对应关系不经常更新,可以先预处理这 12 万条数据,使其

相关知识拓展

按照 IP 地址区间的起始 IP 地址从小到大排序(可将 IP 地址转化为 32 位整数后按整数值排序)。这时,查找 IP 地址归属地问题就转化为二分查找变体问题的第 4 个问题,即在有序数组中查找最后一个值小于或等于给定值的元素。当要查询某个 IP 地址的归属地时,首先通过二分查找找到最后一个起始 IP 地址小于或等于给定的 IP 地址的地址范围,再检查这个 IP 地址是否属于这个地址范围,如果属于,就取出对应的归属地信息并显示,否则就返回"未找到"等提示信息。

因此,对于查找值等于给定值的问题,可以用折半查找,也可以用哈希表、二叉排序树等方法来解决。但是,对于前面提到的 4 种折半查找变体问题,折半查找更有优势,而使用哈希表或二叉排序树难以解决。折半查找变体问题对应的实现代码写起来比较困难,很容易因为细节处理不当而产生 bug,例如终止条件、范围上下界更新、返回值选择等。建议多进行相关实践,不但能锻炼编码能力,对逻辑思维能力的提升会有很大帮助。

8. 受欢迎的红黑树

AVL 树是一种高度平衡的二叉树,查找数据的效率非常高,但是,为了维持这种平衡,AVL 树每次插入或删除数据都要调整树中结点的分布,操作复杂、耗时,需要付出更多的代价。

在实际的开发中,对于很多需要平衡二叉查找树的地方,会选择使用红黑树。实际上,平衡二叉查找树有很多,如 SplayTree(伸展树)、Treap(树堆)等,红黑树只是众多平衡二叉树中的一种,但是提到平衡二叉查找树,通常提及的就是红黑树,它的"出镜率"甚至要高于平衡二叉查找树。

红黑树(Red-Black Tree,缩写为 R-BTree)是一种相对平衡的二叉查找树,不符合严格意义上平衡二叉查找树的定义。

对于红黑树中的结点,一类被标记为黑色,另一类被标记为红色,如图 A.4 所示,其中实心的结点表示黑色结点,空心的结点表示红色结点。除此之外,红黑树还需要满足以下 4 个要求:

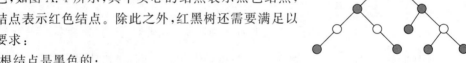

图 A.4　红黑树示例

- 根结点是黑色的;
- 每个叶子结点都是黑色的空结点,也就是说,叶子结点不存储数据;
- 任何上下相邻的结点不能同时为红色,也就是说,红色结点被黑色结点隔开;
- 对于每个结点,从该结点到其叶子结点的所有路径都包含相同数目的黑色结点。

平衡二叉查找树的提出是为了解决二叉查找树由于动态更新而导致的性能退化问题。因此,"平衡"可以等价于性能不退化,"近似平衡"就等价于性能退化不太严重。二叉查找树上很多操作的时间复杂度与树的高度成正比。一棵高度平衡的二叉树(满二叉树或完全二叉树)的高度大约是 $\log_2 n$,而红黑树的高度不超过 $2\log_2 n$,也就是说,红黑树只比高度平衡的 AVL 树高了 1 倍,损失的性能并不多。而相对于 AVL 树,红黑树维持平衡的成本更低,因此性能并不比 AVL 树差。

红黑树只达到了近似平衡,并没有达到严格定义上的平衡,因此,它维持平衡的成本比AVL 树更低,且性能损失不大。工程应用中更倾向于使用维护成本和性能相对折中的红黑树。对于红黑树,不应该把学习的重点放在它的原理和代码上,而是更应该掌握它的由来、特性和适用场景。更重要的是,大部分编程语言都提供了封装了红黑树实现的类,直接拿来用即可,不需要从零开始实现,大大节省了开发时间。

9. 为什么说 B+树比 B 树更适合于实际应用中的文件系统和数据库索引

与 B 树相比,B+树更适合应用于外部查找。

在使用文件时,操作系统需要通过文件名查找文件的实际地址,建立索引数据结构可以有效加快这个查找过程。目前的文件系统和数据库系统普遍采用 B+树作为索引结构。对于索引查找行为本身来说,如果全部数据都加载到速度很快的内存,使用传统的二叉树作为索引也未尝不可。但因为索引数据太大,一般无法全部加载到内存。相对于内存存取,I/O 存取消耗的时间高几个数量级,索引的结构组织应尽量减少查找过程中磁盘 I/O 的存取次数。而且,磁盘往往不是严格按需读取,而是每次都会预读,即读取完需要的数据后,会顺序向后读一定长度的数据放入内存,这样下次需要后面的数据时无须再执行 I/O 操作,从而提高效率。由于磁盘顺序读取的效率很高,因此对于使用的数据位置较为集中的程序来说,预读可以提高 I/O 效率。预读的长度一般为页大小的整倍数。

对于文件系统索引中的树实现,每次新建结点会直接申请一个页的空间,可以保证一个结点在物理上存储在一个页内,而且计算机存储分配是按页对齐的,这样就实现了一个结点只需要一次 I/O。在此基础上,只需要减少结点遍历次数(即控制树的高度),就可以有效减少 I/O 次数。在选择 B+树的阶数 m 时,也要尽量让每个结点的大小等于一个页的大小,这样读取一个结点就只需要一次磁盘 I/O 操作。对于一个 B+树,其阶数 m 的值是根据页的大小事先计算好的。尽管索引可以大大提高数据库的查询效率,但是索引有利也有弊,数据的写入过程会涉及索引的更新,导致写入数据的效率下降。

B+树的内部结点并没有指向关键字具体信息的指针,也不存储真正的数据,只是存储其子树的最大或最小的关键字作为索引,因此一个结点中可以存储更多的关键字,每个结点能索引的范围也更大更精确,同时也意味着 B+树单次磁盘 I/O 的信息量大于 B 树,I/O 的次数相对少。

MySQL 是一种关系型数据库,区间访问是常见的情况。例如,在学生成绩表中查找成绩为 70～80 分的学生信息,语句如下:

```
select * from student where score>=70 and score<=80
```

要查询某个区间的数据,只需要用区间的起始值在树中进行查找,当定位到有序链表中的某个叶结点之后,再从这个结点开始沿有序链表向后遍历,直到有序链表中的结点数据值大于区间的终止值为止,遍历有序链表得到的数据就是落在待查找区间范围内的数据。

B+树的叶结点通过指针形成了链表,加强了区间访问性,可应用在区间查询的场景,而使用 B 树则无法进行区间查找。

10. 哈希算法的应用

(1) Word 单词拼写检查功能的实现。

在 Word 中输入一个错误的英文单词,单词下方就会有红色波浪下划线,提示单词拼写错误,这是如何实现的呢?

英文字典中的单词大约有 20 万个,假设单词的平均长度是 10,存储一个单词占用 10B 存储空间,20 万个英文单词大约占 2MB 存储空间。我们可以用哈希表存储整个英文词典中的单词,将其放在内存中。当用户输入某个英文单词时,根据这个单词在哈希表中查找。

相关知识拓展

若找到,则拼写正确,否则说明拼写可能有误,加红色下划线提示。

(2) 安全加密。

安全加密是哈希算法最常见的应用。在实际的软件开发中,常用的哈希算法有 MD5 (Message-Digest 5,消息摘要 5)、SHA(Secure Hash Algorithm,安全哈希算法)、DES(Data Encryption Standard,数据加密标准)、AES(Advanced Encryption Standard,高级加密标准)。

对于用来加密的哈希算法,有两个要求格外重要。第一个要求是很难根据哈希值反向推导出原始数据,这是基本的要求,毕竟加密的目的是防止原始数据泄露;第二个要求是哈希冲突的概率很小。实际上,无论哪种哈希算法都只能尽量降低冲突的概率,理论上无法做到完全不冲突。

不过,即便哈希算法存在哈希冲突的问题,但哈希值的范围越大,冲突的概率就越低,因此,相对来说破解的难度还是很大。例如,MD5 哈希值是固定的 128 位二进制串,有 2^{128} 个不同的哈希值,这已经是一个天文数字了。对于一个 MD5 哈希值,如果希望通过毫无规律的穷举找到对应的原始数据,耗费的时间会是天文数字,在有限的时间和资源下,哈希算法是很难破解的。

加密算法越复杂、越难破解,计算哈希值需要的时间也就越长。例如,SHA −256 比 SHA −1 更复杂、更安全,相应的计算时间就更长。密码学界也一直致力于找到一种计算快速并且难以被破解的哈希算法。除此之外,在实际的开发过程中通过权衡破解难度和计算成本来决定究竟使用哪种加密算法。

(3) 唯一标识。

先来看一个例子。在海量的图库中查询一张图片是否存在,不能单纯地只利用图片的元信息(如图片名称)来比对,因为有可能存在名称相同但图片不同,或者名称不同但图片相同的情况。那么,应该如何实现更精准的图片搜索呢?

我们知道,任何文件在计算机中都可以表示成一个二进制码串,因此,可以用待查找图片的二进制码串与图库中图片的二进制码串进行比较。但是,每张图片小则几万字节,大则几兆字节,转换后的二进制码串很长,比较起来非常耗时。

为了解决这个问题,可以给每张图片设一个唯一标识,或称为信息摘要。例如,可以从图片的二进制码串的开头取 100B,中间取 100B,末尾取 100B,然后,将这 300B 放到一块,通过哈希算法(如 MD5 算法)处理,得到一个更短的字符串(也就是哈希值),用它作为图片的唯一标识。通过比较唯一标识代替比较原始图片,这样就能大大提高检索的效率。

如果还想继续提高检索的效率,可以把每张图片的唯一标识以及对应图片文件在图库中的路径信息,存储在哈希表中。当要查询某张图片是不是在图库中的时候,先通过哈希算法给这张图片设唯一标识,然后在哈希表中查找是否存在这个唯一标识。如果哈希表中不存在这个唯一标识,就说明这张图片不在图库中;如果哈希表中存在这个唯一标识,再从哈希表中取出唯一标识对应的图片文件的路径信息,基于路径信息从图库中获取图片,然后与待查找图片之间进行二进制码串的全量比对,查看是否完全相同。如果相同,就说明已经存在;否则,就说明两张图片尽管有相同的唯一标识,但并不是相同的图片。

(4) 数据分片。

哈希算法还可以用于数据的分片。下面来看两个经典的例子。

① 统计"搜索关键词"出现的次数。

假设有 1TB 大小的日志文件,里面记录了用户的搜索关键词,要快速统计出每个关键词被搜索的次数,这个功能该如何实现呢?

这个问题有两个难点。第一个难点是日志文件很大,没办法一次性全部加载到一台计算机的内存中。第二个难点是如果只用一台计算机来处理这么庞大的数据,耗时会很长。

针对这两个难点,可以先将数据进行分片,再利用多台计算机并行处理。具体的处理思路是:首先从日志文件中依次读出每个搜索关键词,并通过哈希算法计算哈希值,然后与计算机数量求模取余,假设最终得到的值是 k,那么数据就会被发送到编号为 k 的计算机上处理。相同的关键词会被分配到相同的计算机上。每台计算机分别计算关键词出现的次数,最后所有计算机上的统计结果合并起来就是最终的结果。

实际上,这就是 MapReduce 的基本设计思想。

② 判断图片是否在图库中。

针对这个问题,其实上文已经介绍了一种方法,即给每张图片设唯一标识(或者信息摘要),然后基于唯一标识构建哈希表,通过哈希表来初步判断图片是否存在。假设图库中有 1 亿张图片,图片数量太大,计算机内存有限,在单台计算机上构建哈希表是行不通的。这时可以借助同样的处理思路,先对数据进行分片,再多机并行处理。准备 n 台计算机,让每台只维护其中一部分图片对应的哈希表。

要判断一张图片是否在图库中时,通过同样的哈希算法计算图片的唯一标识,然后,用这个唯一标识与计算机个数求余取模,假设得到的值是 k,就去编号为 k 的机器上存储的哈希表中查找。

现在来估算一下,为这 1 亿张图片构建哈希表大约需要多少台机器。在哈希表中,每个数据对象包含两个信息:唯一标识和图片文件的路径。假设唯一标识是通过 MD5 算法生成的,长度为 128 位(二进制位),也就是 16B。假设文件路径的平均长度是 128B,如果用链表法来解决冲突问题,每个结点还需要存储 8B 大小的指针。因此,哈希表中每个数据对象占用 152B(即 16B+128B+8B,这里只是估算,不需要特别准确)。假设一台计算机的内存大小为 2GB,哈希表的装载因子为 0.75,那么一台计算机可以给大约 1000 万(2GB×0.75/152B)张图片构建哈希表。因此,如果要对 1 亿张图片构建哈希表,就需要十几台计算机。在工程中,这种估算还是很重要的,能事先对需要投入的资源、资金有个大概的了解,能更好地评估解决方案的可行性。

实际上,针对这种海量数据的处理问题,往往会采用多机并行处理的方式。借助这种分片的处理思路,可以突破单机的内存、CPU 等资源上的限制。当然,哈希算法还被广泛应用到网络中会话的负载均衡及数据的分布式存储等问题中,同时它也是区块链的非常重要的理论基础,希望同学们继续学习,不断解锁新的知识领域。

相关知识拓展

参 考 文 献

[1] 严蔚敏,吴伟民.数据结构(C 语言版)[M].北京:清华大学出版社,2011.

[2] 秦锋,袁志祥.数据结构(C 语言版)例题详解与课程设计指导[M].北京:清华大学出版社,2010.

[3] 田鲁怀.数据结构[M].北京:电子工业出版社,2007.

[4] 霍罗维兹.数据结构基础[M].北京:清华大学出版社,2009.

[5] 赵坚,姜梅,等.数据结构(C 语言版)[M].北京:中国水利水电出版社,2005.

[6] 张长富.数据结构(C 语言版)1000 个问题与解答[M].北京:清华大学出版社,2010.

[7] WEISS M A.数据结构与算法分析:C 语言描述(原书第 2 版)[M].北京:机械工业出版社,2004.

[8] 周岳山,陈丽敏,等.数据结构[M].成都:电子科技大学出版社,2005.

[9] 付百文.数据结构实训教程[M].北京:科学出版社,2005.

[10] SEDGEWICK R,WAYNE K.算法[M].谢路云,译.4 版.北京:人民邮电出版社,2012.

[11] 高一凡.数据结构算法解析[M].北京:清华大学出版社,2008.

[12] 王争.数据结构与算法之美[M].北京:人民邮电出版社,2021.

[13] 吴军.信息传[M].北京:中信出版集团,2020.